高等职业教育物联网应用技术专业教材

Android 高级程序设计

主　编　周　雯　舒　松

副主编　石　浪　孙严强　霍宏亮

主　审　张红卫

中国水利水电出版社

www.waterpub.com.cn

·北京·

内 容 提 要

本书是关于Android开发的实战教程，内容安排由浅入深、从基础到高级，内容讲解采用了Android Studio 3.1开发环境。全书共分为11章，涵盖Android Studio的开发环境搭建，Android控件的使用、四大组件的使用、消息处理机制与异步任务开发、位置和传感器、网络编程等内容。

本书通俗易懂、案例丰富，不仅适用于Android开发的广大从业人员、APP开发的业余爱好者，也可作为高职院校与培训机构的Android课程教材。

本书配有电子课件，读者可以从中国水利水电出版社网站（www.waterpub.com.cn）或万水书苑网站（www.wsbookshow.com）免费下载。

图书在版编目（CIP）数据

Android高级程序设计 / 周雯，舒松主编. -- 北京 :
中国水利水电出版社，2020.3
高等职业教育物联网应用技术专业教材
ISBN 978-7-5170-8413-6

Ⅰ. ①A… Ⅱ. ①周… ②舒… Ⅲ. ①移动终端－应用程序－程序设计－高等职业教育－教材 Ⅳ. ①TN929.53

中国版本图书馆CIP数据核字(2020)第027439号

策划编辑：周益丹　　责任编辑：周益丹　　封面设计：梁　燕

书　名	高等职业教育物联网应用技术专业教材 Android高级程序设计 Android GAOJI CHENGXU SHEJI
作　者	主　编　周　雯　舒　松 副主编　石　浪　孙严强　霍宏亮 主　审　张红卫
出版发行	中国水利水电出版社 （北京市海淀区玉渊潭南路1号D座 100038） 网址：www.waterpub.com.cn E-mail：mchannel@263.net（万水） sales@waterpub.com.cn 电话：（010）68367658（营销中心）、82562819（万水）
经　售	全国各地新华书店和相关出版物销售网点
排　版	北京万水电子信息有限公司
印　刷	三河市铭浩彩色印装有限公司
规　格	184mm×260mm　16开本　17.25印张　384千字
版　次	2020年3月第1版　2020年3月第1次印刷
印　数	0001—3000册
定　价	49.00元

前言

物联网技术目前炙手可热，其主要产品是智能家居、智能车载、智能机器人等。Android 是一款功能强大的操作系统，已经被全球市场上的大量智能手机、平板电脑和嵌入式系统所采用。如果物联网设备采用 Android 操作系统，那么物联网 APP 开发人员可以轻松地将操作系统与许多第三方 APP 和嵌入式系统相结合。本书从初学者的角度出发，通过通俗易懂的语言、丰富的案例，帮助读者理解每一个知识点在实际项目中的应用，同时通过不断更新的 GitHub 案例资源，帮助读者持续提高技术水平。本书可作为高职院校计算机相关专业 Android 课程的教材，也可作为 Android 从业人员的参考用书。

本书共 11 章，第 1 章介绍 Android 入门知识以及 Android Studio 的安装方法；第 2 章介绍常用调试工具；第 3 章介绍 Android UI 开发；第 4 章介绍四大组件中最重要的 Activity；第 5 章介绍消息处理机制与异步任务；第 6 章介绍 BroadCast 广播机制；第 7 章介绍 Service（服务）；第 8 章介绍数据存储和共享方案；第 9 章介绍多媒体的使用，包括二维图形图像处理、二维动画处理和多媒体文件的播放方法；第 10 章介绍 GPS 定位应用开发和传感器应用开发；第 11 章介绍网络编程方法。

本书特点如下所述。

（1）语言贴近读者。本书最大的特点是教材语言简明，贴近读者，符合高职院校学生学习的特点，使读者对程序设计的逻辑结构和语法概念较易理解。

（2）实用性强。本书内容丰富、重点突出、逻辑清晰，设计了许多 Android 开发中极具新颖性与前沿性的应用实例。这些实例不仅涉及常用的 Android 开发知识的应用，还涉及了 Android 的特色技术——传感器信息获取以及定位。这些技术将区别于 PC 端和 Web 端的技术领域，是只有在移动端才能实现的功能，体现了 Android 开发在物联网应用中的作用。

（3）大胆创新，立足于终身教育。本书弥补了传统教材中电子案例资源一次编写无法持续更新的缺陷，将教材知识点与在线 GitHub 项目有机结合，强调创新精神与实践能力的培养，把理论与实践有机结合。

（4）适合混合式教学和个性化学习。书中以二维码的形式提供数字化教学资源，将教学资源与教材内容直接关联，方便教师根据资源组织课题教学。教师可借助微课内容有效地向学生教授开发过程与原理。

本书由一支有着丰富的物联网专业教学及项目开发经验的教学团队编写，由周雯、舒松担任主编，由石浪、孙严强和霍宏亮担任副主编，由张红卫教授担任主审。具体分工如下：周雯负责确定总体方案、统稿，以及前言部分和第 1、2、3、4 章的编写；石浪负责编写第 5 章；霍宏亮负责编写第 6、11 章；孙严强负责编写第 7 章；舒松负责编写第 8、9、10 章；张红卫教授负责最后的审稿定稿工作。另外，喻力负责本书的案例整理工作。

编　者

2019 年 12 月

目录 CONTENTS

第 1 章
扬帆起航——
Android 入门

2003 年 10 月，Andy Rubin（安迪鲁宾）等人创建 Android（安卓）公司，并组建 Android 团队。2005 年 8 月 17 日，谷歌公司低调收购了成立仅 22 个月的高科技企业 Android 公司及其团队。安迪鲁宾成为谷歌公司工程部副总裁，继续负责 Android 项目。2007 年 11 月 5 日，谷歌公司正式向外界展示了这款名为 Android 的操作系统，并且谷歌公司在当天宣布建立一个全球性的联盟组织，该组织由 34 家手机制造商、软件开发商、电信运营商以及芯片制造商共同组成，并与 84 家硬件制造商、软件开发商及电信营运商组成开放手持设备联盟（Open Handset Alliance）来共同研发改良 Android 系统，这一联盟将支持谷歌公司发布的手机操作系统以及应用软件，谷歌公司以 Apache 免费开源许可证的授权方式，发布了 Android 的源代码。2008 年，在 Google I/O 大会上，谷歌公司提出了 Android HAL 架构图，同年 8 月 18 日，Android 获得了美国联邦通信委员会（Federal Communication Commission，FCC）的批准，9 月，谷歌公司正式发布了 Android 1.0，这也是 Android 系统最早的版本。

1.1 Android 简介

Android 入门介绍

1.1.1 Android 系统架构

Android 的系统架构和其他操作系统一样，采用了分层的架构。

1. Linux 内核层

Android 系统是基于 Linux 2.6 内核的。Linux 内核层为 Android 设备的各种硬件提供了底层的驱动和管理，如显示驱动、音频驱动、照相机驱动、蓝牙驱动、Wi-Fi 驱动、电源管理等。

2. 系统运行库层

系统运行库层通过一些 C/C++ 库为 Android 系统提供了主要的特性支持。如 SQLite 库提供了数据库的支持，OpenGL|ES 库提供了 3D 绘图的支持，Webkit 库提供了浏览器内核的支持等。同样在这一层还有 Android 运行时库，它主要提供了一些核心库，允许开发者使用 Java 语言编写 Android 应用。另外 Android 运行时库中还包含了 Dalvik 虚拟机，它使得每一个 Android 应用都能运行在独立的进程当中，并且拥有一个自己的 Dalvik 虚拟机实例。相较于 Java 虚拟机，Dalvik 是专门为移动设备定制的，它针对手机内存、CPU 性能有限等情况做了优化处理。

3. 应用框架层

应用框架层主要提供构建应用程序时可能用到的各种 API，Android 自带的一些核心应用就是使用这些 API 完成的，开发者也可以通过使用这些 API 构建自己的应用程序。Android 的一些核心库如下所述。

系统 C 库：一个从 BSD 系统派生出来的标准 C 系统库（libc），并且专门针对嵌入式 Linux 设备进行了调整。

媒体库：基于 PacketVideo 的 OpenCore，该库支持回放和录制许多流行格式的音频和视频，以及静态图像文件，包括 MPEG4、H.264、MP3、AAC、AMR、JPG 和 PNG 格式。

Surface 管理器：对显示子系统的访问和从多个程序中无缝合成二维和三维图形层进行管理。

LibWebCore：一个全新的 Web 浏览器引擎，它对 Android 浏览器和嵌入式 Web 视图具有良好的支持。

SGL：底层的 2D 图形引擎。

3D 库：基于 OpenGL ES 1.0 API 的一个 3D 系统，可以使用硬件 3D 加速，也可使用高度优化的软件 3D 加速。

FreeType：用于位图和矢量字体渲染。

SQLite 库：一个提供给所有应用程序使用的、功能强大的轻量级关系型数据库。

4. 应用层

所有安装在手机上的应用程序都是属于这一层的，比如系统自带的联系人、短信等程序，或者是你从 Google Play 上下载的小游戏，当然还包括你自己开发的程序。早期的 Android 应用程序开发，通常通过 Android SDK（Android 软件开发包）使用 Java 作为编程语言来开发应用程序。通过不同的软件开发包，使用的编程语言也不同。

例如开发者可以通过 Android NDK（Android Native 开发包）使用 C 语言或者 C++ 语言作为编程语言开发应用程序。同时谷歌公司还推出了适合初学者编程使用的 Simple 语言，该语言类似微软公司的 Visual Basic 语言。此外，谷歌公司还推出了 Google APP Inventor 开发工具，该开发工具可以快速地构建应用程序，方便新手进行开发。

结合 Android 系统架构图（图 1-1），读者将会对上述内容理解得更加深刻。

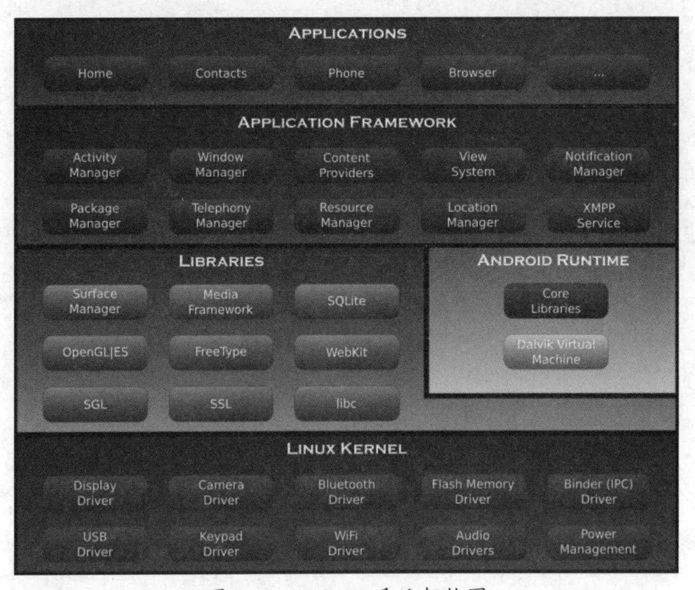

图 1-1 Android 系统架构图

1.1.2 Android 开发版本

Android 操作系统是由谷歌公司和开放手持设备联盟共同开发的移动设备操作系统，谷歌公司 2008 年 9 月正式发布的 Android 1.0 系统，也就是 Android 最早的版本，随后的 Android 2.1、2.2、2.3 的连续推出使 Android 占据了大量的市场，至今已经发布了多个更新。这些更新版本都在前一个版本的基础上修复了 Bug 并且添加了前一个版本所没有的新功能。

从 2009 年 5 月开始，Android 操作系统改用甜点作为版本代号，这些版本按照从大写字母 C 开始的顺序来进行命名：纸杯蛋糕（Cupcake）、甜甜圈（Donut）、闪电泡芙（Éclair）、冻酸奶（Froyo）、姜饼（Gingerbread）、蜂巢（Honeycomb）、冰淇淋三明治（Ice Cream Sandwich）、果冻豆（Jelly Bean）、奇巧（KitKat）、棒棒糖（Lollipop）、棉花糖（Marshmallow）、牛轧糖（Nougat）、奥利奥（Oreo）、馅饼（Pie）。

Android 10的首个开发者预览版本(即测试版)在2019年3月14日发行并提供下载。正式版于 2019 年 9 月 3 日发行，此版本是各 Android 版本中首次不用甜品来命名的。

目前市场上最新的正式版本是 Android 10，其新特性包括：①机器学习技术；②折叠屏和 5G；③提升安全和隐私（使用近 50 项技术）；④黑暗主题；⑤手势导航。

表 1-1 列出了市场上的一些 Android 系统版本及其详细信息。

表 1-1　Android 系统版本

名称	版本名	API 等级
Android R	11.0	30
Android Q	10.0	29
Android Pie	9.0	28
Android Oreo	8.0 — 8.1	26 — 27
Android Nougat	7.0 — 7.1.2	24 — 25
Android Marshmallow	6.0 — 6.0.1	23
Android Lollipop	5.0 — 5.1.1	21 — 22
Android KitKat	4.4 — 4.4.4	19 — 20
Android Jelly Bean	4.1 — 4.3	16 — 18
Android Ice Cream Sandwich	4.0.1 — 4.0.4	14 — 15
Android Honeycomb	3.0 — 3.2	11 — 13
Android Gingerbread	2.3 — 2.3.7	9 — 10
Android Froyo	2.2	8
Android Eclair	2.0 — 2.1	5 — 7
Android Donut	1.6	4
Android Cupcake	1.5	3
—	1.1	2
—	1.0	1

1.1.3 Android 应用开发简介

预告一下，读者马上就要开始真正的 Android 开发旅程了。不过先别急，在开始之前我们来看一看，Android 到底提供了哪些能使开发者开发出优秀的应用程序的功能。

1. 四大组件

Android 系统的四大组件分别是活动（Activity）、服务（Service）、广播接收器（BroadcastReceiver）和内容提供器（ContentProvider）。其中活动是所有 Android 应用程序的门面，凡是在应用中看得到的东西，都是放在活动中的。而服务就比较低调了，你无法看到它，但它会一直在后台默默地运行，即使用户退出了应用，服务仍然是可以继续运行的。广播接收器可以允许你的应用接收来自各处的广播消息，比如电话、短信等，当然你的应用同样也可以向外界发出广播消息。内容提供器则为应用程序之间共享数据提供了可能，比如，若想读取系统电话簿中的联系人，就需要通过内容提供器来实现。

2. 系统控件

Android 系统为开发者提供了丰富的系统控件，使得我们可以很轻松地编写出漂亮的界面。当然如果开发者的要求比较高，不满足于系统自带的控件效果，也完全可以定制属于自己的控件。

3. SQLite 数据库

Android 系统自带了这种轻量级、运算速度极快的嵌入式关系型数据库。它不仅支持标准的 SQL 语法，还可以通过 Android 封装好的 API 进行数据库的相关操作，使存储和读取数据变得非常方便。

4. 地理位置定位

与 PC 相比，移动设备的地理位置定位功能应该是很大的一个亮点。现在的 Android 手机都内置 GPS，可以很容易地定位到手机的位置，开发者发挥自己的想象力可以开发出创意十足的应用，如果再结合功能强大的地图功能，LBS（手机定位）这一领域潜力无限。

5. 多媒体服务功能

Android 系统提供了丰富的多媒体服务功能，如音乐、视频、录音、拍照、闹铃等，这些都可以在程序中通过代码进行控制，使 Android 系统的应用更加丰富多彩。

6. 传感器

Android 手机中都会内置多种传感器，如加速度传感器、方向传感器等，这也是移动设备的一大特点。通过灵活地使用这些传感器，可以做出很多在 PC 上无法实现的应用。

既然有 Android 这样出色的系统给我们提供了这么丰富的工具，你还用担心做不出优秀的应用吗？好了，纯理论的东西就先介绍到这里，读者应该迫不及待地想要开始真正的开发之旅了，那我们就启程吧！

1.2 Android Studio 简介

安装 Android Studio

1.2.1 了解 Android Studio

为了简化 Android 的开发，谷歌公司决定重点研发 Android Studio 工具。谷歌公司已在 2015 年底停止支持其他集成开发环境（比如，Eclipse）。

Android Studio 是第一个官方的 Android 开发环境。其他工具（例如，Eclipse）在 Android Studio 发布之前已经被大规模地使用。为了帮助开发者转向 Android Studio，谷歌公司已经写出一套迁移指南，同时也发布声明称，在 2015 年，他们会为 Android Studio 增加一些性能工具，Eclipse 里现有的 Android 工具会通过 Eclipse 基金会继续支持下去。

谷歌公司于 2016 年 4 月正式发布了“集成开发环境”（IDE）—— Android Studio 2.0 版本，Windows、Mac 和 Linux 用户均可下载。Android Studio 2.0 除了强大的代码编辑器和开发者工具外，还提供了更多可提高 Android 应用编译效率的功能，比如，可视布局编辑器、代码分析工具、仿真器等。同时，Android 所有的 API 版本都能通过 Android Studio 进行下载更新（Eclipse 已经停止更新）。为保证编译器统一，本书采用的 Android Studio 版本为谷歌公司在 2018 年 3 月发布的 3.1 版本。

1.2.2 Android Studio 的新功能

Android Studio 3.1 版本包括以下新功能。

1. 可视布局编辑器（Visual Layout Editor）

可以将界面元素合并到可视布局编辑器中（而不是手动编写 XML），从而实现快速布局。可视布局编辑器可以预览在不同的 Android 设备和版本上显示的布局，并且可以动态调整布局的大小以确保它能够很好地适应不同的屏幕尺寸。

使用 ConstraintLayout［在支持库中提供的布局管理器，与 Android 2.3（API 等级 9）及更高版本兼容］构建新布局时，可视布局编辑器的功能尤其强大。ConstraintLayout 布局界面如图 1-2 所示。

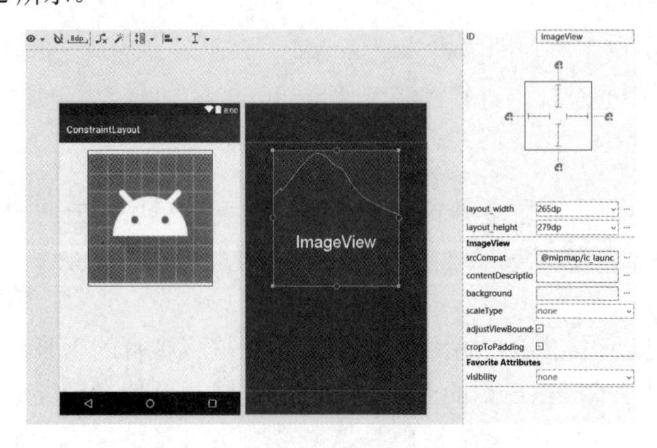

图 1-2　ConstraintLayout 布局界面

2. APK分析器

通过检查应用APK文件的内容，即使它不是使用Android Studio构建的，也可以找到控制Android应用系统大小的机会。可通过APK分析器检查清单文件、资源和DEX文件。通过比较两个APK，了解您的应用系统的界面尺寸在不同应用版本之间的变化情况。APK分析器界面如图1-3所示。

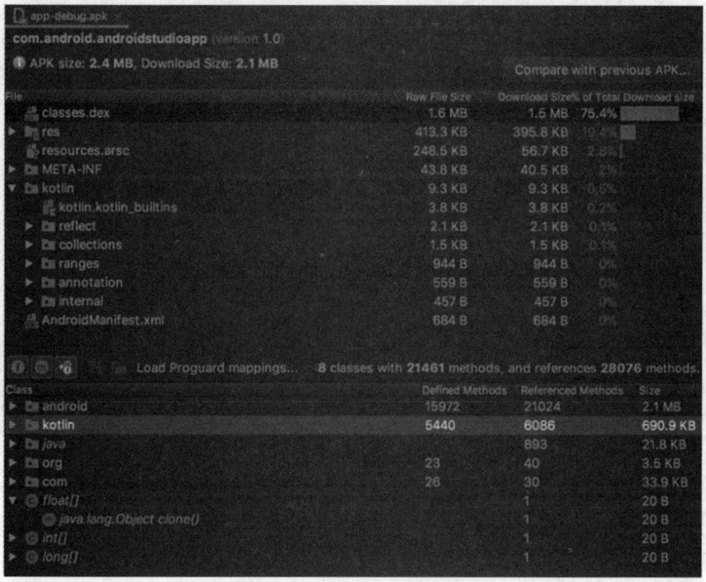

图1-3　APK分析器界面

3. 快速模拟器

使用快速模拟器可比使用物理设备更快地安装和运行应用程序，并可模拟不同的配置和功能，包括用于构建增强现实体验的Google平台ARCore。Android模拟器界面如图1-4所示。

图1-4　Android模拟器界面

4. 智能代码编辑器

使用为 Kotlin、Java 和 C / C ++ 语言提供的智能代码编辑器，可编写更好的代码，提高工作效率。图 1-5 所示为 Kotlin 代码编辑器界面。

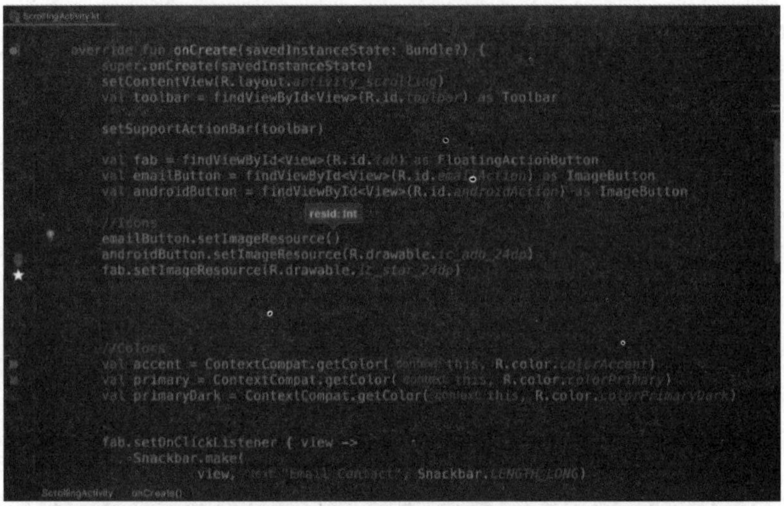

```
ScrollingActivity.kt
    override fun onCreate(savedInstanceState: Bundle?) {
        super.onCreate(savedInstanceState)
        setContentView(R.layout.activity_scrolling)
        val toolbar = findViewById<View>(R.id.toolbar) as Toolbar

        setSupportActionBar(toolbar)

        val fab = findViewById<View>(R.id.fab) as FloatingActionButton
        val emailButton = findViewById<View>(R.id.emailAction) as ImageButton
        val androidButton = findViewById<View>(R.id.androidAction) as ImageButton
                              resId: Int
        //Icons
        emailButton.setImageResource()
        androidButton.setImageResource(R.drawable.ic_adb_24dp)
        fab.setImageResource(R.drawable.ic_star_24dp)


        //Colors
        val accent = ContextCompat.getColor( context: this, R.color.colorAccent)
        val primary = ContextCompat.getColor( context: this, R.color.colorPrimary)
        val primaryDark = ContextCompat.getColor( context: this, R.color.colorPrimaryDark)


        fab.setOnClickListener { view ->
            Snackbar.make(
                    view, text: "Email Contact", Snackbar.LENGTH_LONG)
ScrollingActivity    onCreate()
```

图 1-5　Kotlin 代码编辑器界面

5. 灵活的构建系统

由 Gradle 提供支持，Android Studio 的构建系统允许开发者自定义构建，以便从单个项目为不同的设备生成多个构建变体。图 1-6 所示为自定义构建系统的示例代码。

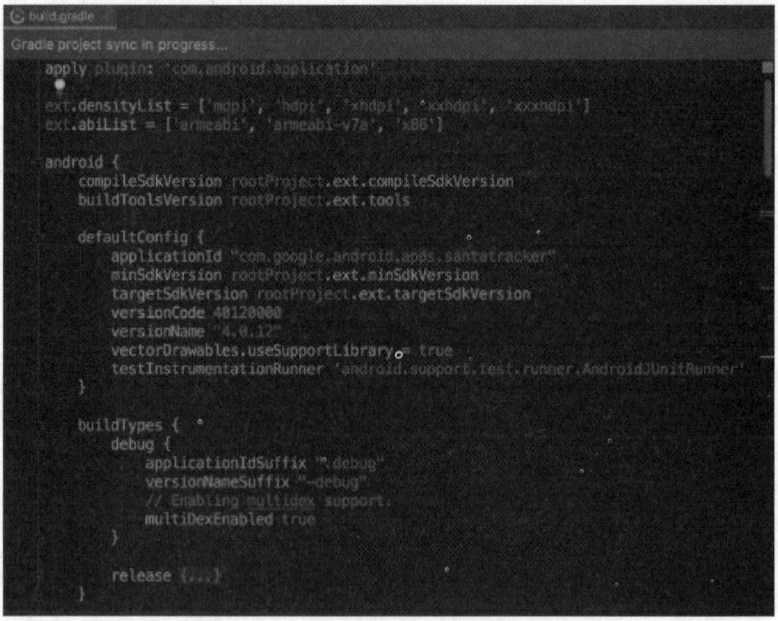

```
build.gradle
Gradle project sync in progress...
apply plugin: 'com.android.application'

ext.densityList = ['mdpi', 'hdpi', 'xhdpi', 'xxhdpi', 'xxxhdpi']
ext.abiList = ['armeabi', 'armeabi-v7a', 'x86']

android {
    compileSdkVersion rootProject.ext.compileSdkVersion
    buildToolsVersion rootProject.ext.tools

    defaultConfig {
        applicationId "com.google.android.apps.santatracker"
        minSdkVersion rootProject.ext.minSdkVersion
        targetSdkVersion rootProject.ext.targetSdkVersion
        versionCode 40120000
        versionName "4.0.12"
        vectorDrawables.useSupportLibrary = true
        testInstrumentationRunner 'android.support.test.runner.AndroidJUnitRunner'
    }

    buildTypes {
        debug {
            applicationIdSuffix ".debug"
            versionNameSuffix "-debug"
            // Enabling multidex support.
            multiDexEnabled true
        }

        release {...}
    }
```

图 1-6　自定义构建系统的示例代码

6. 实时分析器

内置的分析工具可为应用程序的CPU、内存和网络活动提供实时统计信息。开发者可以通过监控CPU活动、Java堆和内存分配等优化函数性能，通过监控网络活动优化网络性能。图1-7为应用程序实时分析器界面。

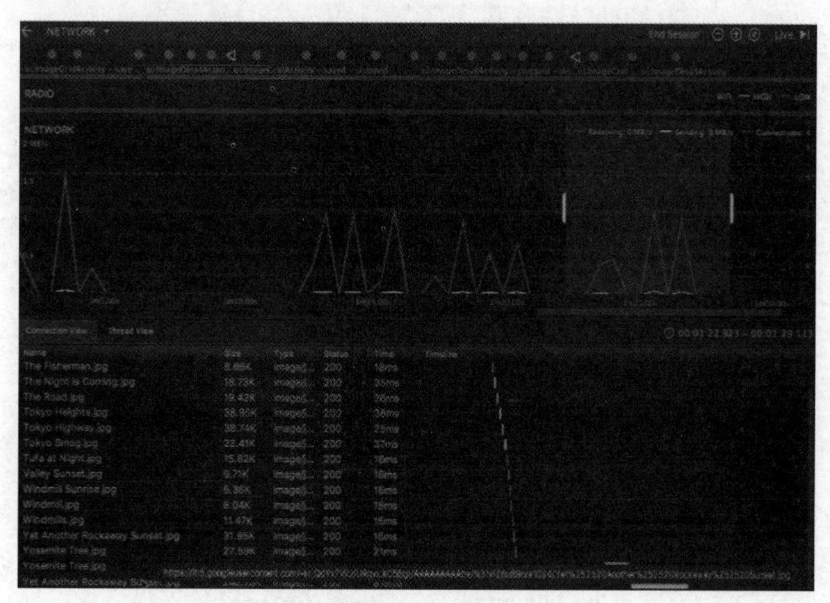

图1-7 应用程序实时分析器界面

1.2.3 安装Android Studio

注意：如果所用计算机不是第一次安装Android Studio，请先卸载之前安装的Android Studio，再按照本书所述的步骤进行安装。

（1）可以下载Google发布在中文社区官网http://www.android-studio.org/index.php/download上的Android Studio的安装软件压缩包，在D盘上（或其他空间比较大的硬盘，建议不要放到C盘，因为随着后期的下载更新等，会下载很多东西，导致C盘空间不足）进行安装。首先在D盘上创建android_studio文件夹，然后在此文件夹中新建“ruanjian”文件夹，用于软件安装。把sdk安装压缩包放在android_studio文件夹下，并解压到当前文件夹中。安装软件的文件夹结构如图1-8所示。

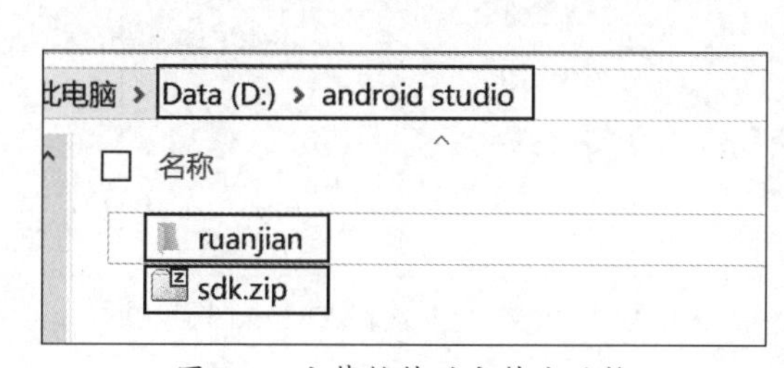

图1-8 安装软件的文件夹结构

（2）安装 Android Studio。图 1-9 为下载的 Android Studio 3.1.3 安装包，双击安装包即可开始安装。

android-studio-ide-173.4819257-win...	2018/7/4 8:44	应用程序	776,283 KB

图 1-9 Android Studio 3.1.3 安装包

（3）图 1-10 所示为安装 Android Studio 的欢迎界面对话框，单击 Next 按钮。

图 1-10 欢迎界面对话框

（4）不安装 Android 模拟器，如图 1-11 所示进行选择，单击 Next 按钮。

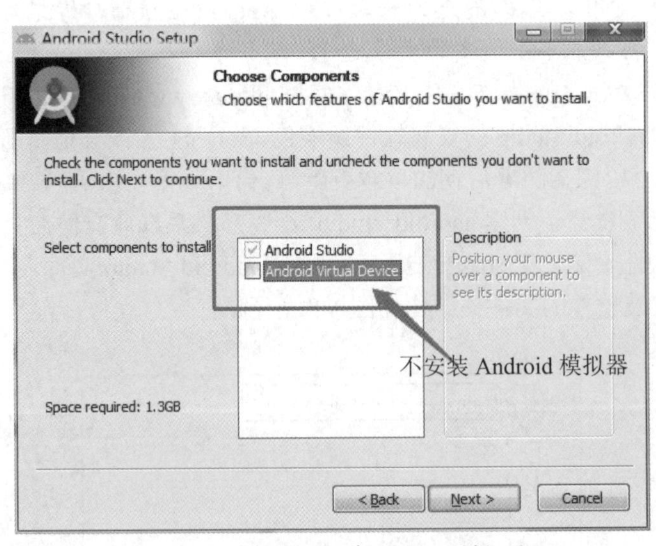

图 1-11 选择是否安装 Android 模拟器

（5）选择安装路径，如图 1-12 所示，单击 Next 按钮。

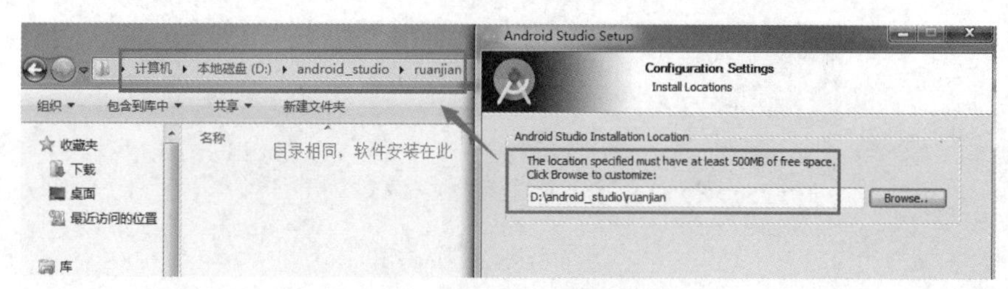

图 1-12　选择安装路径对话框

（6）继续进行安装，如图 1-13 所示，单击 Install 按钮。图 1-14 所示为安装进度对话框。

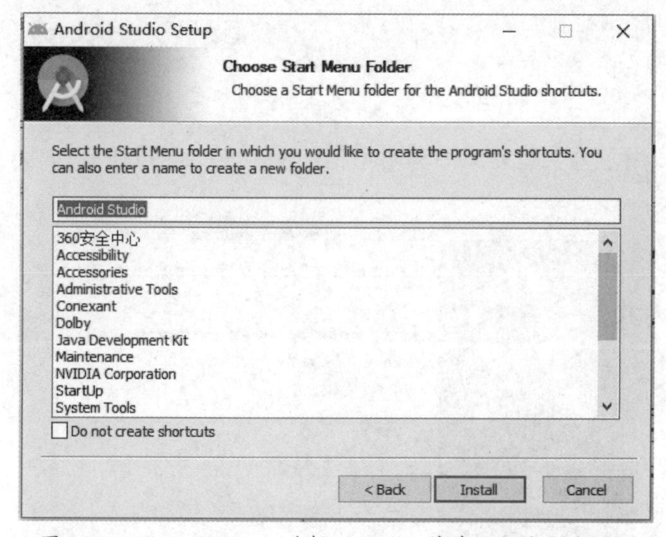

图 1-13　Android Studio 选择“开始”菜单的文件夹对话框

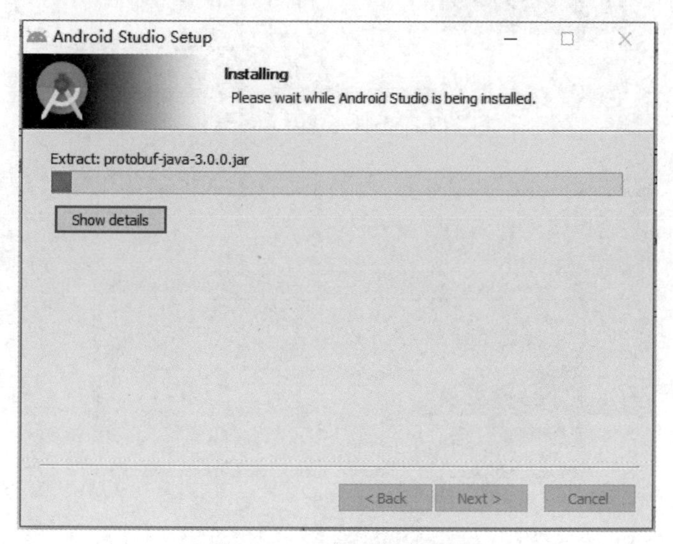

图 1-14　安装进度对话框

（7）图 1-15 所示为安装进度完成对话框，单击 Next 按钮。

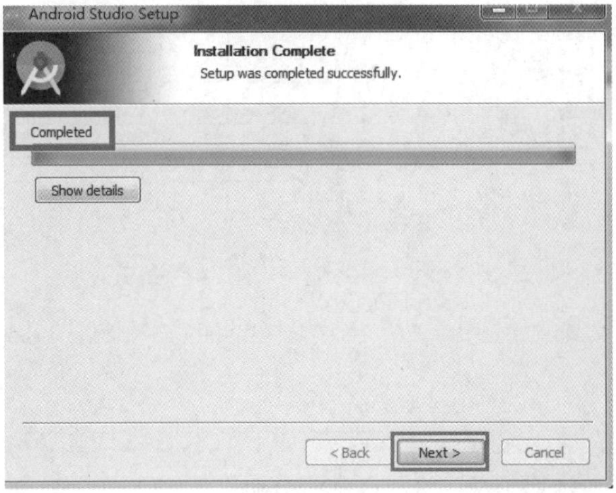

图 1-15　安装进度完成对话框

（8）图 1-16 所示为安装完成启动对话框，单击 Finish 按钮启动 Android Studio。

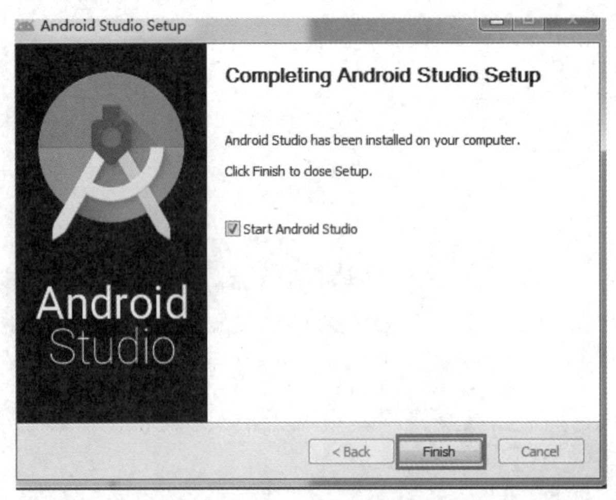

图 1-16　安装完成启动对话框

（9）第一次启动 Android Studio 时会询问是否导入以前的配置，这里选择不导入，如图 1-17 所示，然后单击 OK 按钮。

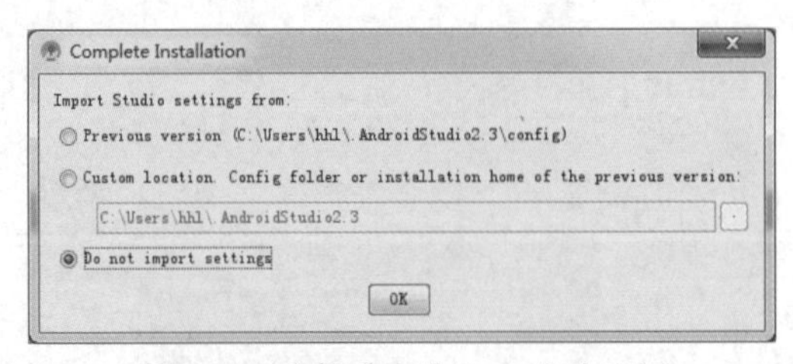

图 1-17　选择是否导入配置对话框

（10）此时系统会提示无法访问 Android SDK，如图 1-18 所示，单击 Cancel 按钮，我们会在接下来的步骤中配置 Android SDK。

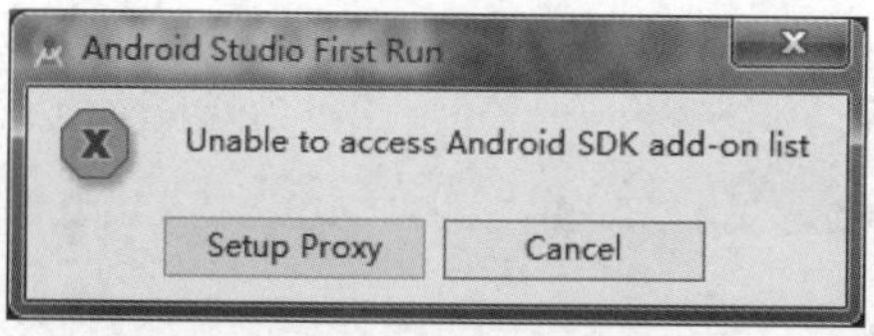

图 1-18　软件启动完成对话框

（11）在出现的软件启动欢迎界面对话框中单击 Next 按钮，如图 1-19 所示。

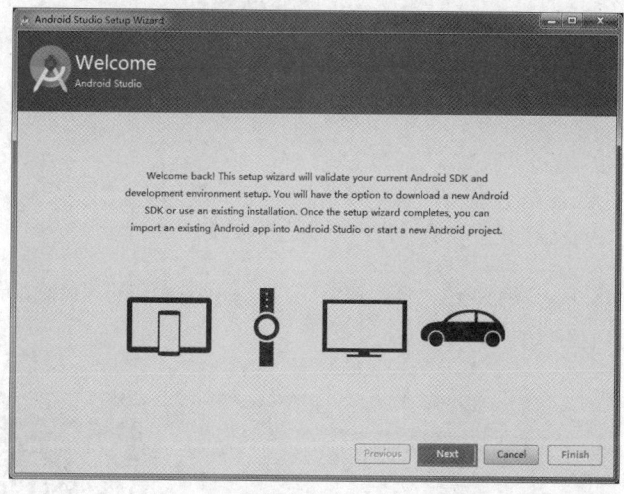

图 1-19　软件启动欢迎界面对话框

（12）在出现的选择是否自定义对话框中选择自定义，如图 1-20 所示，然后单击 Next 按钮。

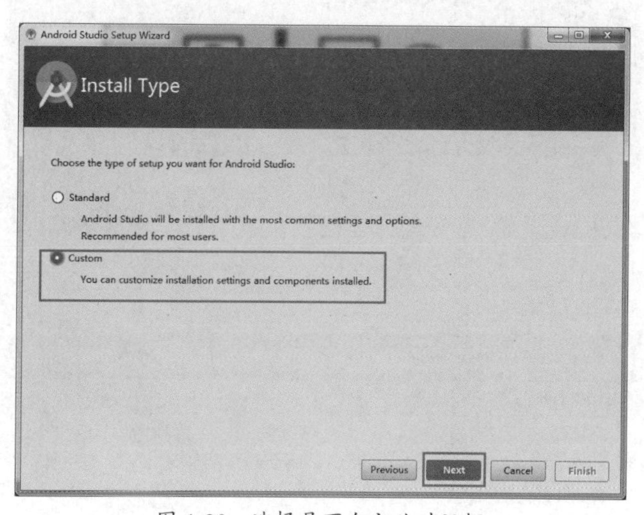

图 1-20　选择是否自定义对话框

（13）在出现的背景选择对话框中选择主题背景，如图 1-21 所示，然后单击 Next 按钮。

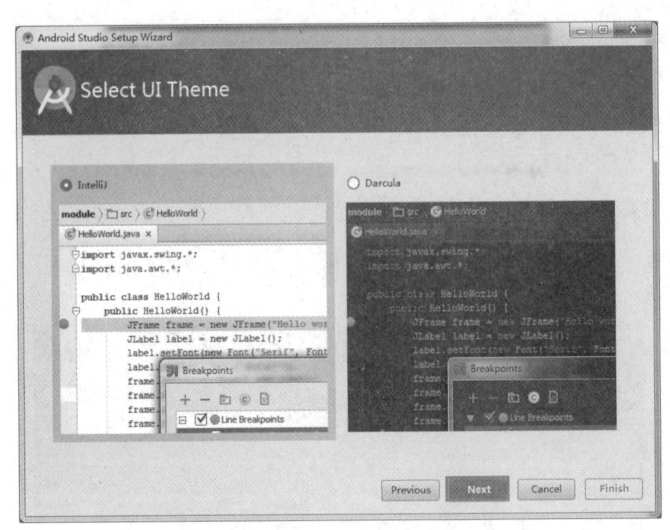

图 1-21　背景选择对话框

（14）选择 SDK 的安装路径。参考图 1-22，找到对应的 SDK 的路径。选择 SDK 所在文件夹，如图 1-23 所示。

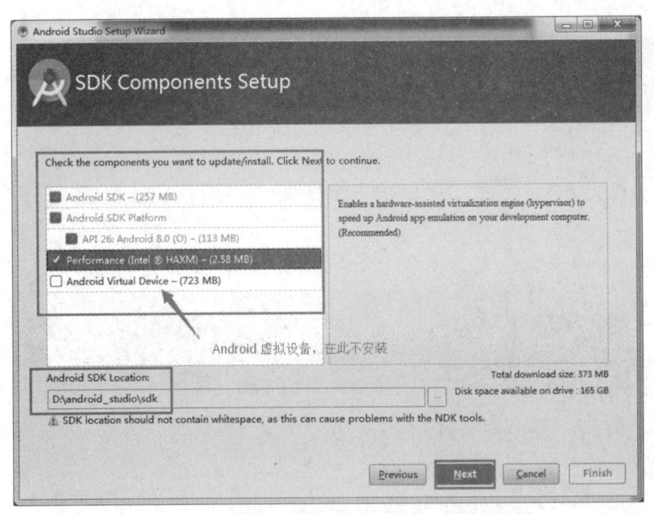

图 1-22　选择 SDK 安装路径对话框

图 1-23　选择 SDK 所在文件夹

（15）在图 1-22 中单击 Next 按钮，继续安装，出现如图 1-24 所示的对话框。

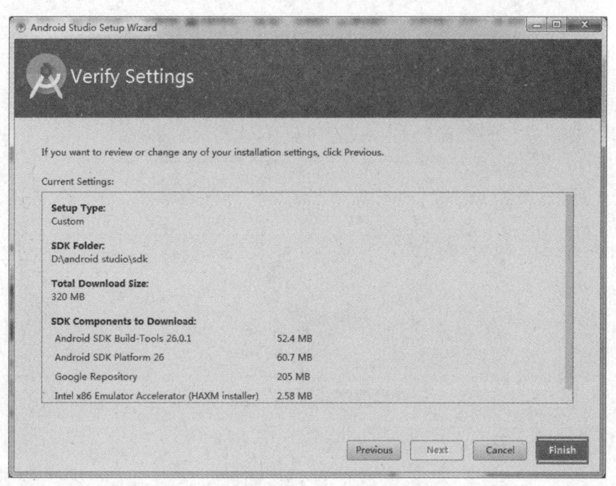

图 1-24　检查设置对话框

（16）检查完设置后，单击 Finish 按钮开始下载组件。图 1-25 所示为软件安装完成对话框。

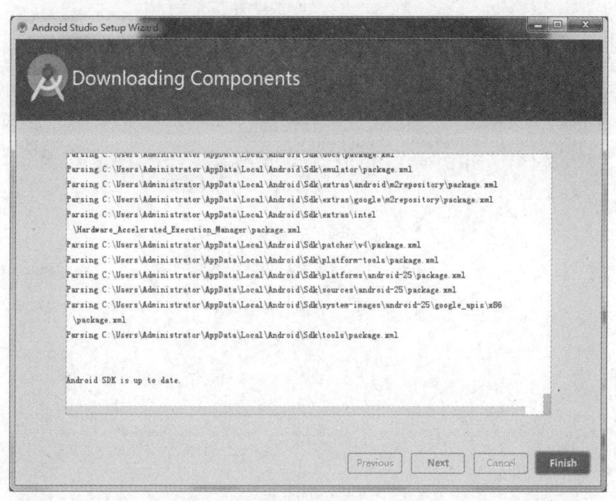

图 1-25　软件安装完成对话框

初识 Android Studio

1.3　初识 Android Studio

任何一个编程语言写出的第一个程序毫无疑问都会是 Hello World，这是自 20 世纪 70 年代一直流传下来的传统，在编程界已成为永恒的经典，我们当然也不会例外了。

1.3.1　创建第一个工程——Hello World

（1）先在 D 盘上创建工程的工作空间文件夹 android_study（若该文件夹已存在，则无需创建），然后创建工程，把创建的工程都放在此文件夹下，如图 1-26 所示。运行 Android Studio 软件，弹出如图 1-27 所示的选择打开工程方式对话框。

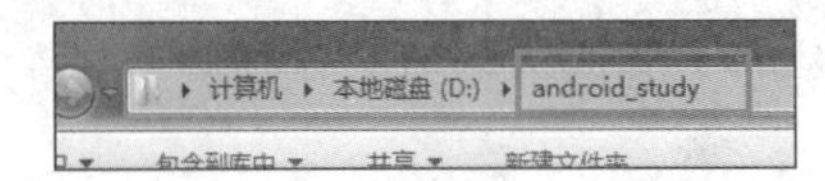

图 1-26　创建工程文件夹

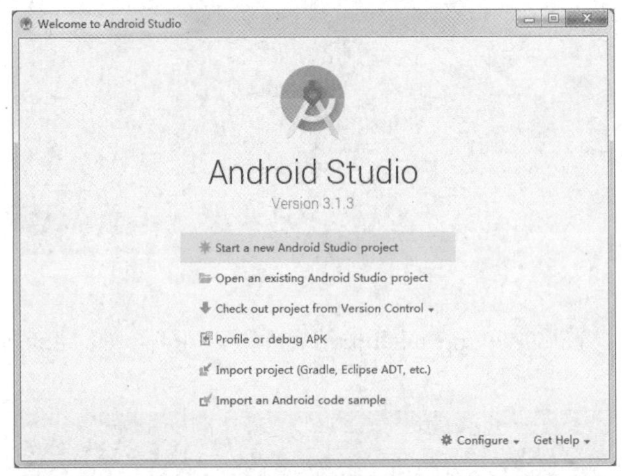

图 1-27　选择打开工程方式对话框

（2）在图 1-27 中选择“Start a new Android Studio project”命令，系统会弹出如图 1-28 所示的加载工程对话框。

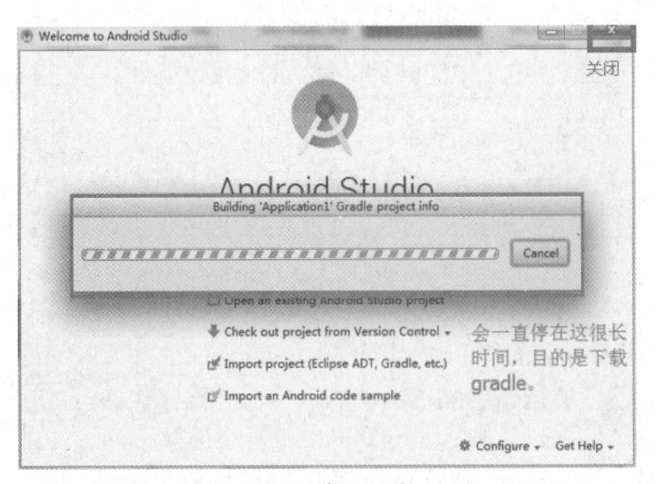

图 1-28　加载工程对话框

这个时候项目会卡在“Building '你的项目名' Gradle project info”界面，不要着急，因为第一次运行项目时 Android Studio 需要下载 Gradle，请耐心等待 5 ～ 10 分钟。如果由于网络或其他特殊原因，导致程序一直卡在这里，请打开任务管理器结束 Android Studio，然后采用下述方法解决：手动下载 Gradle。注意，下载的 Gradle 的版本要与 Android Studio 的版本一致。这里使用的 Android Studio 对应的 Gradle 版本是 4.4，那就下载 4.4 版本的 Gradle。

Gradle 的下载地址：http://services.gradle.org/distributions/。

（3）安装 gradle-4.4。Gradle 软件的文件夹如图 1-29 所示。

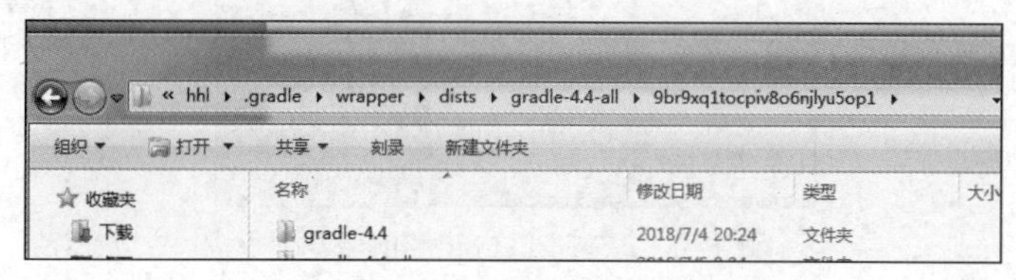

图 1-29　Gradle 软件的文件夹

（4）把安装资料里的 gradle-4.4-all.zip 复制到 C:\Users***\.gradle\wrapper\dists 文件夹下并解压，如图 1-30 和图 1-31 所示。

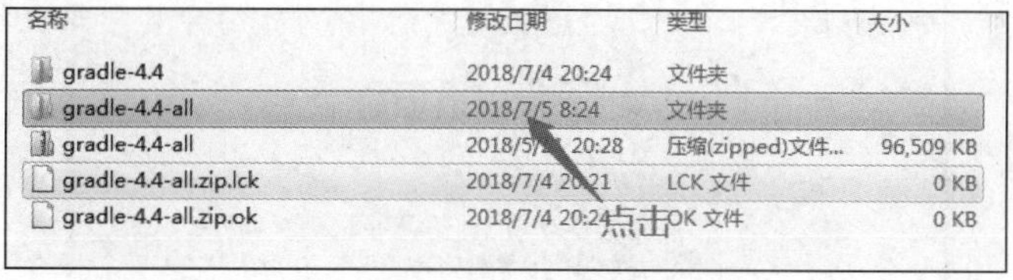

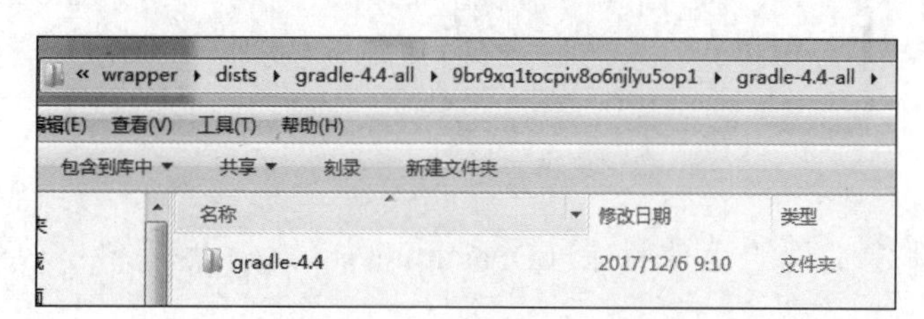

图 1-30　将 gradle-4.4-all.zip 复制到文件夹并解压

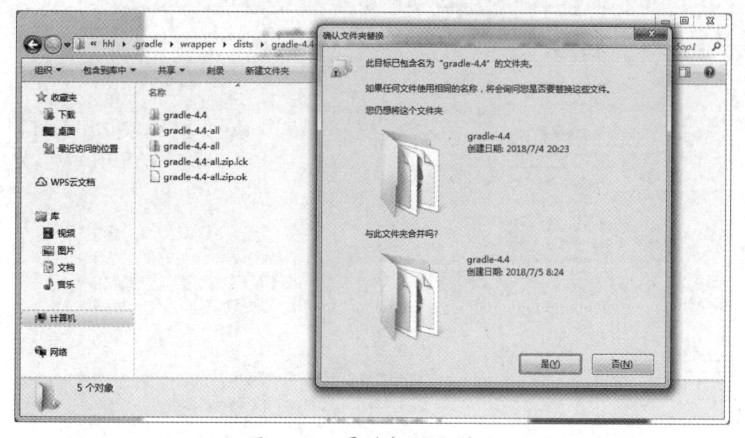

图 1-31　gradle-4.4 文件夹

（5）用 gradle-4.4 文件夹覆盖已存在的文件夹 gradle-4.4，如图 1-32 所示。

图 1-32　覆盖相同文件夹

（6）重新启动 Android Studio 软件，如图 1-33 所示。

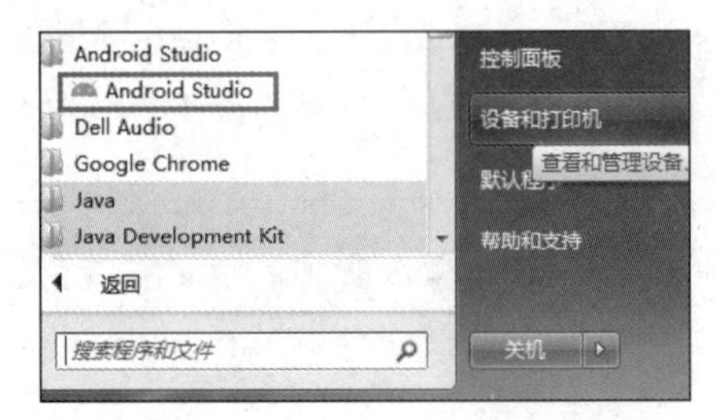

图 1-33　重启 Android Studio 软件

（7）选择新建工程命令（Start a new Android Studio project），如图 1-34 所示。

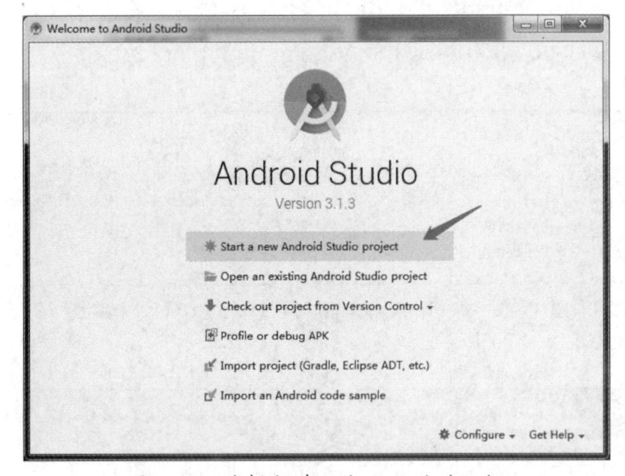

图 1-34　选择新建一个工程的对话框

（8）设置新建工程的存放目录（D:\android_study），然后单击 Next 按钮，如图 1-35 所示。

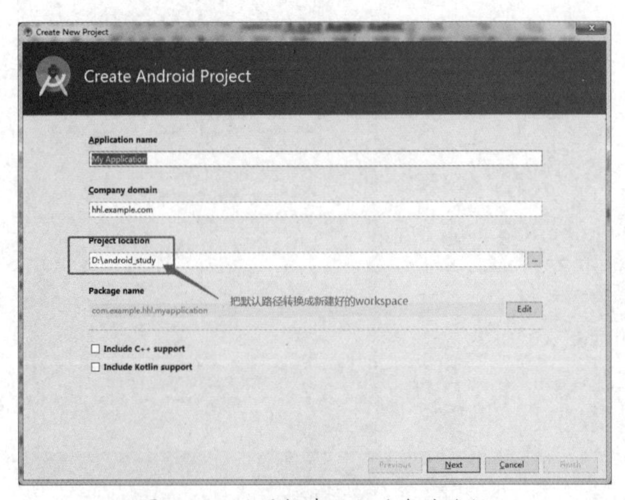

图 1-35　设置新建工程的存放路径

（9）分别在图 1-36 和图 1-37 中选择工程运行环境和添加活动模板，然后分别单击 Next 按钮。

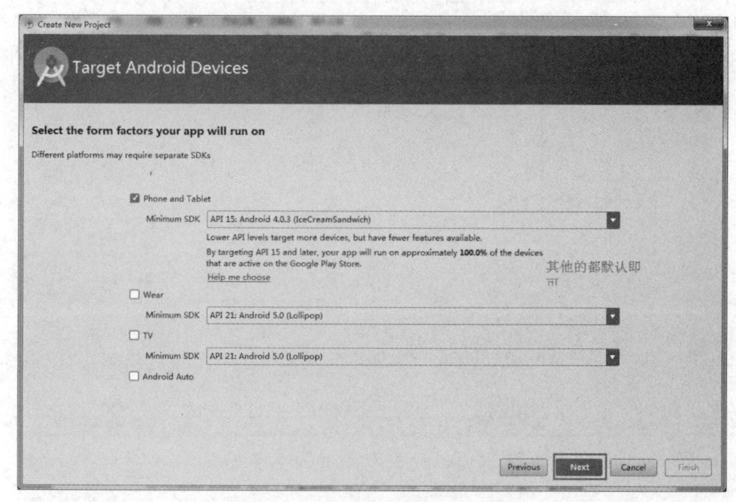

图 1-36　选择工程运行环境

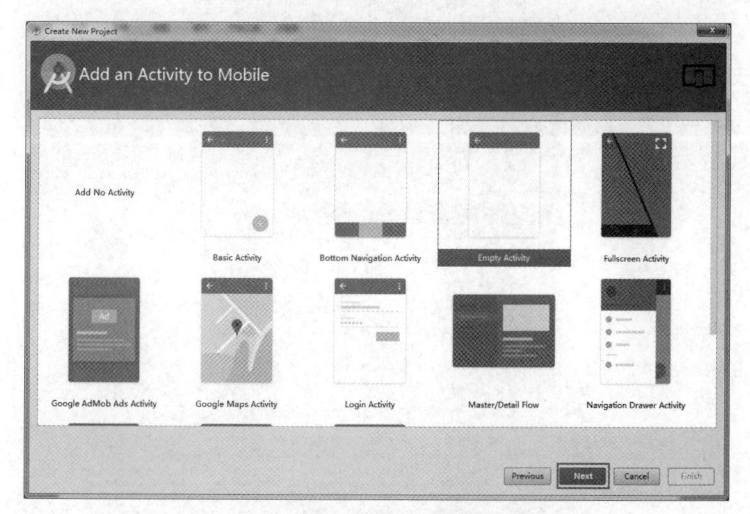

图 1-37　添加活动模板

注意，第一次启动 Android Studio 软件可能时间会稍长，而且还需从网上下载一些东西（依赖包），如图 1-38 所示。

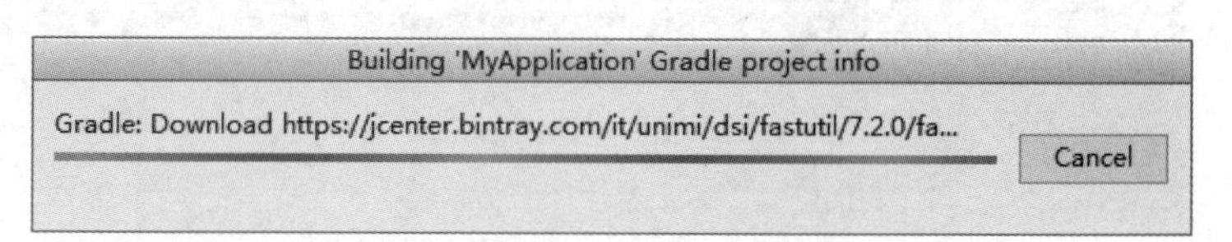

图 1-38　加载依赖包进度框

加载完依赖包之后，系统进入如图 1-39 所示的主界面。

（10）检查配置。执行 file → Project Structure 命令，进入检查配置选项界面，如图 1-40 所示。图 1-41 为工程正确配置示例。

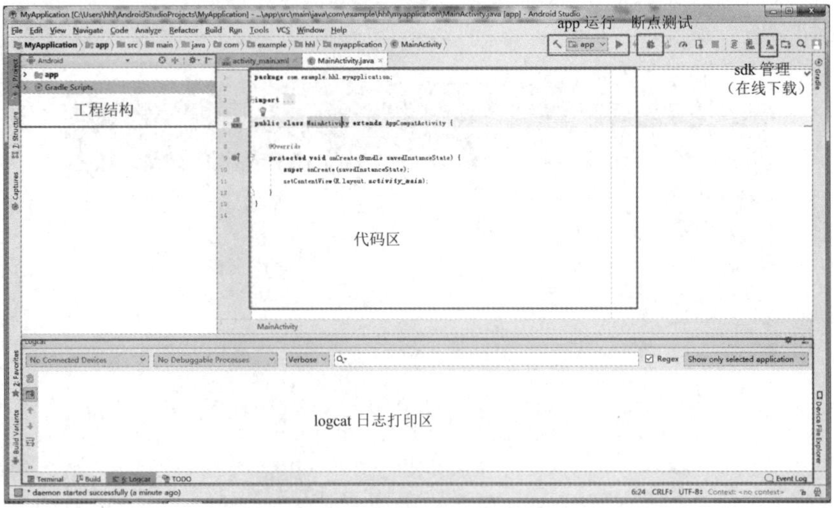

图 1-39 加载完成进入主界面

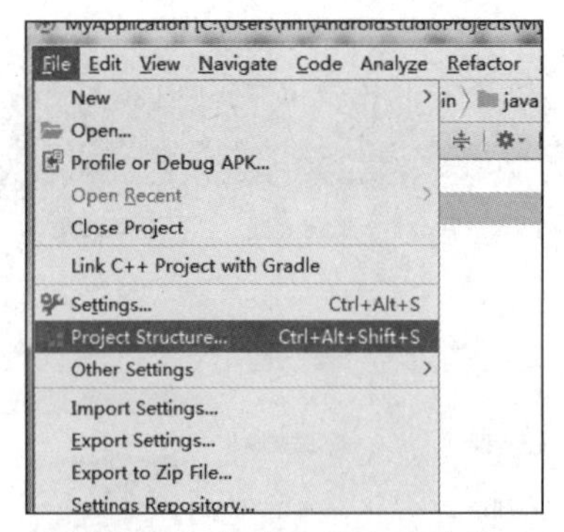

图 1-40 检查配置选项界面

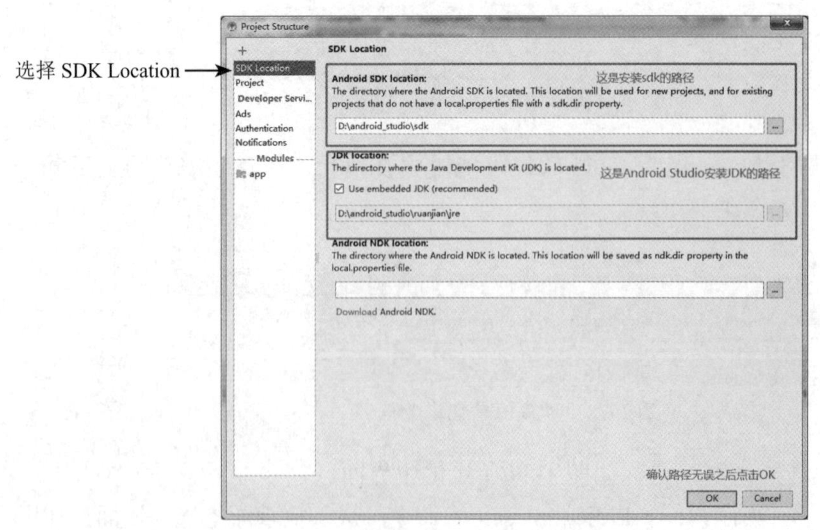

图 1-41 工程正确配置示例

（11）运行（可以先不用写代码，直接运行），如图1-42所示。

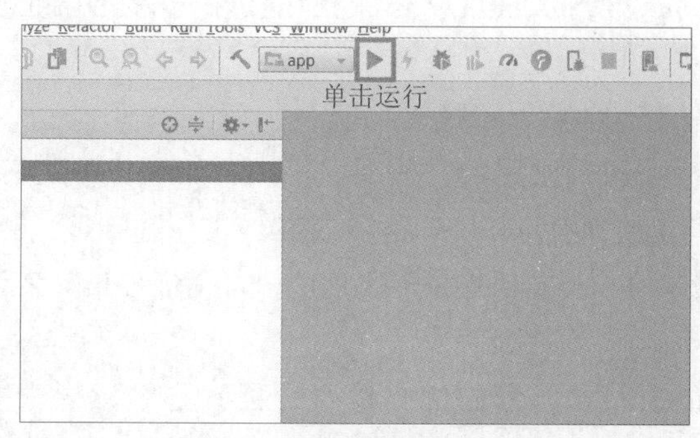

图1-42 运行默认工程代码

（12）选择模拟器或者真机运行，这里选择真机，如图1-43所示。

（13）运行结果如图1-44所示。

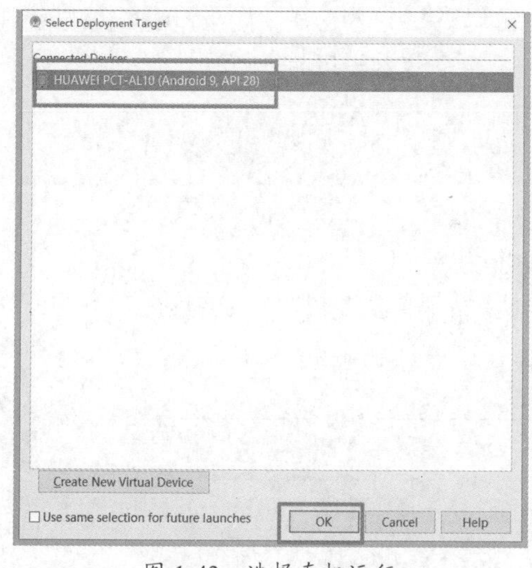

图1-43 选择真机运行

图1-44 运行结果

1.3.2 Android Studio面板简介

前面我们只用到工具栏上的一个运行工具（图1-45），下面我们一起来看看其他的功能。

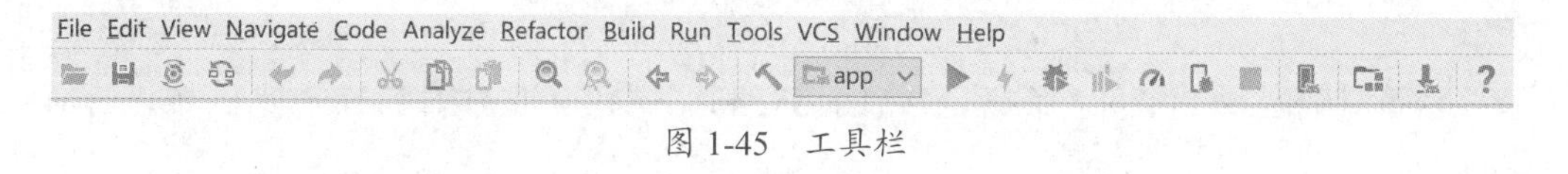

图1-45 工具栏

（1）菜单选项卡的各种功能。

File：主要包括创建项目、module、文件等，导入导出项目，保存文件，进入设置界面等操作。该菜单项里有一个电源节省模式（Power Save Mode），相当于手机的省电模式，尽量不要开启此功能，因为该功能开启后，一些辅助功能就会被关掉，对于不熟悉 Android Studio（AS）的用户来说，开启该功能会出问题，比如，如果开启了此功能，代码错误提示功能就没了。

Edit：主要包括复制、粘贴、查找等功能。

View：主要用于查看我们常用的一些窗口视图。如果找不到某些已经关闭的窗口，可以通过 View 去找，主要包括 ToolWindow 及其他常用窗口。

Navigate：主要实现 File class 类的查找功能，如 Ctrl+Shift+R 组合键的功能。

Code：主要设置代码自动补全等 。

Analyze：Android Studio 自带的代码检查神器。它继承了很多检查工具的优点，所以检查得很全面，也很杂。想要看懂检查结果需要具有一定的专业知识基础。

Refactor：主要包括移动（Move）、重命名等功能。

Build：构建项目，构建单个 Moudle、Clean 项目。Build Apk 是构建一个没有签名的 APK（Android Package）；Build Generate Singed Apk 是构建一个有签名的 APK。与 Ecplise 类似，如果有现成的签名文件，可以直接导入使用；如果没有，可以创建一个。.jks 和 .keystore 都是 APP 签名文件，使用起来基本没区别。

Run：主要是运行 APP，或者通过 Debug 运行 APP。

Tools：常用下载工具管理。

VCS：版本控制系统。

Help：版本更新，查看 Android Studio 工具日志。

（2）在菜单选项卡下面有我们经常使用的快捷工具栏。该工具栏有下述三块区域。

1）文件查看操作区域。文件查看操作区域如图 1-46 所示。

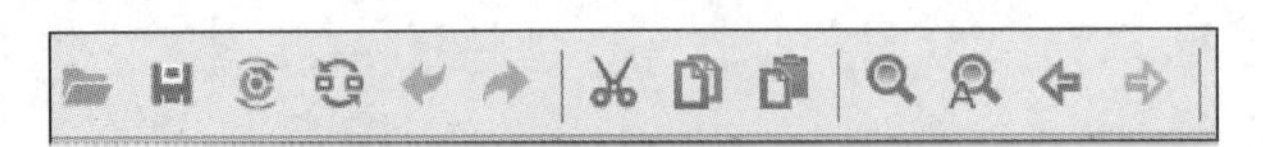

图 1-46　文件查看操作区域

2）运行调试区域。运行调试区域如图 1-47 所示。

图 1-47　运行调试区域

运行调试区域主要负责跟踪 APP 的运行和调试。下面对图 1-47 所示区域进行具体的介绍。

- ①为编译②中显示的模块。
- ②为当前项目的模块列表。
- ③为编译并运行②中显示的模块。

- ④为不编译而重新运行当前启动的 APP。
- ⑤为调试②中显示的模块。
- ⑥为测试②中显示的模块代码覆盖率。
- ⑦为启动 Android 系统 CPU 和 GPU 的性能分析。
- ⑧为快速调试 Android 系统运行的进程。
- ⑨为停止运行②中显示的模块。

3）项目管理区域。项目管理区域如图 1-48 所示。这个区域主要包括与 Android 设备以及虚拟机相关的操作，下面是具体的介绍。

图 1-48　项目管理区域

- ①为同步工程的 Gradle 文件，一般在 Gradle 配置被修改的时候需要进行同步。
- ②为虚拟设备管理。
- ③为 Android SDK 管理。
- ④为 Android 设备监控。
- ⑤为 Genymontion 模拟器（需要安装 Genymontion 插件）。

1.3.3　Android Studio 功能面板

我们已经了解了 Android Studio 界面上部的的选项卡和工具栏，下面我们来了解 Android Studio 中比较常用的功能面板。

1. Android 面板

Android 面板如图 1-49 所示。

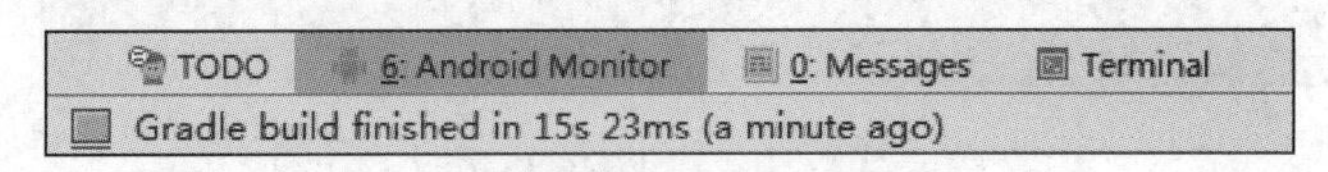

图 1-49　Android 面板

该面板的功能类似于 Eclipse 中的 LogCat，但是比其多了一些常用功能，例如：截图、查看系统信息等。下面是具体的介绍。

Android Monitor：Android 的监控，包括 LogCat 输出和 CPU、GPU、内存检测等。可以选择监控某个设备、某个项目或者是指定条件的 Log（可配置）。

Messages：主要显示 Gradle 构建或同步时，模拟器或真机打印的日志信息。

Terminal：用于 DOS 命令。

2. Project 面板

Project 面板如图 1-50 所示。

该面板主要用于浏览项目文件，下面是其功能的具体介绍。

- ①可展示项目中文件的组织方式，默认是以 Android 方式展示的，根据需要可选择 Project、Packages、Scratches、ProjectFiles、Problems 等展示方式。平时用得最多的是 Android 和 Project 两种。
- ②可定位当前打开文件在工程目录中的位置。
- ③可关闭工程目录中所有的展开项。
- ④用于额外的一些系统配置，单击后将弹出一个菜单。

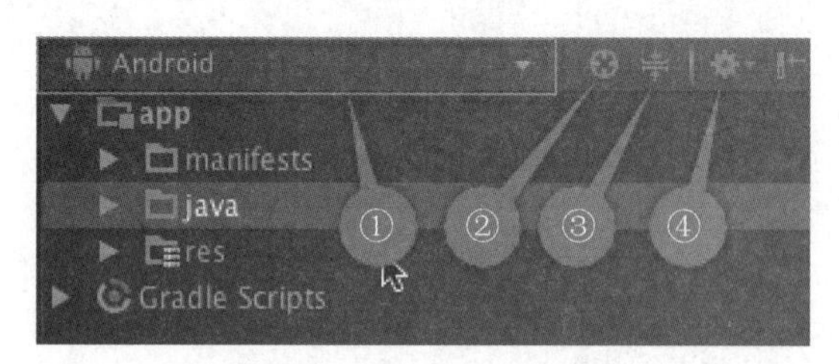

图 1-50　Project 面板

3. Preview 面板

Preview 面板如图 1-51 所示。

当查看布局文件或者 Drawable 的 XML 文件时，右侧会有 Preview 选项用于预览效果。下面是其功能的具体介绍。

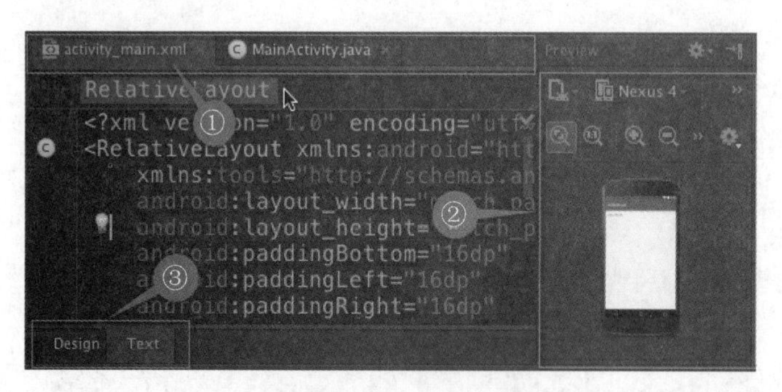

图 1-51　Preview 面板

- ①是已打开的文件的 Tab 页。（在 Tab 页上按下 Ctrl 键 + 单击鼠标，会弹出一个菜单。）
- ②是 UI 布局预览区域。
- ③是编辑布局模式切换。对于一些熟练使用者来说更喜欢通过 Text 来编辑布局；刚接触 Android 的读者可以试试用 Design 编辑布局，编辑后再切换到 Text 模式，这对于学习 Android 布局设计很有帮助。

1.3.4　Android Studio 工程目录结构

通过以上的学习，相信你对 Android Studio 已经有了一个初步的认识，下面我们来学习工程（有时也称为项目）中所包含的资源。工程文件夹结构如图1-52所示。

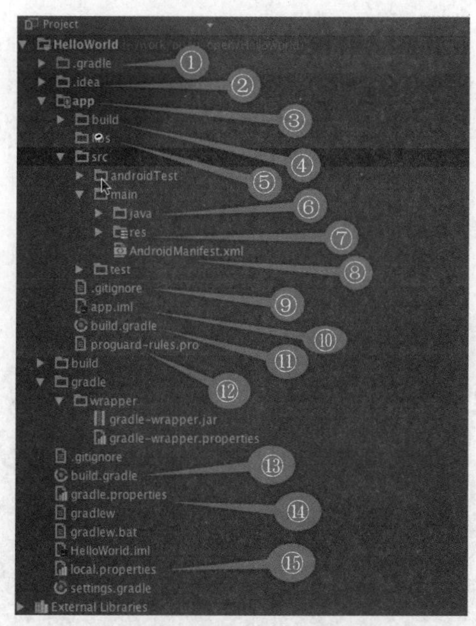

图1-52　工程文件夹结构

虽然工程文件夹结构中展开的项目很多，但我们只介绍标号标出的。

- ①为Gradle编译系统相关文件的存放文件夹，版本由wrapper指定。
- ②为Android Studio IDE所需要的文件的存放文件夹。
- ③为相关文件的存放文件夹。
- ④为编译后产生的相关文件的存放文件夹，项目中添加的任何资源文件都会在该文件夹下生成一个对应的资源ID。
- ⑤为相关依赖库的存放文件夹。
- ⑥为代码存放文件夹。
- ⑦为资源文件（包括布局、图像、样式等）存放文件夹。
- ⑧为存放应用程序的基本信息清单，描述哪些组件是存在的。
- ⑨为git版本管理忽略的文件，标记出哪些文件不用进入git库中。
- ⑩为Android Studio的工程文件的存放文件夹。
- ⑪为模块的Gradle相关配置的存放文件夹。
- ⑫为代码混淆规则配置的存放文件夹。
- ⑬为工程的Gradle相关配置的存放文件夹。
- ⑭为Gradle相关的全局属性设置的存放文件夹。
- ⑮为本地路径设置（设置SDK的路径）的存放文件夹。

第 2 章
前行必备——掌握调试工具

编写程序代码通常很难一次获得想要的结果，出现错误的时候需要查找错误的原因，这种查找的过程称为“调试程序”（简称调试）。一般来讲程序员 10% 的时间写代码，90% 的时间都在调试，因此要认识到调试的重要性。调试的方式有多种，本章除了介绍早期的 DDMS 调试方式，还要介绍现在常用的两种调试方法：LogCat 调试方式和 Debug 调试方式。

2.1 DDMS 调试

DDMS 调试

2.1.1 DDMS 简介

DDMS 的全称是 Dalvik Debug Monitor Service，是 Android 开发环境中的 Dalvik 虚拟机调试监控服务。

DDMS 可为我们提供如下功能：为测试设备进行截屏，针对特定的进程查看正在运行的线程以及堆信息，作为文件浏览器，广播状态信息，模拟电话呼叫，接收 SMS，虚拟地理坐标等。在集成开发环境中有 DDMS 控制台窗口。

2.1.2 DDMS 的使用

（1）单击图 2-1 上箭头所指的按钮打开 SDK Manager。

图 2-1　打开 SDK Manager

（2）找到对应的 SDK 地址，如图 2-2 所示，进入 SDK 文件夹。

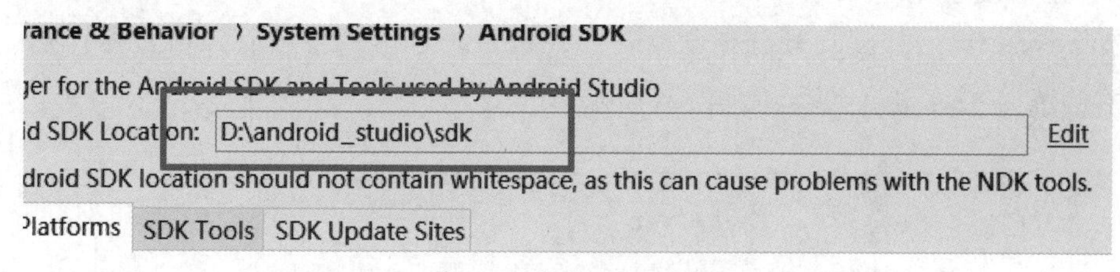

图 2-2　获取 SDK 地址

（3）SDK 文件夹下有一个 tools（工具）文件夹，如图 2-3 所示，里面存放了大量 Android 系统开发、调试的工具。双击打开 tools 文件夹。

（4）在 tools 文件夹下双击 monitor.bat 程序，启动 DDMS，如图 2-4 所示。

（5）DDMS 连上手机或模拟器后的界面如图 2-5 所示。

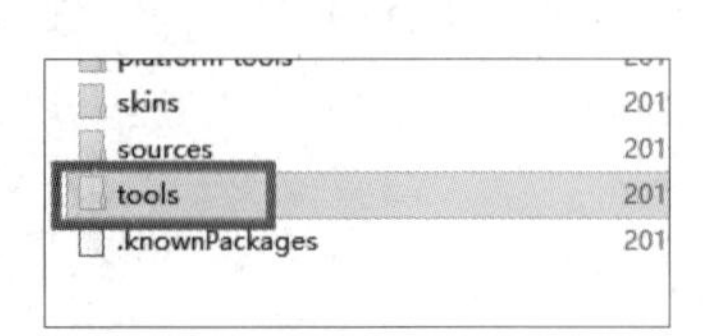

图 2-3　找到 SDK 工具文件夹

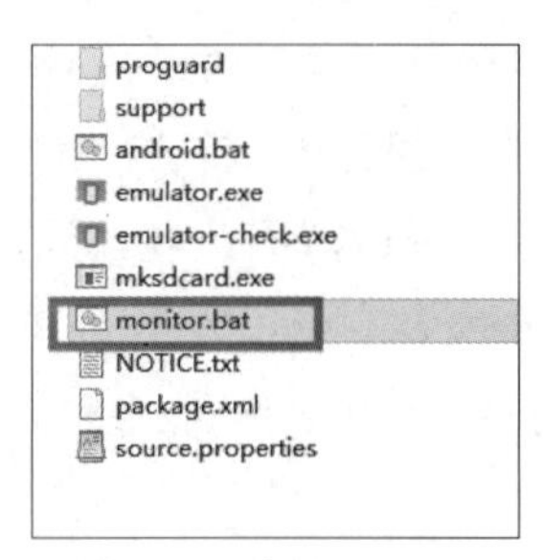

图 2-4　启动 DDMS

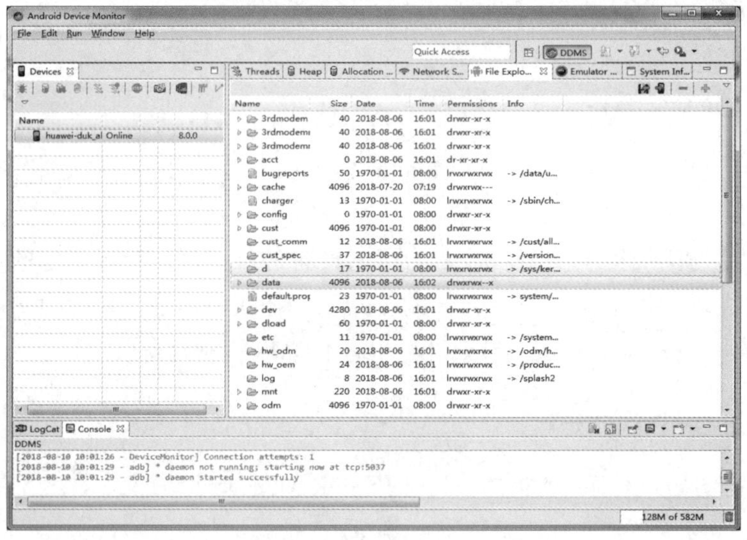

图 2-5　使用 DDMS

2.1.3　DDMS 的功能概述

DDMS 的功能有很多，这里选择几个常用功能进行简单的介绍。

1．查看线程信息

在 DDMS 界面，展开左侧设备节点，选择进程；单击更新线程信息图标；在界面右侧选择 Threads 标签，如图 2-6 所示。

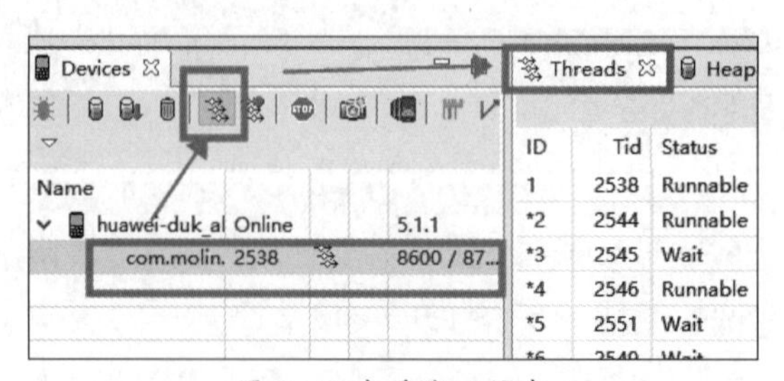

图 2-6　查看线程信息

注意：如果没有在运行或调试程序的状态，上述这些图标是不可用的。

2. 查看堆栈信息

展开 DDMS 界面左侧设备节点，选择进程；单击更新堆栈信息图标（图 2-7 中标识①）；在界面右侧选择 Heap 标签；单击“Cause GC”按钮（图 2-7 中标识②），如图 2-7 所示。

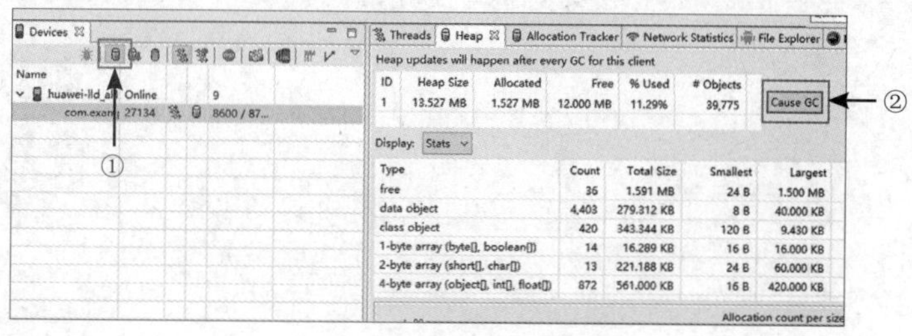

图 2-7　查看堆栈信息

注意：如果没有在运行或调试程序的状态，上述这些图标是不可用的。

3. 查看网络使用情况

在 DDMS 界面，切换到“Network Statistics”标签，如图 2-8 所示，运行项目后就可以监控网络使用情况了。

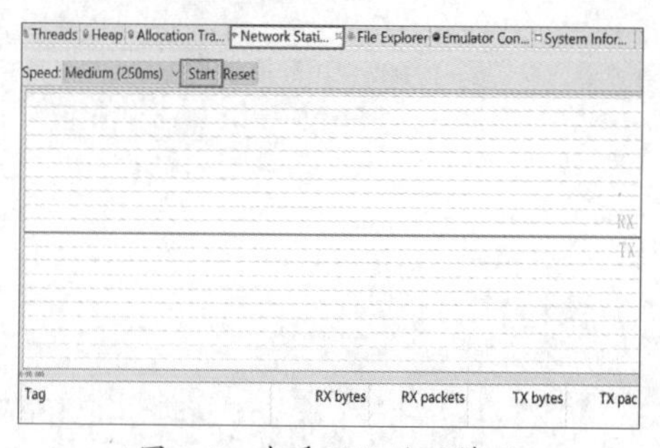

图 2-8　查看网络使用情况

4. 浏览文件

在 DDMS 界面，切换到“File Explorer”标签，如图 2-9 所示，就可以浏览、上传、下载、删除文件了，当然这些操作是有相应权限限制的。

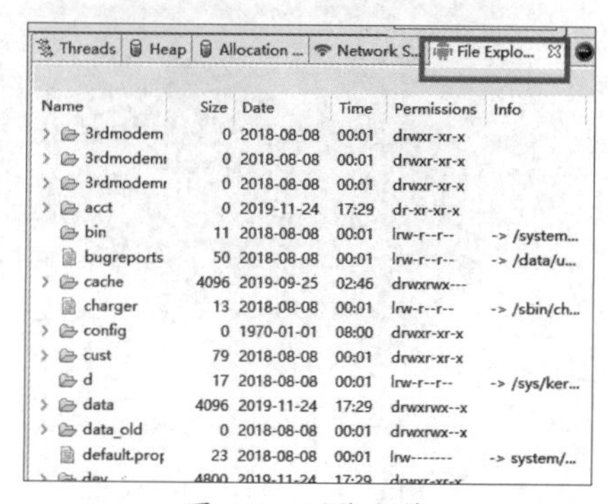

图 2-9　浏览文件

5. 仿真器控制

在 DDMS 界面，切换到仿真器控制（Emulator Control）标签，就可以进行模拟电话呼叫、接收 SMS、虚拟地理坐标等操作，如图 2-10 所示。

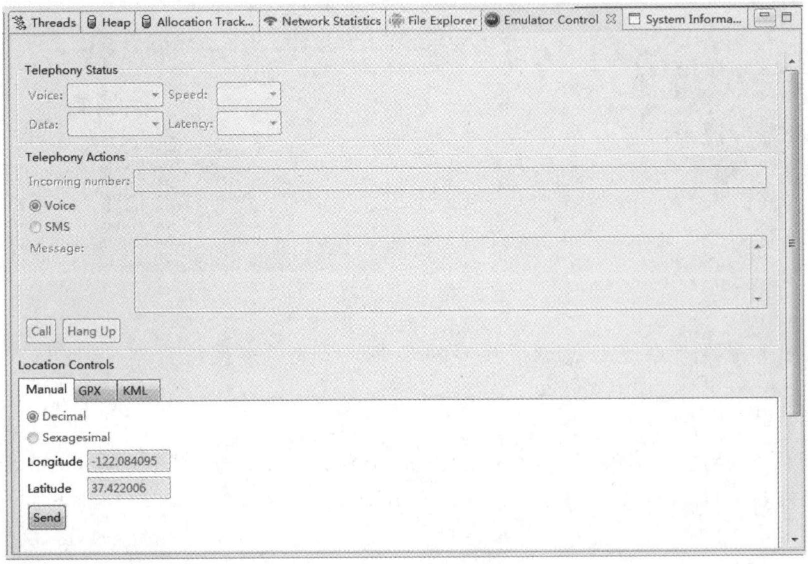

图 2-10　仿真器控制

6. 查看系统信息

在 DDMS 界面，切换到“System Information”标签，就可以查看 CPU 使用情况（图 2-11）和内存使用情况（图 2-12）。

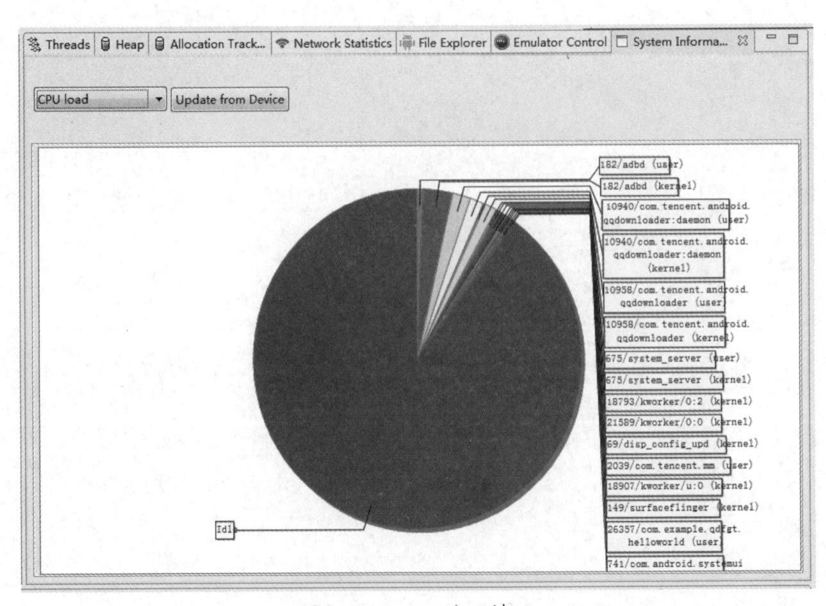

图 2-11　CPU 使用情况

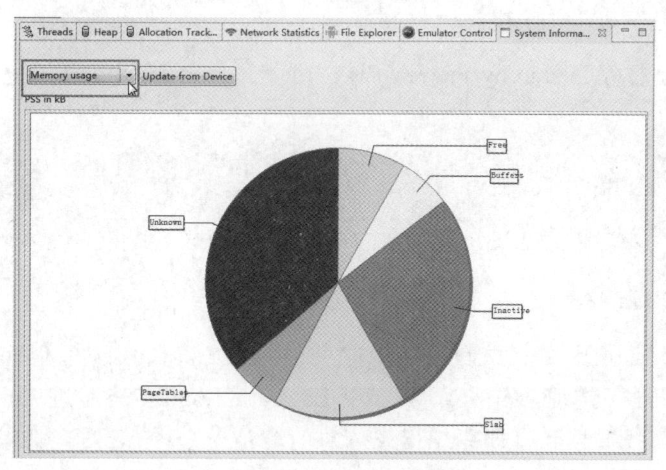

图 2-12 内存使用情况

7. 查看日志信息

在 DDMS 界面，切换到 LogCat 标签，就可以查看程序的 Log（日志）信息了。也可以在 DDMS 界面左侧添加或选择一个过滤器来查看你希望看到的特定信息，如图 2-13 所示。

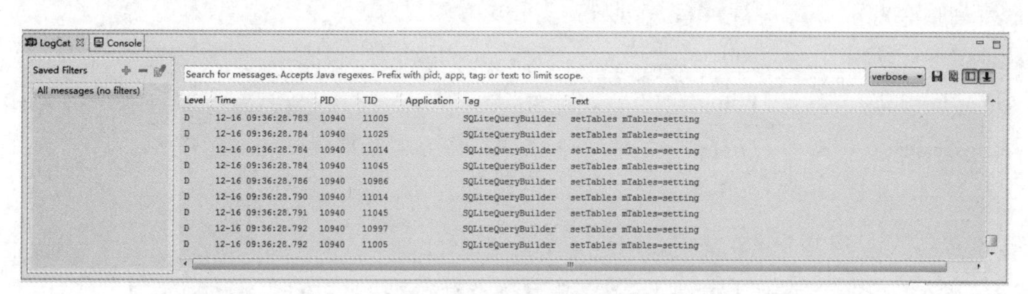

图 2-13 查看日志信息

8. 屏幕截图

在 DDMS 界面，通过执行 Device →“Screen Capture”命令启动屏幕截图功能，如图 2-14 所示，然后在弹出的界面中单击 Done 按钮就可以进行屏幕截图，如图 2-15 所示。

注意：上述截图不能放大或缩小。

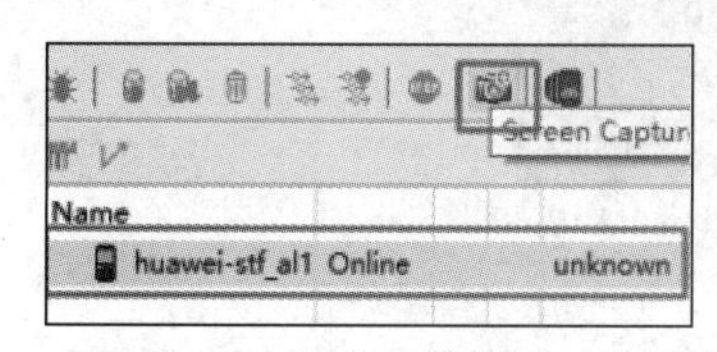

图 2-14 启动屏幕截图功能

图 2-15 屏幕截图工具

上述是 DDMS 的常用功能。在 Android Studio 3.1 以后，DDMS 和 Systrace、

Hierarchy Viewer 都不再被使用了，而是由 Android Profiler 替代 DDMS 和 Systrace，由 Layout Inspector 替代 Hierarchy Viewer。详情可以去 Android Studio 官网进行查阅。

2.2 Log 调试

Log 调试

2.2.1 Log 简介

在 Android 应用开发中我们最常用的就是通过 LogCat 来调试 Android 程序。在用 LogCat 调试程序之前，先来了解一下 LogCat。LogCat 是通过 Android.util.Log 类的静态方法来查找错误和打印系统日志信息的，是一个进行日志输出的 API，我们在 Android 程序中可以随时为一个对象插入一个 Log，然后再观察 LogCat 的输出是不是正确。Android.util.Log 类常用的方法有五个，见表 2-1。

表 2-1　Log 调试的几种方法

Log 调试方法	级别	作用	颜色
v(tag,message)	Verbose	显示全部信息	黑色
d(tag,message)	Debug	显示调试信息	蓝色
i(tag,message)	Info	显示一般信息	绿色
w(tag,message)	Warning	显示警告信息	橙色
e(tag,message)	Error	显示错误信息	红色

2.2.2 Log 过滤器

图 2-16 是 LogCat 自带的过滤器，其中各项的含义如下所述。

（1）Show only selected application：只显示当前选中程序的日志。

（2）Firebase：谷歌公司提供的一个分析工具。

（3）No Filters：相当于没有过滤器。

（4）Edit Filter Configuration：添加过滤器，可以自定义。

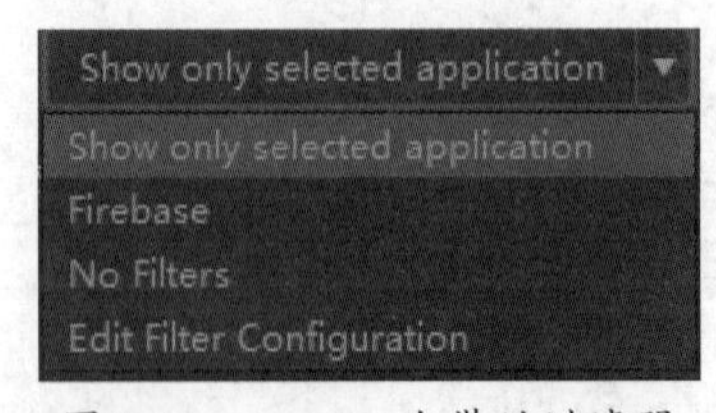

图 2-16　LogCat 自带的过滤器

如果我们想要添加自定义过滤器，可以用如下方法。单击“Edit Filter Configuration”项，系统会弹出一个过滤器的配置界面，我们给过滤器起名为 test，并且让它对名为 MainActivity 的 Tag 进行过滤，单击 OK 按钮，添加成功，如图 2-17 所示。

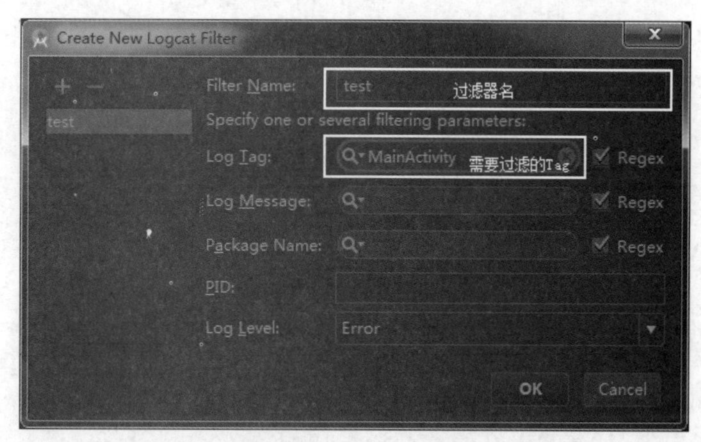

图 2-17 自定义过滤器

我们来看下面这个例子，在“Hello World”工程中的 MainActivity 中加入如下代码。

```
public class MainActivity extends AppCompatActivity {
    private final String TAG ="MainActivity";
    @Override
    protected void onCreate(Bundle savedInstanceState) {
        super.onCreate(savedInstanceState);
        setContentView(R.layout.activity_main);
        Log.e(TAG ,"ERROR");
    }
}
```

然后将程序重新下载到手机上运行，可看到在 Android Monitor 中会显示如图 2-18 所示的过滤结果，可以看到只输出了一条 Log，这就是过滤器的功能。

图 2-18 过滤结果

2.3 Debug 调试

Debug 调试

2.3.1 简介

下面介绍 Android Studio 中的 Debug 调试的方法和技巧，学会这些可以帮助我们高效精准地定位问题、发现问题并解决问题。

一般来说我们有两种办法调试工程：第一种是提前设置断点（如何设置断点我们会在接下来的内容中介绍），然后选择 Debugger 模式运行工程；第二种是选择 Attach Debugger to Android Progress 模式，该方法也是要提前设置断点，不过它必须在 APP 运行后才能使用。

在图 2-19 所示的调试工具栏中，有两个带有小昆虫的图标，分别对应上述两种调试方法。表 2-2 是对两种调试方法的介绍。

图 2-19　Debug 调试工具栏

表 2-2　Debug 两种调试方法

图标	调试方法	作用
	Debugger	调试模式开始运行
	Attach Debugger to Android Progress	为已经运行的 Android 进程添加调试模式

介绍完调试模式的区别之后，接下来学习如何在调试的时候设置断点。

2.3.2　断点介绍

关于调试断点，最常用的也是最广为人知的是行断点（Java Line Breakpoint）。实际上，Android Studio 还提供了其他几种断点。善于在不同的条件下使用不同类型的断点，对调试程序而言是非常重要的。

执行 Run → “View Breakpoints” 命令，然后单击 + 号，可以看到如图 2-20 所示的界面。该界面列出了不同类型的调试断点。

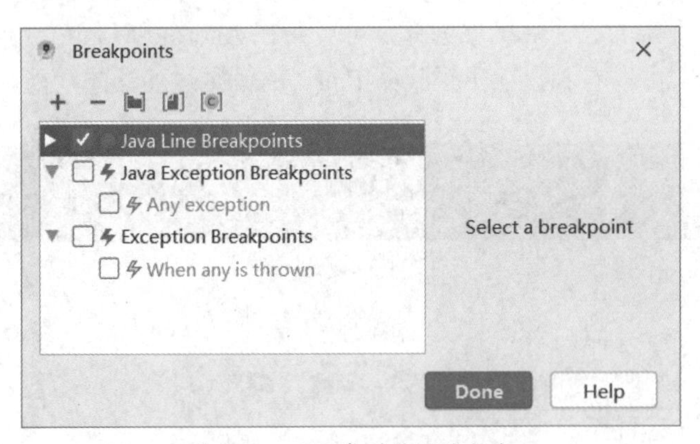

图 2-20　不同类型的调试断点

调试断点的具体分类见表 2-3。

表 2-3　调试断点的分类

断点类型	意义
Java Line Breakpoints	行断点
Java Exception Breakpoints	异常断点（官方的异常）
Exception Breakpoints	条件断点（支持自己定义的异常）

由表 2-3 可以看出，行断点只是 Android Studio 提供的五种断点之一。下面介绍行断点之外的四种断点。

2.3.3 字段断点

1. 添加方法

在编写程序代码的环境下，在全局变量定义行的左侧单击添加字段断点，如图 2-21 所示。

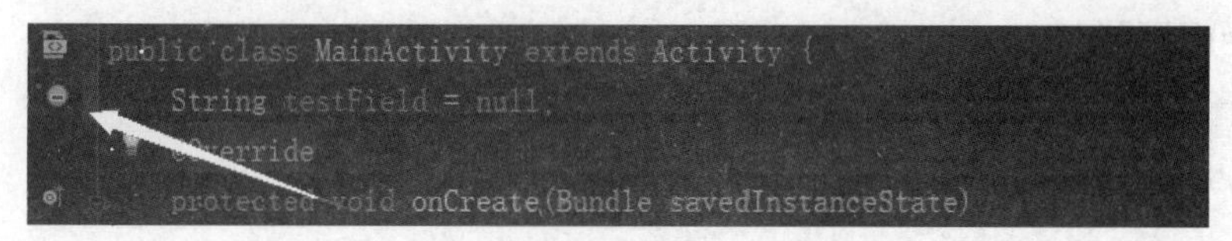

图 2-21 字段断点添加方法

2. 使用场景

程序中定义的全局变量被多处使用，当不确定要观察的变量在何处被修改的时候，对其添加字段断点，这样在该变量的值被修改的时候，程序都会自动停止在发生修改的代码行。

2.3.4 方法断点

1. 添加方法

在编写程序代码的环境下，在方法定义处的左侧单击添加方法断点，如图 2-22 所示。

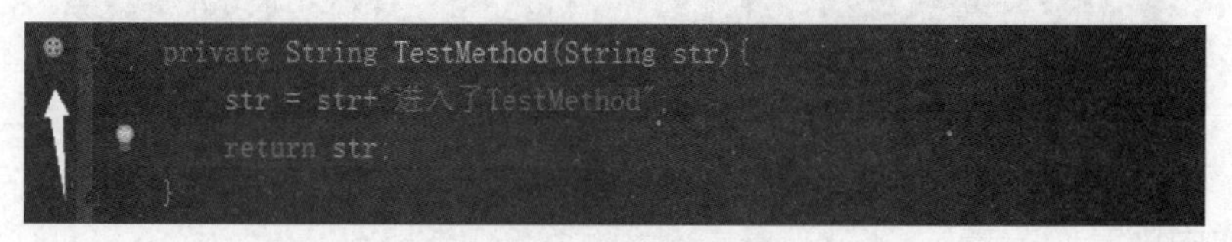

图 2-22 方法断点添加方法

2. 使用场景

在调试程序的过程中需要具体观察一个方法的执行情况时，就需要方法断点了。当代码执行到该方法断点处的时候，如果想进入方法，直接按 F6 键。方法断点功能较强大，使用起来也非常方便。

2.3.5 异常断点

1. 添加方法

执行 Run →“View Breakpoints”命令，然后单击 + 号，在弹出的调试断点界面选择 Java Exception Breakpoints 项，系统弹出异常断点添加界面，如图 2-23 所示。

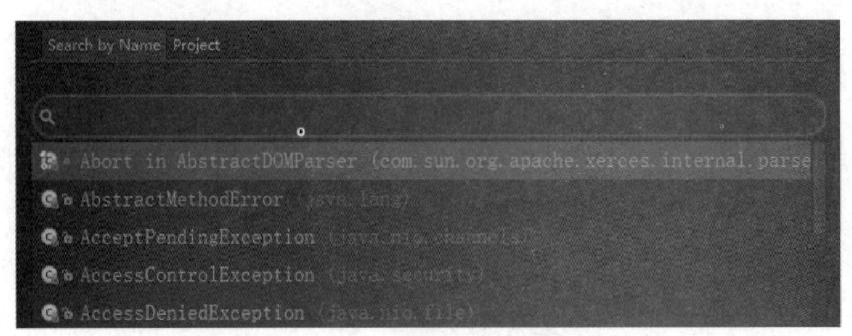

图 2-23　异常断点添加界面

2. 使用场景

当程序运行出现异常，但无法定位导致异常出现的代码的具体位置时，就应该使用异常断点。添加某异常断点之后，只要出现该异常，系统会自动定位到出错代码处。

2.3.6　条件断点

1. 添加方法

在断点处右击，就会出现添加条件的对话框，如图 2-24 所示。

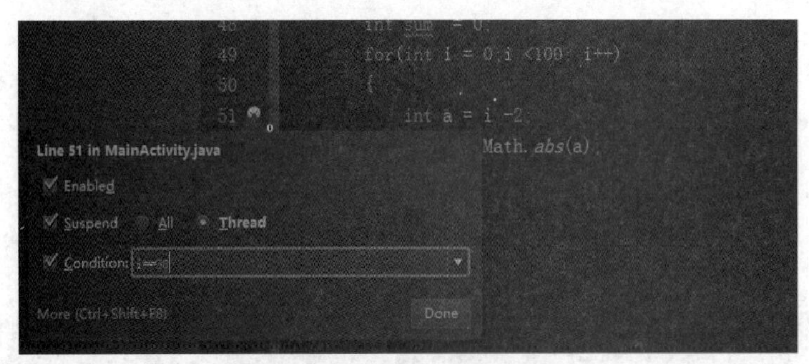

图 2-24　条件断点添加方法

2. 使用场景

条件断点使用的场景很多。当系统需要在很多数据中专门观测某一类数据的时候，条件断点表现得尤为出色。

3. 注意事项

（1）不要被上面的截图误导，以为只有行断点可以添加条件，任何种类的断点都可以添加条件。

（2）添加条件（Condition）的时候，要保证条件的返回值是 boolean 值，例如，条件“i =36”一定要写为“i==36”。

（3）添加条件的时候，要保证条件中的变量到断点处已经被定义，否则条件表达式是不成立的。（这里告诉读者一个避免这个问题的小方法：当你发现条件中的变量颜色变成红色时，一定要检查一下，变红色肯定是因为这个变量不存在。）

第 3 章 看人先看脸——Android UI 开发

在我们掌握 Android 系统之后再看每一款软件时，就不会像普通用户一样仅仅关注软件的界面怎么样或者用户体验怎么样，而是会不经意地思考这些功能是如何实现的。很多在普通人看来是理所当然的功能背后，可能是大量的代码逻辑或者复杂的算法在支撑着。

本书虽然无法教会你如何提升审美能力，但可以使你掌握与 UI 相关的知识。Android 系统提供了很多与 UI 开发相关的 API，接下来我们将开始学习、梳理 UI 开发方面的知识。

3.1 UI 简介

UI 简介

UI（User Interface）译为用户界面，是 Android 开发者直接与用户打交道的桥梁。Android 系统的 UI 涉及整体布局结构和布局边界两方面。

（1）UI 的整体布局（Layout）结构，如图 3-1 所示。

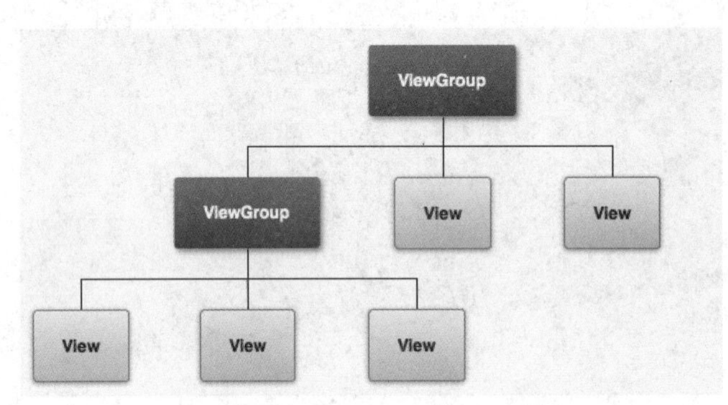

图 3-1　UI 的整体布局结构示意图

（2）通过查看布局边界可以发现，可视界面是由各个组件（Component）组成的，如图 3-2 所示。

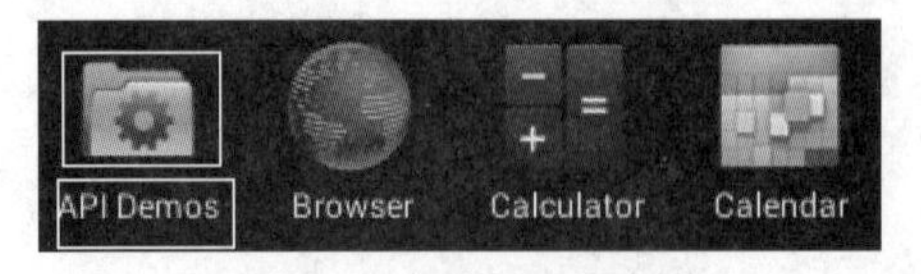

图 3-2　布局边界

3.2 四大基本布局

一个丰富的 UI 是由很多控件组成的。为了使各个控件井然有序地摆放在界面上，就需要借助布局来实现了。布局是一种可用于放置很多控件的容器，它可以按照一定的规律调整内部控件的位置，从而展示出精美的界面。当然，布局的内部除了放置控件，也可以放置布局，通过多层布局的嵌套，能够完成比较复杂的界面，图 3-2 就很好地展示了布局与控件之间的关系。

下面我们将会详细地讲解 Android 系统中四种最基本的布局，它们分别是 LinearLayout、RelativeLayout、FrameLayout、TableLayout。

3.2.1 线性布局（LinearLayout）

线性布局

线性布局是在 Android 开发中最常用到的布局方式之一。它提供了控件水平或者垂直排列的模型，即将容器里的组件一个挨着一个地水平或垂直排列起来。但线性布局不会换行，当组件一个挨着一个地排满显示空间之后，剩下的组件将不会被显示出来。

下面来看线性布局的几个重要属性，见表 3-1。

表 3-1 线性布局的属性

属性	描述
Android:orientation	确定 LinearLayout 的方向，取值可以为 vertical（垂直方向）或 horizontal（水平方向），是线性布局独有的属性
Android:layout_width Android:layout_height	指定当前控件在父控件中的宽度和高度，可以对其设定值，也可取以下值， fill_parent：表示填满父控件的空白 wrap_content：表示大小刚好足够显示当前控件的内容 match_parent：它与 fill_parent 的效果是一样的，从 SDK 2.2 以后用 match_parent 替代 fill_parent
Android:layout_weight	描述子元素在剩余空间中占有的大小比例
Android:background	设置背景

下面是一个线性布局的例子。

```
<LinearLayout
  xmlns:android="http://schemas.android.com/apk/res/android"
  android:layout_width="match_parent"
  android:layout_height="match_parent"
  android:orientation="vertical" >
  <LinearLayout
    android:layout_width="match_parent"
    android:layout_height="0dp"
    android:layout_weight="1"
    android:orientation="vertical" >
    <LinearLayout
      android:layout_width="match_parent"
      android:layout_height="0dp"
      android:layout_weight="2"
      android:background="#0000FF" >
    </LinearLayout>
```

```
        <LinearLayout
            android:layout_width="match_parent"
            android:layout_height="0dp"
            android:layout_weight="2"
            android:background="#00FF00" >
        </LinearLayout>
    </LinearLayout>
    <LinearLayout
        android:layout_width="match_parent"
        android:layout_height="0dp"
        android:layout_weight="1" >
        <LinearLayout
            android:layout_width="0dp"
            android:layout_height="match_parent"
            android:layout_weight="1"
            android:background="#FFD700" >
        </LinearLayout>
        <LinearLayout
            android:layout_width="0dp"
            android:layout_height="match_parent"
            android:layout_weight="2"
            android:background="#CD5C5C" >
        </LinearLayout>
        <LinearLayout
            android:layout_width="0dp"
            android:layout_height="match_parent"
            android:layout_weight="6"
            android:background="#808000" >
        </LinearLayout>
    </LinearLayout>
</LinearLayout>
```

上面的布局中首先采用了一个垂直方向的线性布局，宽度和高度占满整个屏幕（match_parent）。在此垂直的线性布局文件中有两个子线性布局（①、②区域和③、④、⑤区域），宽度为match_parent，高度为0。因为我们将两个布局都设置为layout_weight="1"，所以两者的高度各占屏幕的一半。同理，如果我们想使两个布局的宽度各占屏幕的一半，只需将宽度改为0，高度改为match_parent，layout_weight属性仍为1，如图3-3中①号区域和②号区域所示。

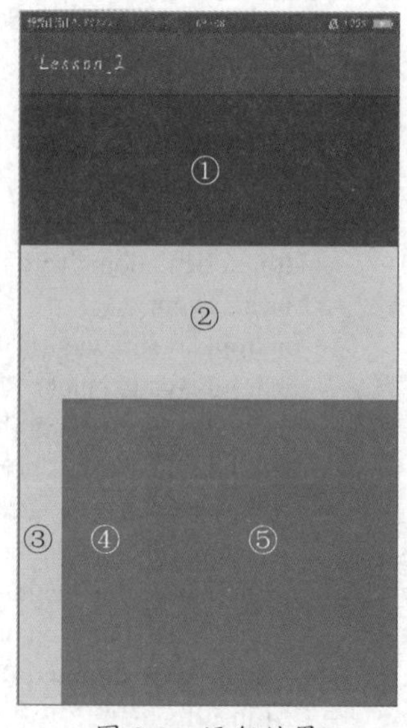

图 3-3　运行结果

layout_weight属性用于描述控件在空间中的占比。比如我们将图3-3中③、④、⑤号区域的layout_weight值分别设置为1、2、6，那么它们宽度占据的比重分别为1/9、2/9、2/3。

了解了LinearLayout的排列规律，下面学习它的几个关键属性的用法。

线性布局的对齐方式有两种：一种是组件内对齐；另一种是组件间对齐。

1. 组件内对齐

android:gravity：该属性设置布局管理器内组件的对齐方式。该属性值可设为 top（顶部对齐）、bottom（底部对齐）、left（左对齐）、right（右对齐）、center_vertical（垂直方向居中）、center_horizontal（水平方向居中）、center（垂直与水平方向都居中），也可同时指定多种对齐方式的组合，属性值中间用竖线“|”连接，如设置对齐方式为 left|center_vertical，表示控件出现在屏幕左边且垂直居中。注意，竖线前后不能有空格。

2. 组件间对齐

android:layout_gravity：该属性设置组件自身相对于父元素布局的对齐方式。RelativeLayout 和 TableLayout 也有该属性，FrameLayout 和 AbsoluteLayout 则没有这个属性。也就是说，android:gravity 是用于父控件的属性，而 android:layout_gravity 是用于子控件的属性。

新建 activity_main2.xml，具体代码如下：

```
<LinearLayout xmlns:android="http://schemas.android.com/apk/res/android"
    android:gravity="center_horizontal"
    android:orientation="vertical"
    android:layout_width="match_parent"
    android:layout_height="match_parent">

    <Button
        android:text="button1"
        android:layout_width="wrap_content"
        android:layout_height="wrap_content" />

    <Button
        android:text="button2"
        android:layout_gravity="left"
        android:layout_width="wrap_content"
        android:layout_height="wrap_content" />

    <Button
        android:text="button3"
        android:layout_gravity="right"
        android:layout_width="wrap_content"
        android:layout_height="wrap_content" />

    <Button
        android:text="button4"
        android:layout_gravity="bottom"
        android:layout_width="wrap_content"
        android:layout_height="wrap_content" />
</LinearLayout>
```

上面代码中，我们先在布局中声明 android:gravity="center_horizontal"，即我们默认添加的第一个 Button 为水平居中显示；设置第二个和第三个 Button 的 layout_gravity

属性为居左和居右显示；设置最后一个 Button 的 layout_gravity 属性为底部对齐。但是代码运行后大家可以看到上述设置的属性没有生效，这是因为我们的 LinearLayout 布局为垂直布局，所以 top、bottom、center_vertical 等改变垂直位置的属性全部失效。

3. 边距属性

可以使用一系列的 Padding 属性更加准确地控制组件里面内容的位置。在使用 Padding 属性之前，先科普一下 Padding 属性和 Marigin 属性之间的区别，然后再通过实际的效果看看两者之间的差异。

图 3-4 所示是一个类似盒子的模型，我们将通过该模型来讲解 Padding 和 Margin 之间的区别。从图 3-4 可以看出，在 Container（父控件）里面有一个子控件，假设该子控件是一个 TextView 控件；Margin 是子控件与父控件之间的间隔；Border 是子控件的边框，它是子控件和父控件的边界；Padding 是子控件中的内容（Content Area）与子控件边框之间的间隔。

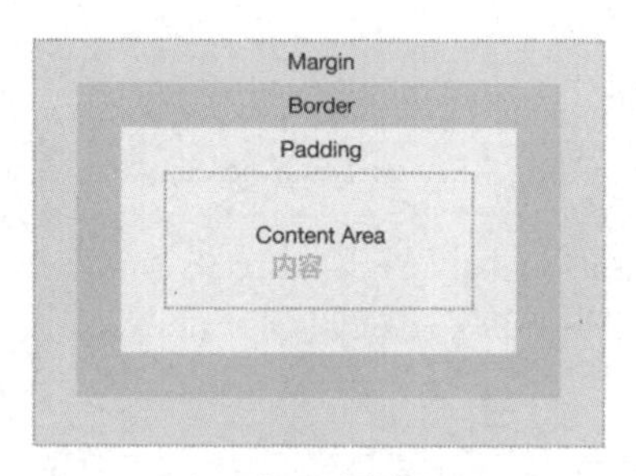

Container（父控件）

图 3-4　边距属性示意图

Android 系统中有一系列的 Margin 属性，下面来看 android:layout_marginLeft 属性。为了有一个对比的效果，我们先将 marginLeft 设为 0dp，再将其设为 50dp，如图 3-5 所示。

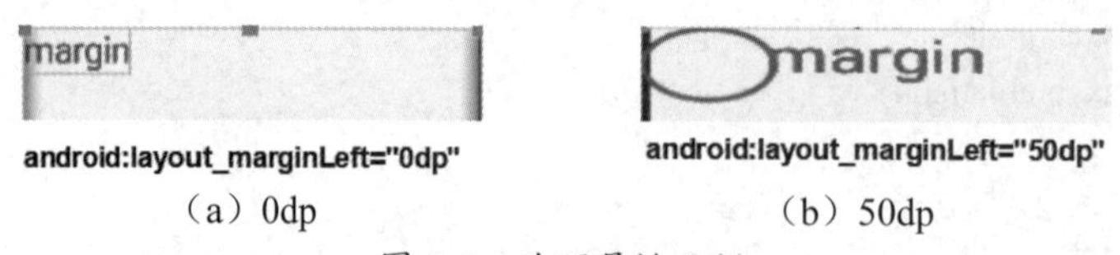

（a）0dp　　（b）50dp

图 3-5　边距属性示例

从图 3-5 可以看出，图（a）中的 TextView 控件与它的父控件之间是没有左间隔的，而图（b）则明显有一段间隔［见图（b）的圆圈部分］。Margin 和 Padding 还有很多属性，但原理都类似，这里只以 marginLeft 作为示例，其他不再赘述。

3.2.2　相对布局（RelativeLayout）

相对布局

与线性布局（LinearLayout）类似，相对布局也是我们用得比较多的一个布局。“相对”，顾名思义是有参照的，即以某个兄弟组件或者父容器作为参照（兄弟组件是指在同一个布局里面的组件，如果一个布局里的组件参照另一个布局里的组件则会出错）。如，小明在上学的路上，此时他的位置可以用离家多少米或者离学校多少米表示，这就是利用了不同的参照物。相对布局有两种方式选取参照：①根据父容器定位；②根据兄弟组件定位。下面详细讲解这两种布局方式。

1. 根据父容器定位

在讲解父容器定位前，先了解相对布局中经常会用到的一些属性。

- layout_alignParentLeft：左对齐。
- layout_alignParentRight：右对齐。
- layout_alignParentTop：顶部对齐。
- layout_alignParentBottom：底部对齐。
- layout_centerHorizontal：水平居中。
- layout_centerVertical：垂直居中。
- layout_centerInParent：中间位置。

不难理解，这些属性就是在一个容器内给控件定义了一个绝对位置。下面我们通过一个例子来帮助读者理解。修改 activity_main.xml（Android Studio 自动生成）的代码，如下所示。

```
<RelativeLayout xmlns:android="http://schemas.android.com/apk/res/android"
  android:layout_width="match_parent"
  android:layout_height="match_parent">

  <Button
    android:layout_width="wrap_content"
    android:layout_height="wrap_content"
    android:layout_alignParentLeft="true"
    android:text=" 组件 1" />

  <Button
    android:layout_width="wrap_content"
    android:layout_height="wrap_content"
    android:layout_alignParentRight="true"
    android:text=" 组件 2" />

  <Button
    android:layout_width="wrap_content"
    android:layout_height="wrap_content"
    android:layout_centerInParent="true"
    android:text=" 组件 3" />

  <Button
    android:layout_width="wrap_content"
    android:layout_height="wrap_content"
    android:layout_alignParentBottom="true"
    android:text=" 组件 4" />

  <Button
```

```
        android:layout_width="wrap_content"
        android:layout_height="wrap_content"
        android:layout_alignParentRight="true"
        android:layout_alignParentBottom="true"
        android:text=" 组件 5" />
</RelativeLayout>
```

由以上代码可以看到，我们生成了 5 个控件，分别在容器的左上角、右上角、中间、左下角和右下角。代码很简单，大家只要根据英文的意思就能理解其含义了。这里要强调的是，这些属性是可以复合的，如前面的代码中我们要实现在右下角布局，那么就可以拆分成右对齐和底部对齐。除了右下角之外，其他的位置也是由两个属性同时设置生效时构建出来的。那么就会有读者问了，为什么前面 4 个控件只用声明一个属性就能实现所要的效果呢？那是因为 Android 的布局都是从左上角开始的，包括坐标 (0,0)。所以虽然看似只有一个控件设置了属性，但是每个控件背后都有两个默认的属性值，即 layout_alignParentLeft="true" 和 layout_alignParentTop="true"。图 3-6 是 Preview 预览窗口看到的效果，即上述程序的运行结果。

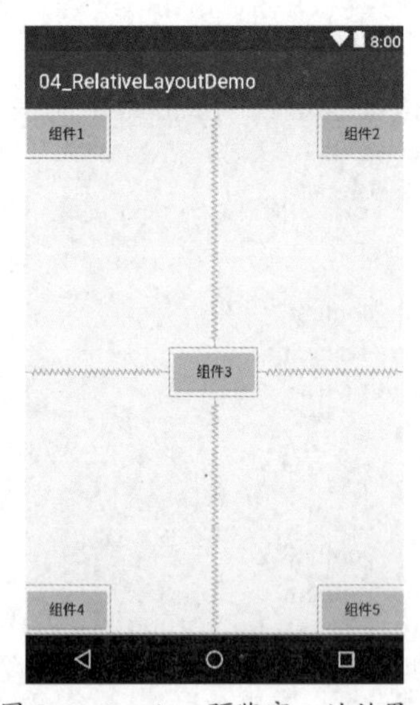

图 3-6　Preview 预览窗口的效果 1

2. 根据兄弟组件定位

同样，在讲解根据兄弟组件定位前，我们来看看那些在相对布局中经常会用到的一些属性。

- layout_above：左对齐。
- layout_below：右对齐。
- layout_toLeftOf：顶部对齐。
- layout_toRightOf：底部对齐。
- layout_alignLeft：对齐时参考组件的左边界。
- layout_alignRight：对齐时参考组件的右边界。

- layout_alignTop：对齐时参考组件的上边界。
- layout_alignBottom：对齐时参考组件的下边界。
- layout_alignBaseline：对齐时参考组件的基准线。

下面通过一个例子来进一步理解上述属性。修改 activity_main.xml 代码，如下所示。

```
<RelativeLayout xmlns:android="http://schemas.android.com/apk/res/android"
  xmlns:tools="http://schemas.android.com/tools"
  android:id="@+id/RelativeLayout1"
  android:layout_width="match_parent"
  android:layout_height="match_parent">

  <!-- 在容器的中央 -->

  <ImageView
    android:id="@+id/img1"
    android:layout_width="80dp"
    android:layout_height="80dp"
    android:layout_centerInParent="true"
    android:src="@mipmap/ic_launcher" />

  <!-- 在中间图片的左边 -->
  <ImageView
    android:id="@+id/img2"
    android:layout_width="80dp"
    android:layout_height="80dp"
    android:layout_centerVertical="true"
    android:layout_toLeftOf="@id/img1"
    android:src="@mipmap/ic_launcher" />

  <!-- 在中间图片的右边 -->
  <ImageView
    android:id="@+id/img3"
    android:layout_width="80dp"
    android:layout_height="80dp"
    android:layout_centerVertical="true"
    android:layout_toRightOf="@id/img1"
    android:src="@mipmap/ic_launcher" />

  <!-- 在中间图片的上面 -->
  <ImageView
    android:id="@+id/img4"
    android:layout_width="80dp"
    android:layout_height="80dp"
    android:layout_above="@id/img1"
    android:layout_centerHorizontal="true"
    android:src="@mipmap/ic_launcher" />

  <!-- 在中间图片的下面 -->
  <ImageView
    android:id="@+id/img5"
    android:layout_width="80dp"
    android:layout_height="80dp"
    android:layout_below="@+id/img1"
```

```
        android:layout_centerHorizontal="true"
        android:src="@mipmap/ic_launcher" />
</RelativeLayout>
```

上述代码稍微复杂一些，其功能是完成一个方向键的布局。首先定义第一个控件在正中央，然后定义其余 4 个控件分别出现在第一个控件的左、右、上、下四个位置。注意，当一个控件去引用另一个控件时，被引用的控件一定要排在前面，不然会出现找不到被引用控件的 id 的情况。打开 Preview 预览窗口，效果如图 3-7 所示。

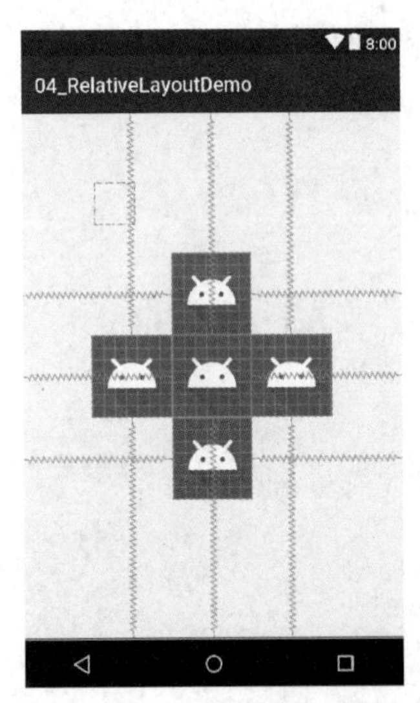

图 3-7 Preview 预览窗口的效果 2

RelativeLayout 中还有另外一些相对于控件进行定位的属性，如，android:layout_alignLeft 表示让一个控件的左边缘与另一个控件的左边缘对齐；android:layout_alignRight 表示让一个控件的右边缘与另一个控件的右边缘对齐。此外，还有 android:layout_alignTop 和 android:layout_alignBottom。在具体应用时，这些属性的使用方法类似，在此不再赘述。

RelativeLayout 中的属性虽然较多，但其应用是有规律可循的。

帧布局

3.2.3 帧布局（FrameLayout）

帧布局（FrameLayout）可以说是四大基本布局中最简单的一个布局。这个布局直接在屏幕上开辟出一块空白的区域，当我们往里面添加控件的时候，系统会默认把它们放到这块空白区域的左上角。这种布局方式没有任何的定位方式，所以它应用的场景并不多。帧布局的大小由控件中最大的子控件决定，如果各子控件的大小一样，那么同一时刻就只能看到最上面的那个控件，即后续添加的控件会覆盖前一个。虽然默认会将控件放置在左上角，但是我们也可以通过设置 layout_gravity 属性来改变控件的位置。帧布局在游戏开发方面用得比较多。

FrameLayout 的属性只有两个，在具体介绍这两个属性之前我们先来了解一个概念——前景图像。前景图像是永远处于帧布局的最上面，直接面对用户的图像，即它是不会被覆盖的图片。FrameLayout 的两个属性如下所述。

- android:foreground：设置帧布局容器的前景图像。
- android:foregroundGravity：设置前景图像显示的位置。

下面我们通过实例来了解帧布局。修改 activity_main.xml 代码，如下所示。

```
<FrameLayout xmlns:android="http://schemas.android.com/apk/res/android"
  xmlns:tools="http://schemas.android.com/tools"
  android:id="@+id/FrameLayout1"
  android:layout_width="match_parent"
  android:layout_height="match_parent"
  tools:context=".MainActivity"
  android:foreground="@drawable/bkrckj_logo"
  android:foregroundGravity="right|bottom">

  <TextView
    android:layout_width="200dp"
    android:layout_height="200dp"
    android:background="#FF6143" />
  <TextView
    android:layout_width="150dp"
    android:layout_height="150dp"
    android:background="#7BFE00" />

  <TextView
    android:layout_width="100dp"
    android:layout_height="100dp"
    android:background="#FFFF00" />
</FrameLayout>
```

上述代码实现了在布局中放置三个 TextView 控件并将其分别设置成不同的大小与背景色，同时实现依次覆盖，然后在布局的右下角放置前景图像。通过 android:foreground="@drawable/bkrckj_logo" 设置前景图像的图片，通过 android:foregroundGravity="right|bottom" 设置前景图像的位置在右下角，代码的运行效果如图 3-8 所示。

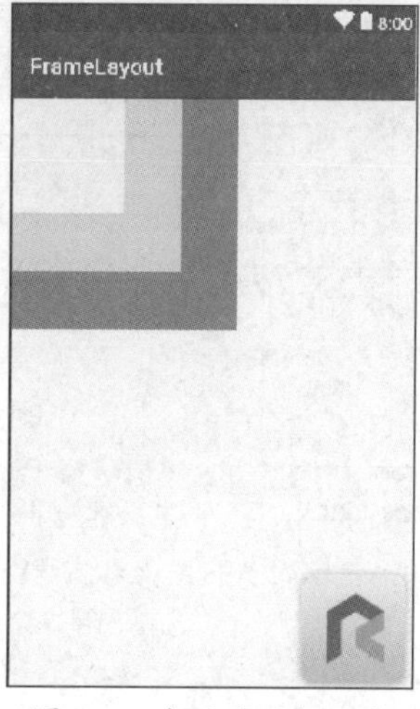

图 3-8　代码的运行结果

可以看到，按钮和图片都位于布局的左上角，先添加的 TextView 被后添加的控件覆盖。

3.2.4　网格布局（GridLayout）

网格布局

表格布局（TableLayout）在 Android 4.0 之前是经常被用到的一种布局方式。这种布局方式会把包含的元素以行和列的形式进行排列，每行可以是一个 TableRow 对象，也可以是一个 View 对象，而在 TableRow 中还可以继续添加其他的子控件，每添加一个子控件就成为一列。使用这种布局可能会出现下列问题：不能将控件占据多个行或列；渲染速度不能得到很好的保证。在 Android 4.0 之前想要达到表格布局的效果，除了表格布局还可以考虑使用线性布局，但这些布局会有以下几个问题：

- 不能同时在 X、Y 轴方向上进行控件的对齐。
- 当多层布局嵌套时会有性能问题。
- 不能稳定地支持一些可自由编辑布局的工具。

Android 4.0 以上版本出现的 GridLayout 布局解决了以上问题。GridLayout 布局使用虚细线将布局划分为行、列和单元格，也支持一个控件在行、列上进行交错排列。GridLayout 使用的其实是跟 LinearLayout 类似的 API，只不过是修改了一下相关的标签而已，所以对于开发者来说，掌握 GridLayout 是很容易的事情。不妨把 GridLayout 与 TableLayout 的特点做比较，具体效果可以参照图 3-9，图 3-9（a）是 GridLayout，图 3-9（b）是 TableLayout。

（a）网格布局（GridLayout）　　（b）表格布局（TableLayout）

图 3-9　网格布局和表格布局对比图

TableLayout 的特点如下：

- 列的宽度可以收缩，以使表格能够适应父容器的大小。

- 列可以拉伸，以填满表格中空闲的空间。
- 列可以被隐藏。

GridLayout 的特点如下：

- 内容可固定显示在第几行。
- 内容可固定显示在第几列，没有控件填充的列可以空着。
- 内容可跨多行显示。
- 内容可跨多列显示。

网格布局与前述的三种布局不太一样，它有几个重要属性需要我们重点掌握，具体见表 3-2。

表 3-2 网格布局属性

属性名称	相关方法	描述
android:columnWidth	setColumnWidth(int)	指定每列的固定宽度
android:gravity	setGravity(int)	指定每个单元格内的重力
android:horizontalSpacing	setHorizontalSpacing(int)	定义列之间的默认水平间距
android:numColumns	setNumColumns(int)	定义要显示的列数
android:stretchMode	setStretchMode(int)	定义列应如何拉伸以填充可用空白区域（如果有）
android:verticalSpacing	setVerticalSpacing(int)	定义行之间的默认水平间距

下面通过综合实例来了解 GridView（网格视图），以下是布局代码。

```
<GridLayout xmlns:android="http://schemas.android.com/apk/res/android"
  android:layout_width="match_parent"
  android:layout_height="match_parent"
  android:background="#fff"
  android:columnCount="3"
  android:layout_rowSpan="3"
  android:orientation="horizontal">

  <Button
    android:layout_marginTop="18dp"
    android:drawableTop="@drawable/audio"
    style="@style/GridSystemButtonTheme"
    android:text=" 音频 " />

  ...

  <Button
    android:drawableTop="@drawable/timer"
    style="@style/GridSystemButtonTheme"
    android:text=" 时钟 " />
</GridLayout>
```

因为样式都一样，所以我们建立统一样式 style="@style/GridSystemButtonTheme"。通过下述代码我们将创建一个图像缩略图网格，类似早期的 Android 界面风格，图 3-10 是显示效果图。

```
<style name="GridSystemButtonTheme">
    <item name="android:layout_rowWeight" tools:targetApi="lollipop">1</item>
    <item name="android:layout_columnWeight" tools:targetApi="lollipop">1</item>
    <item name="android:layout_rowSpan">1</item>
    <item name="android:layout_columnSpan">1</item>
    <item name="android:layout_gravity">fill</item>
    <item name="android:gravity">center_horizontal</item>
    <item name="android:textColor">#121212</item>
    <item name="android:textSize">18sp</item>
    <item name="android:drawablePadding">5dp</item>
    <item name="android:background">@drawable/text_click_selector</item>
    <item name="android:padding">20dp</item>
</style>
```

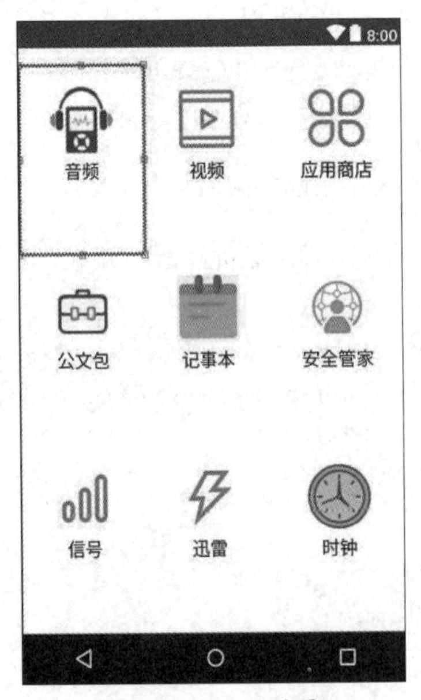

图 3-10　显示效果

代码没有难度，只有一点需要大家注意，GridView 有些属性更新得比较晚，所以大家在选择开发版本上要慎重。如上述代码中的 layout_rowWeight 和 layout_columnWeight 这两个属性，它们是在 Android 5.1 版本以后才更新的，所以 Android 5.1 之前的版本的效果图就很可能不是图 3-10 所示的样子。

3.3 常用 UI 组件

常用 UI 组件

Android 系统有几个提供标准 UI 布局的应用程序组件，我们只需定义内容即可。

这些 UI 组件每个都有一组唯一的 API，这些 API 在各自的文档中进行描述，例如操作栏、对话框和状态通知，图 3-11 为常用的 UI 组件示例。

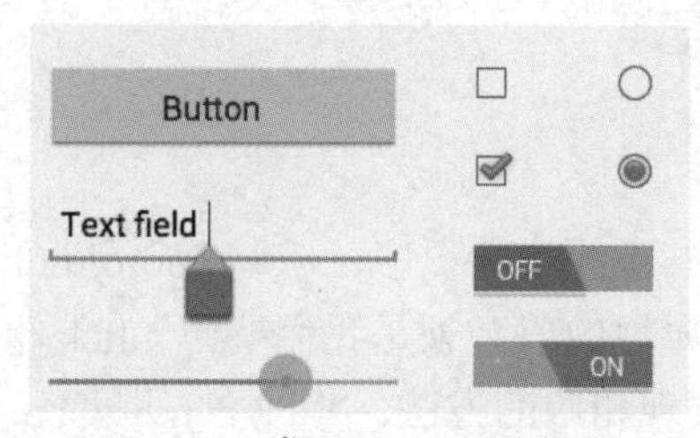

图 3-11 常用的 UI 组件示例

Android 系统中有很多控件，在谷歌公司的官方文档中对控件进行了划分，具体划分见表 3-3。

表 3-3 控件划分

控件类型	描述	相关类
Button	用户可以按下或单击以执行某个操作的按钮	Button
TextField	可编辑的文本字段。可以使用 AutoCompleteTextView 窗口小部件创建提供自动完成建议的文本输入窗口小部件	EditText、AutoCompleteTextView
CheckBox	复选框，可由用户切换的开 / 关开关。在向用户显示一组不相互排斥的可选选项时，应该使用复选框	CheckBox
RadioButton	与复选框类似，只是在组中只能选择一个选项	RadioGroup、RadioButton
ToggleButton	带有指示灯的开 / 关按钮	ToggleButton、Switch
Spinner	一个下拉列表，允许用户从集合中选择一个值	Spinner
Pickers	用户可以使用向上 / 向下按钮或通过滑动手势为集合选择单个值的对话框。使用 DatePicker 代码窗口小部件输入日期（月、日、年）或使用 TimePicker 窗口小部件，以设置输入时间（小时、分钟、上午 / 下午）的值	DatePicker、TimePicker、NumberPicker

下面我们挑几种常见的控件类型进行介绍。

3.3.1 Button 类型

在按钮（Button）控件上可以添加文本或图标（或同时添加文本和图标）。该控件用于执行用户触摸它时所发生的操作。

图 3-12 为 Button 控件的显示效果图，相关介绍如下所述。

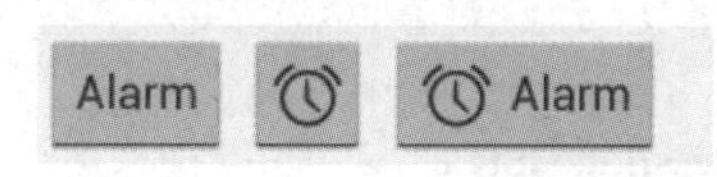

图 3-12 Button 控件的显示效果

- Button 类：使用文本。

- ImageButton 类：使用图片。
- android:drawableLeft 属性：使用文本加图片。

Button 类型主要以响应单击（Click）事件为主。下面介绍一些与 Button 控件相关的内容。

1. android:onClick

如果要为按钮定义单击事件处理程序，应将 android:onClick 属性作为元素添加到 <Button>XML 布局中。此属性的值必须是我们响应 Click 事件时要调用的方法的名称；然后由 Activity 托管布局实现相应的方法。修改 activity_button.xml，代码如下所示：

```
<Button
  android:id="@+id/btn2"
  android:text="onClick1"
  android:textAllCaps="false"
  android:onClick="onClick"
  android:layout_width="wrap_content"
  android:layout_height="wrap_content" />
```

对应的 ButtonActivity 代码如下：

```
// 1. 使用 onClick 方法响应事件
public void onClick(View view) {
  Toast.makeText(this, ((Button)view).getText() + " 被触发 ", Toast.LENGTH_SHORT).show();
```

2. OnClickListener

我们还可以使用 OnClickListener 实际声明 Button 的单击事件处理程序，而不是在 XML 布局中进行定义，修改 ButtonActivity 代码如下所示：

```
button1 = findViewById(R.id.button1);
button1.setOnClickListener(new View.OnClickListener() {
  @Override
  public void onClick(View view) {
    Toast.makeText(ButtonActivity.this, ((Button)view).getText() + " 被触发 ",
          Toast.LENGTH_SHORT).show();
  }
});
```

当基础的 Button 控件不能满足需要时，我们还可以自定义 Button 样式，下面介绍两种自定义 Button 样式的方法。

3. 系统自定义样式

Android 系统自带了很多样式，借助它们可以减少很多不必要的开发工作。以下是 Button 无边框样式的案例，修改 activity_button.xml，代码如下：

```
<Button
  android:text="Alarm"
  style="?android:attr/borderlessButtonStyle"
  android:textAllCaps="false"
  android:layout_width="wrap_content"
  android:layout_height="wrap_content" />
```

上述代码运行后的具体显示效果如图 3-13 所示。

图 3-13 系统自定义无边框样式

4. 用户自定义样式

在实际应用中，有时需要用户自定义控件样式，这时要注意，如果要真正重新定义按钮的外观，不只是提供简单的位图和颜色，还必须定义各个按钮的状态，系统将根据按钮的当前状态来改变其外观。修改 activity_button.xml，代码如下：

```
<Button
    android:background="@drawable/button_style"
    android:layout_width="48dp"
    android:layout_height="wrap_content" />
```

创建状态列表资源文件 button_style 的代码如下：

```
<selector xmlns:android="http://schemas.android.com/apk/res/android">

    <item android:state_pressed="false" android:drawable="@drawable/alarm" />
    <item android:state_pressed="true" android:drawable="@drawable/alarm1" />
    <item android:state_focused="true" android:drawable="@drawable/alarm2" />
</selector>
```

上述代码分别对默认、单击、聚焦三种状态进行了改变。

单击前的用户自定义样式如图 3-14 所示；单击后的用户自定义样式如图 3-15 所示。

图 3-14 单击前的用户自定义样式

图 3-15 单击后的用户自定义样式

3.3.2 TextField 类型

文本（TextField）控件允许用户在其应用中键入文本，文本行可以是单行或多行。触摸 TextField 会放置光标并自动显示键盘。除了键入文本，TextField 还允许进行各种其他操作，例如，文本选择、剪切、复制、粘贴及自动完成数据查找。

我们可以使用 EditText 对象向布局添加 TextField。在 XML 布局中使用 <EditText> 元素执行此操作，具体效果如图 3-16 所示。

图 3-16　EditText 使用示例

文本控件的属性比按钮控件的多，表 3-4 列举了几个常用的文本控件的属性。

表 3-4　文本控件的属性

属性	相关方法	说明
android:text	setText(CharSequencetext)	设置文本内容
android:textColor	setTextColor(intcolor)	设置字体颜色
android:hint	setHint(intresid)	内容为空时显示的文本
android:maxLength	（无）	限制显示的文本长度，超出此值部分不显示
android:id	（无）	对视图提供一个标识符名称
android:background	setBackgroud(Drawablebackgroud)	设置背景图片
android:textSize	（无）	设置文本字体大小
android:textStyle	（无）	设置文本字体样式：bold（加粗）、italic（倾斜）、normal［正常（默认）］
android:inputType	（无）	文本限制

文本字段具有不同的输入键盘类型，例如数字、日期、密码或电子邮件地址。文本字段的输入键盘类型确定字段内允许的字符类型，并可以提示虚拟键盘优化其常用字符的布局。不同类型的键盘如下所述。

（1）默认的 Text 输入键盘类型如图 3-17 所示。

图 3-17　Text 输入键盘类型

（2）TextEmailAddress 输入键盘类型如图 3-18 所示。

图 3-18 TextEmailAddress 输入键盘类型

（3）Phone 输入键盘类型如图 3-19 所示。

图 3-19 Phone 输入键盘类型

除了更改键盘的输入类型之外，Android 系统还允许我们指定用户完成输入时要执行的操作。该操作指定某个按钮代替回车键和要执行的操作（如，“搜索”或“发送”）。图 3-20 是指定“发送”（Send）按钮的效果图。

图 3-20 指定“发送”按钮示例

文本控件也可以响应操作按钮事件。例如，我们可以使用 android:imeOptions 属性（例如 "actionSend"）定义“发送”按钮。该按钮可以监听特定的操作事件 set.OnEditorActionListener。该 set.OnEditorActionListener 接口提供了一个调用的回调方法 onEditorAction()，我们可以通过它的第二个参数 int i 判断用户是否按下了“发送”键，通用的判断方式是 i = = KeyEvent.ACTION_DOWN。

以下是用户单击键盘上的“发送”按钮时的监听方式，修改 activity_text_field.xml，代码如下：

```
<EditText
  android:id="@+id/edit_text1"
  android:hint=" 请输入手机号 "
  android:inputType="number"
  android:layout_margin="5dp"
  android:imeOptions="actionSend"
  android:layout_width="match_parent"
  android:layout_height="wrap_content" />
```

修改 TextFieldActivity，代码如下：

```
edit_text1 = (EditText) findViewById(R.id.edit_text1);
edit_text1.setOnEditorActionListener(new TextView.OnEditorActionListener() {
  @Override
  public boolean onEditorAction(TextView textView, int i, KeyEvent keyEvent) {
    boolean handle = false;
    if ( i == KeyEvent.ACTION_DOWN) {
      Toast.makeText(TextFieldActivity.this, " 注册成功 ", Toast.LENGTH_SHORT).show();
      handle = true;
    }
    return handle;
  }
});
```

上述代码在监听到相应的按键被触发之后，会弹出一个“注册成功”的吐司（Toast），即系统弹出的小提示窗口，效果如图 3-21 所示。

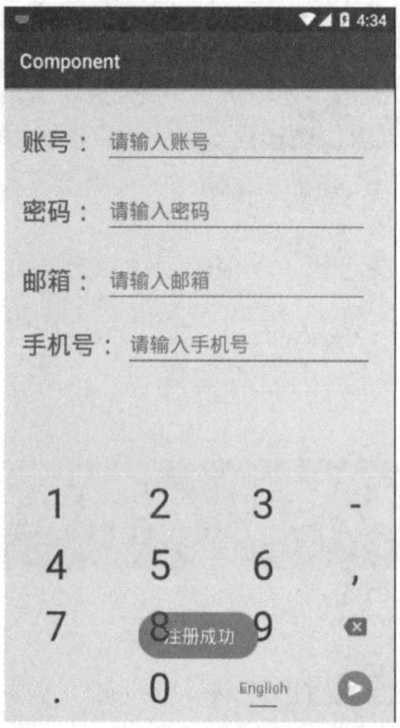

图 3-21　运行结果

TextField 还有很多强大的拓展功能。例如，我们接下来要学习的自动补全功能就是由原 EditText 拓展出来的，具体效果如图 3-22 所示。

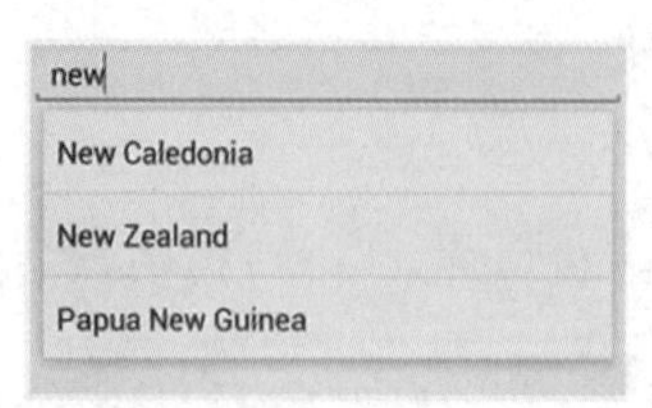

图 3-22　自动补全功能示例

下面是一个类似的自动补全功能的案例。如果要在用户键入信息时向其提供建议，可以使用 EditText 的子类 AutoCompleteTextView，修改 activity_text_field.xml，代码如下：

```
<AutoCompleteTextView
    android:id="@+id/auto_complete_edit_text1"
    android:hint=" 请输入邮箱 "
    android:inputType="textEmailAddress"
    android:layout_margin="10dp"
    android:imeOptions="actionDone"
    android:layout_width="match_parent"
    android:layout_height="wrap_content" />
```

如果要实现自动补全功能，必须指定提供文本建议的适配器，有几种适配器可用，具体使用何种适配器取决于数据的来源（数据库或数组）；同时相应地修改 TextFieldActivity，代码如下：

```
// 初始化控件
AutoCompleteTextView textView = (AutoCompleteTextView) findViewById(R.id.auto_complete_
        edit_text1);
// 得到对应的数组
String[] countries = getResources().getStringArray(R.array.email);
// 创建一个文本建议提示适配器
ArrayAdapter<String> adapter =
      new ArrayAdapter<String>(this, android.R.layout.simple_list_item_1, countries);
textView.setAdapter(adapter);
```

在 strings 下声明数据源：

```
<string-array name="email">
   <item>&#064;163.com</item>
   <item>&#064;qq.com</item>
   <item>&#064;sohu.com</item>
   <item>&#064;aliyun.com</item>
</string-array>
```

例如，输入邮箱地址时自动完成提示，具体效果如图 3-23 所示。

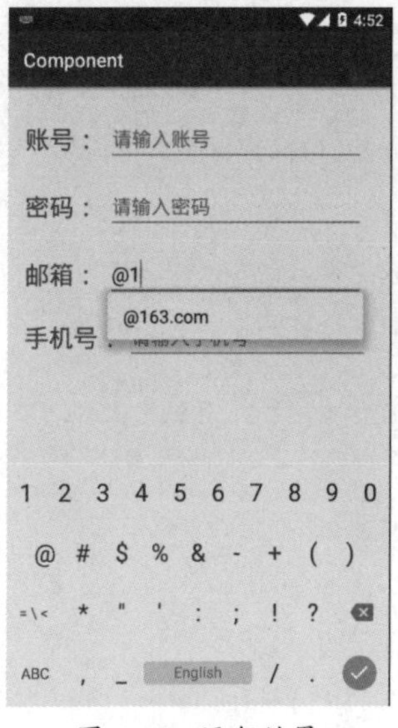

图 3-23　运行结果

3.3.3 CheckBox 类型

复选框（CheckBox）控件允许用户从一个集合中选择一个或多个选项。通常，我们是在垂直列表中显示每个复选框选项，如图 3-24 所示。

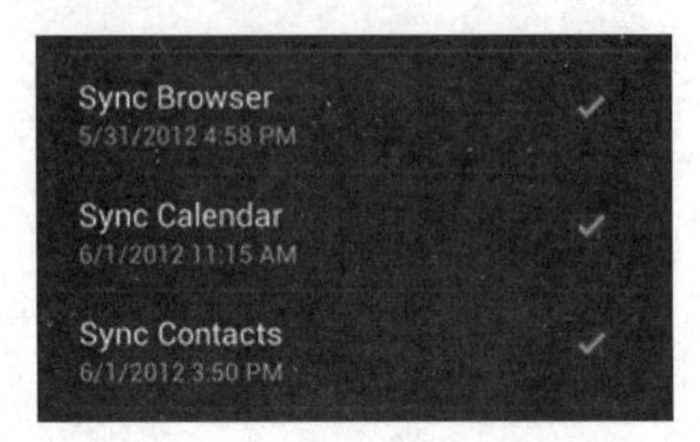

图 3-24　复选框选项示例

要创建每个复选框选项，可以在布局中选择 CheckBox。由于一组复选框选项允许用户选择多个项目，因此每个复选框都是单独管理的，我们必须为每个项目注册一个单击监听器。下面我们结合案例，讨论如何实现监听每一个单击事件。修改 activity_checkbox.xml，代码如下：

```
<LinearLayout xmlns:android="http://schemas.android.com/apk/res/android"
  ...>

  <TextView
    android:text=" 我的爱好 "
    ... />

  <CheckBox android:id="@+id/checkbox_1"
    ...
    android:text=" 吃肉肉 "
    android:onClick="onCheckboxClicked"/>

  <CheckBox android:id="@+id/checkbox_2"
    ...
    android:text=" 睡觉觉 "
    android:onClick="onCheckboxClicked"/>

  <CheckBox
    android:id="@+id/checkbox_3"
    ...
    android:text=" 玩游戏 "
    android:onClick="onCheckboxClicked"/>

  <CheckBox
    android:id="@+id/checkbox_4"
    ...
    android:text=" 敲代码 "
    android:onClick="onCheckboxClicked"/>
</LinearLayout>
```

上述只列出了关键部分的代码。在布局中，每个 CheckBox 要设置 ID 号以及相应的 onClick 事件响应方法，关联到 CheckboxActivity 的代码如下：

```
public void onCheckboxClicked(View view) {
    boolean checked = ((CheckBox) view).isChecked();
    switch(view.getId()) {
        case R.id.checkbox_1:
            if (checked)
                Toast.makeText(this, " 我爱吃肉 ", Toast.LENGTH_SHORT).show();
            else
                Toast.makeText(this, " 我不爱吃肉 ", Toast.LENGTH_SHORT).show();
            break;
        case R.id.checkbox_2:
            if (checked)
                Toast.makeText(this, " 我爱睡觉 ", Toast.LENGTH_SHORT).show();
            else
                Toast.makeText(this, " 我不爱睡觉 ", Toast.LENGTH_SHORT).show();
            break;
        case R.id.checkbox_3:
            if (checked)
                Toast.makeText(this, " 我爱玩游戏 ", Toast.LENGTH_SHORT).show();
            else
                Toast.makeText(this, " 我不爱玩游戏 ", Toast.LENGTH_SHORT).show();
            break;
    }
}
```

上述代码通过 isChecked() 判断是否选中并进行相应的操作，然后根据触发事件对应的 ID 号弹出对应的吐司，具体效果如图 3-25 所示。

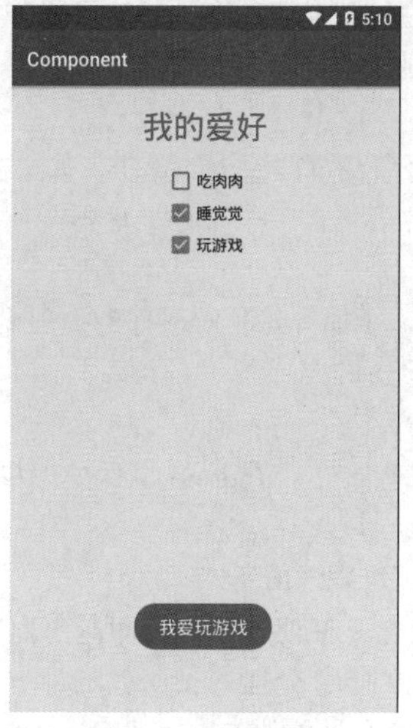

图 3-25　运行结果

3.4 控件监听

如前所述，通过控件监听可对事件进行响应。下面我们将对控件监听进行系统性的讲解。

3.4.1 对 UI 事件的理解

首先我们讲述 UI 事件是如何产生的。UI 事件的产生过程如下所述。

（1）当用户通过手指触摸 UI 时，系统会自动创建对应的 Event 对象。

（2）Android 系统中提供了多种方式来拦截及处理不同类型的事件。

（3）视图本身就可以处理发生在该视图上的事件。

UI 事件处理流程如图 3-26 所示。

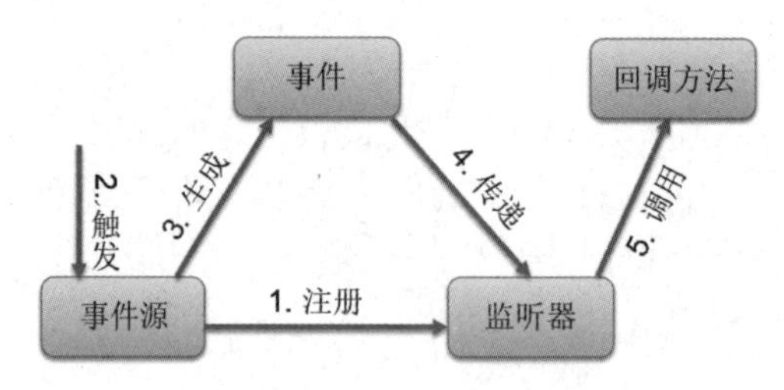

图 3-26　UI 事件处理流程

那么，什么是事件？什么是事件源？什么是事件监听器？

事件：产生事件的是控件，如按钮、菜单等。

事件源：具体某一操作的详细描述，事件封装了操作的相关信息，如果想获得事件源上所发生事件的相关信息，可通过 Event 对象来取得，例如按键事件按下的是哪个键、触摸事件发生的位置等。

事件监听器：负责监听用户在事件源上的操作（如单击），并对用户的各种操作做出相应的响应。事件监听器中可包含多个事件处理器，一个事件处理器实际上就是一个事件处理方法。

理解了上述 UI 事件之后，下面开始了解事件的处理机制。

3.4.2 事件处理的三种方式

Android 事件处理包括两个部分：Android 事件处理机制（基本）和 Android 消息传递机制（进阶）。

事件处理机制的结构图如图 3-27 所示。

Android 事件处理机制包含三种处理方式，即基于监听器的事件处理、基于回调的事件处理和直接绑定到标签的事件处理。

Android 消息传递机制包含两种处理方式，即 Handler 消息传递和异步任务处理。

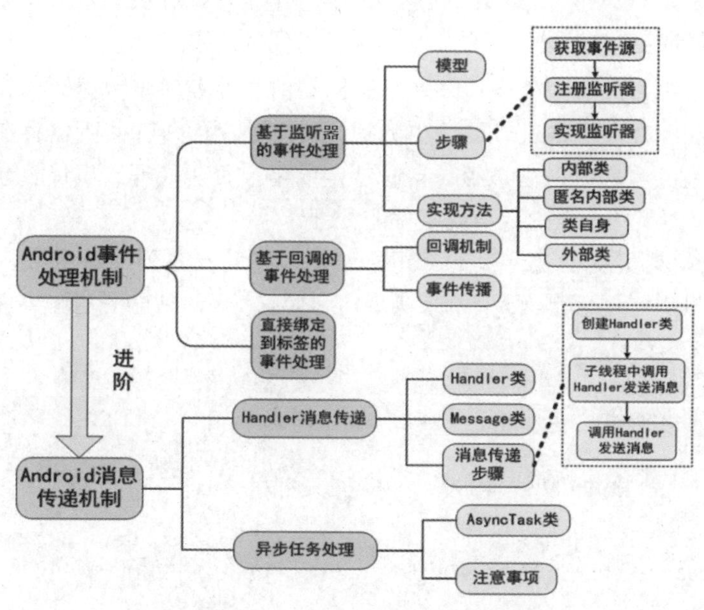

图 3-27 事件处理机制结构图

下面讲解 Android 事件处理机制。在 Android 系统中提供了三种事件处理方式，具体如下所述。

（1）基于监听器的事件处理方式，通常的做法是为 Android 界面控件绑定特定的事件监听器，在事件监听器的方法里编写事件处理代码。

（2）基于回调的事件处理方式，通常做法是重写 Android 控件的特定的回调方法。Android 系统为绝大部分界面控件提供了事件相应的回调方法，我们只需重写它们即可。当我们触发相应控件时，由系统根据具体情景自动调用控件的方法。

（3）直接绑定到标签的事件处理方式，即我们在界面布局文件中为指定组件标签设置事件属性，属性值是一个方法的名称，然后在 Activity 中定义该方法，编写具体的事件处理代码，当我们触发绑定了 android:OnClick 标签的控件时，定义的方法将作出相应的响应。

只学习理论不行，还要动手实践。下面我们对上述三种处理方式进行讲解。

1. 基于监听器的事件处理

基于监听器的事件处理机制是一种委派式（Delegation）的事件处理方式，事件源将整个事件委托给事件监听器，由监听器对事件进行响应处理。这种处理方式将事件源和事件监听器分离，提高了程序的可维护性。

例如，View 类中的 OnLongClickListener 监听器不需要传递事件，代码如下：

```
public interface OnLongClickListener {
    boolean onLongClick(View v);
}
```

例如，View 类中的 OnTouchListener 监听器需要传递事件，代码如下：

```
public interface OnTouchListener {
    boolean onTouch(View v,MotionEvent event);
}
```

2. 基于回调的事件处理

相比基于监听器的事件处理模型，基于回调的事件处理模型更简单一些。在该模型中，事件源和事件监听是合一的，也就是说没有独立的事件监听器存在。当用户在GUI 组件上触发某事件时，由该组件自身特定的函数负责处理该事件。通常通过重写Override 组件类的事件处理函数实现事件的处理。

例如，View 类实现了 KeyEvent.Callback 接口中的一系列回调函数，所以基于回调的事件处理机制通过自定义 View 来实现。自定义 View 时重写这些事件处理方法即可，代码如下：

```
boolean isRepeat = false;
// 基于回调的事件处理
@Override
public boolean onKeyDown(int keyCode, KeyEvent event) {
    // 监听回退按钮
    // 添加“回退两次才能退出”功能
    if ( keyCode == KeyEvent.KEYCODE_BACK ){
        if ( !isRepeat ){
            isRepeat = true;
            Toast.makeText(this, " 请再次单击回退 ", Toast.LENGTH_SHORT).show();
        } else {
            return super.onKeyDown(keyCode,event);
        }
    }
    return false;
}
```

3. 直接绑定到标签的事件处理

我们之前使用过直接绑定到标签的事件处理方式，比较简单，这里就不再进行描述了，只给出代码，如下所示：

```
<Button
    android:id="@+id/button4"
    android:layout_width="match_parent"
    android:layout_height="wrap_content"
    android:onClick="myClick"
    android:textAllCaps="false"
    android:text=" 第三种模型 onClick" />

public void myClick(View view) {
    Toast.makeText(this, " 我是第三种模型 onClick", Toast.LENGTH_SHORT).show();
}
```

3.5 复杂控件 ListView

复杂控件 ListView

可以说 ListView 是 Android 系统中最常用的控件之一，几乎所有的应用程序都会用到它。由于手机屏幕上的控件数量比较有限，能够一次性在屏幕上显示的内容并不多，当我们的程序中有大量的数据需要展示的时候，就可以借助 ListView 来实现。相信读者每天都在跟 ListView 打交道，比如日常刷抖音、上网浏览新闻等。

相比前面介绍的几种控件，ListView 的使用难度相对较大，因此我们将 ListView 单独拿出来进行详细讲解。

图 3-28 所示为两个 ListView 的显示效果图。

图 3-28 使用 ListView 的示例

3.5.1 ListView 简介

万变不离其宗。了解一个控件的最好方法就是看源码，控件的许多特性通过源码就自然而然地显露出来了。下面，我们对 ListView 进行简单的分析。首先，从 ListView 的继承关系分析，由图 3-29 可以看出，ListView 并不直接继承于 View，而是直接继承于抽象类 ViewGroup。

java.lang.Object					
↳	android.view.View				
	↳	android.view.ViewGroup			
		↳	android.widget.AdapterView<T extends android.widget.Adapter>		
			↳	android.widget.AbsListView	
				↳	android.widget.ListView

图 3-29 ListView 的继承关系

虽然我们平常称 ListView 为组件，但其实它的本质是一个布局。那么它和我们之前学的布局有什么区别呢？当你的布局内容是动态的或者不是事先确定的，就可以使用 AdapterView 的子类在程序运行时去充实布局。而这时我们的数据不再是静态数据（即文本信息这类事先定义好的数据），所以我们需要一个适配器（Adapter）将动态数据（即用户输入的内容或者数据库查询结果这类无法确定结果的数据）绑定到我们定义好的布局当中。

图 3-30 为 Adapter 的继承关系图。下面我们选几个常用的 Adapter 进行简单介绍。

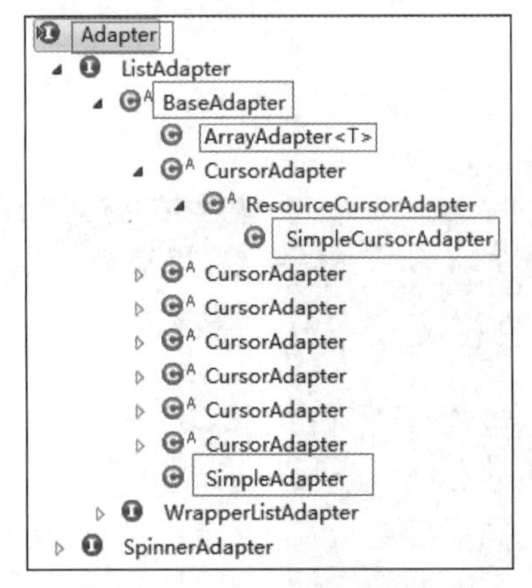

图 3-30　Adapter 的继承关系

（1）ListView + ArrayAdapter：显示最简单的列表（文本），集合数据必须是 List<String> 或 String[ ] 类型。

（2）ListView + SimpleAdapter：显示复杂的列表，集合数据必须是 List<Map <String, Object>> 类型。

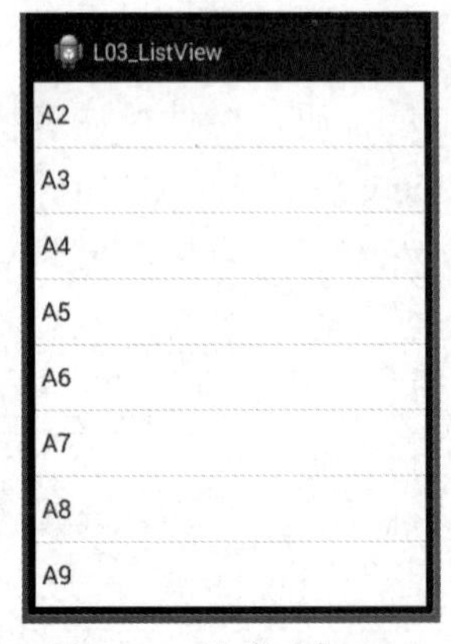

图 3-31　简单列表示例

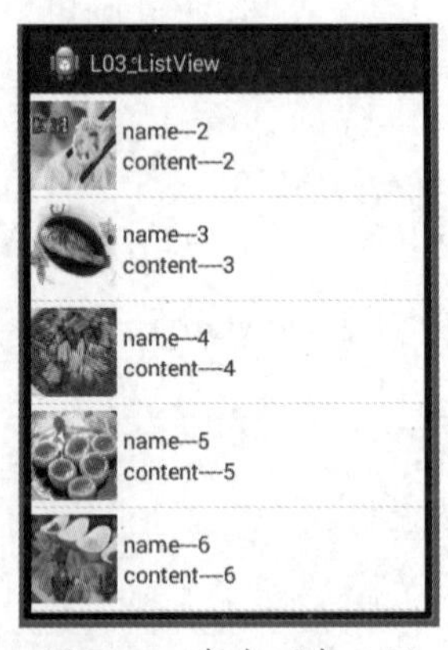

图 3-32　复杂列表示例

（3）ListView + BaseAdapter：显示复杂的列表，集合数据可以为 List<×××> 任意类型，可以实现任意类型的数据的显示。

（4）SimpleCursorAdapter：显示复杂的列表，集合数据是数据库查询的结果集。

3.5.2　ListView 的简单用法

我们从最简单的显示文本开始了解 ListView。修改 activity_simple_lv.xml，代码如下：

```
<ListView
  android:id="@+id/listview"
```

```
    android:layout_width="match_parent"
    android:layout_height="match_parent"/>
```

在布局中加入 ListView 控件比较简单，先为 ListView 指定一个 ID，然后将其宽度和高度都设置为 match_parent，这样 ListView 就占据了整个布局的空间。

接下来修改 SimpleLVActivity 中的代码，如下所示：

```
ListView listView;
ArrayAdapter<String> arrayAdapter;      // 创建 ArrayAdapter 对象

@Override
protected void onCreate(Bundle savedInstanceState) {
  ...
  listView = findViewById(R.id.listview);
  String[] arr = new String[]{"China","American","Japan","Italian"};
  arrayAdapter = new ArrayAdapter<String>(SimpleLVActivity.this,
      android.R.layout.simple_list_item_1,arr);
  listView.setAdapter(arrayAdapter);
  listView.setOnItemClickListener(new AdapterView.OnItemClickListener() {
    @Override
    public void onItemClick(AdapterView<?> parent, View view, int position, long id) {
      String result = parent.getItemAtPosition(position).toString();
      Toast.makeText(SimpleLVActivity.this, result+"", Toast.LENGTH_SHORT).show();
    }
  });
}
```

因为 ListView 是用于展示大量数据的，我们应该先将数据准备好。视具体的应用程序场景，这些数据可以是从网上下载的，也可以是从数据库中读取的。这里我们使用一个里面包含了很多国家名称的 data 数组进行测试。

由于数组中的数据是无法传递给 ListView 的，我们还需借助适配器（上一节已介绍过适配器）来完成。Android 系统中提供了很多适配器的类，最简单的就是 ArrayAdapter。ArrayAdapter(Context context, int resource, T[] objects) 的构造方法里有三个参数，如下所述。

- context：上下文对象，一般为 Acivity 对象。
- resource：Item 的布局文件标识。
- objects：需要显示的数据集合（Array 或 List）。

将上述三个参数设置好之后，还需将 ListView 和 Adapter 用 setAdapter() 关联起来。为了展示效果，我们给每个选项卡设置一个单击之后能触发对应的吐司的监听。具体效果如图 3-33 所示。

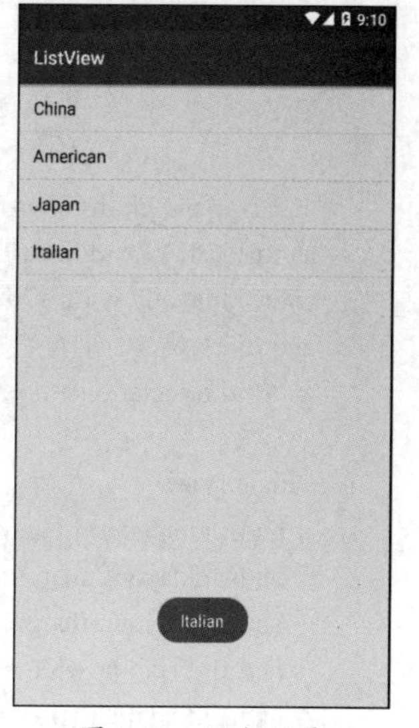

图 3-33 运行结果

3.5.3 定制 ListView 界面

3.5.2 节的项目中的 ListView 的功能非常单一，每项列表只能显示一个字符串。如果想要提供更多的列表显示结果，我们需要自定义 ListView。

在 3.5.2 节的项目的基础上，我们增加部分代码，对应着处理不同国家的国旗。首先，我们需要定义一个实体类，作为 ListView 适配器的适配类型；新建 Customer 类，定义两个参数指定国旗和相应的国家名。具体代码如下：

```
class Customer {
    private String name;
    private int id;

    public Customer(int i, String s) {
        this.id=i;
        this.name=s;
    }
    public String getName() {
        return name;
    }
    public void setName(String name) {
        this.name = name;
    }

    public int getId() {
        return id;
    }
    public void setId(int id) {
        this.id = id;
    }
}
```

然后，我们需要创建每个选项卡所对应的布局，修改 item_lv_customer.xml，代码如下：

```
<LinearLayout xmlns:android="http://schemas.android.com/apk/res/android"
    android:id="@+id/linearLayout"
    android:layout_width="match_parent"
    android:layout_height="wrap_content"
    android:orientation="horizontal">

    <ImageView
        android:id="@+id/item_id"
        android:layout_marginTop="8dp"
        android:layout_marginBottom="8dp"
        android:layout_width="wrap_content"
        android:layout_height="wrap_content"
        android:textSize="18sp"
        android:layout_weight="1"
```

```
        android:src="@drawable/china"></ImageView>

    <TextView
        android:layout_gravity="center_vertical"
        android:id="@+id/item_name"
        android:textSize="18sp"
        android:layout_width="wrap_content"
        android:layout_height="wrap_content"
        android:layout_weight="1"
        android:text="name" />
</LinearLayout>
```

创建好单个实体类以及它的布局之后，我们就需要创建自定义适配器。这里使用3.5.2节的项目中的ArrayAdapter的父类BaseAdapter，修改CustomerAdapter继承自BaseAdapter，关键代码如下：

```
public CustomerAdapter(Context context,List<Customer> listItems)
{
    this.context = context;
    this.listItems = listItems;
}
@Override
public View getView(int position, View convertView, ViewGroup parent) {
    View view;
    ViewHolder viewHolder;
    Customer item = (Customer) getItem(position);
    if (convertView == null) {
        view = LayoutInflater.from(context).inflate(R.layout.item_lv_customer, parent, false);
        //LayoutInflater 是用来找 layout 下 XML 布局文件，并且进行实例化

        viewHolder = new ViewHolder();
        // 实例化
        viewHolder.iv = view.findViewById(R.id.item_id);
        viewHolder.textView = (TextView) view.findViewById(R.id.item_name);
        view.setTag(viewHolder);
    } else {
        // 这里复用了 ViewHolder
        view = convertView;
        viewHolder = (ViewHolder) view.getTag();
    }
    viewHolder.iv.setImageResource(item.getId());
    viewHolder.textView.setText(item.getName().toString());
    return view;
}

class ViewHolder {
    private ImageView iv;
```

```
    private TextView textView;

}
```

CustomerAdapter 重写了父类的一组构造函数，用于将 Context 和数据传递进来。另外又重写了 getView() 方法，这个方法在每个选项卡被滚动到屏幕内的时候都会被调用。在 getView 方法中，首先通过 getItem() 方法得到当前项的 Customer 示例；然后使用 LayoutInflater 来为这个子项加载我们的布局；接着调用 View 的 findViewById() 方法实例化和设置 Customer 的两个参数；最终返回布局。这样就完成了我们自定义的适配器。

下面修改 CustomerLVActivity，关键代码如下：

```
public class CustomerLVActivity extends AppCompatActivity {
    ...
    @Override
    protected void onCreate(Bundle savedInstanceState) {
        ...
        // 调用填充数据方法
        initList();
        // 实现自定义适配器
        customerAdapter = new CustomerAdapter(this,list);
        // 指定 listview 控件的适配器
        listView.setAdapter(customerAdapter);
        listView.setOnItemClickListener(new AdapterView.OnItemClickListener() {
            @Override
            public void onItemClick(AdapterView<?> parent, View view, int position, long id) {
                Toast.makeText(CustomerLVActivity.this, "name：" + list.get(position).getName(),
                        Toast.LENGTH_SHORT).show();
            }
        });
    }
    public void initList()
    {
        String[] arr = new String[]{"China","America","Japan","Italian"};
        int[] id = new int[]{R.drawable.china,R.drawable.america,R.drawable.japan,R.drawable.italian};
        for (int i = 0; i < arr.length; i++){
            Customer customer = new Customer(id[i],arr[i]);
            list.add(customer);
        }
    }
}
```

由此代码可以看到，我们最先用一个 initList() 方法填充数据，传入某个国家的国旗和与之对应的国家名，然后将数据传递给适配器，适配器通过 setAdapter 自动把数据和 ListView 视图关联起来。这样我们定制的 ListView 界面就完成了。

重新运行程序，效果如图 3-34 所示。

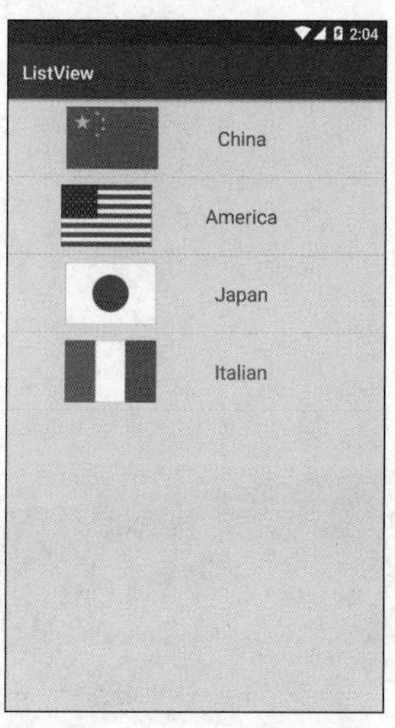

图 3-34 ListView 定制界面

虽然本书所述的例子看似很简单，但是相信读者已经领悟到了其中的窍门，即只需修改布局元素就可以定制各种各样复杂的界面。除了 BaseAdapter 可以继承外，我们还能继承很多适配器，有兴趣的读者可以自行练习。

第 4 章
重要组件——四大组件之 Activity

恭喜读者，现在你已经成为一个 Android 应用程序的开发者了。通常，应用程序的使用者不会关心程序的架构和逻辑，他们只对看得见、摸得着的东西感兴趣。通过前面的学习，想必读者对界面已经有了较深刻、清晰的认识，即对“看得见”概念已经了解，接下来要了解隐藏在“看得见”背后的系统了。

4.1 Activity 简介

Activity（活动）是 Android 应用中负责与用户交互的组件，例如，拨打电话、拍照、发邮件及查看地图等操作均要用到 Activity 组件。每一个 Activity 都被分配一个窗口，在这个窗口里，你可以绘制与用户交互的内容。这个窗口通常占满屏幕，但也有可能比屏幕小，并且可以浮在其他窗口的上面。

到现在为止，我们还没有亲自创建过活动（也称为应用）。之前创建的活动是 Android Studio 自动帮助我们创建的，现在我们开始学习如何自己手动创建活动。

首先我们新建一个项目，项目名字叫 Activity。因为这次要手动创建活动，我们需在 Add an Activity to Mobile 界面选择 Add No Activity，如图 4-1 所示。

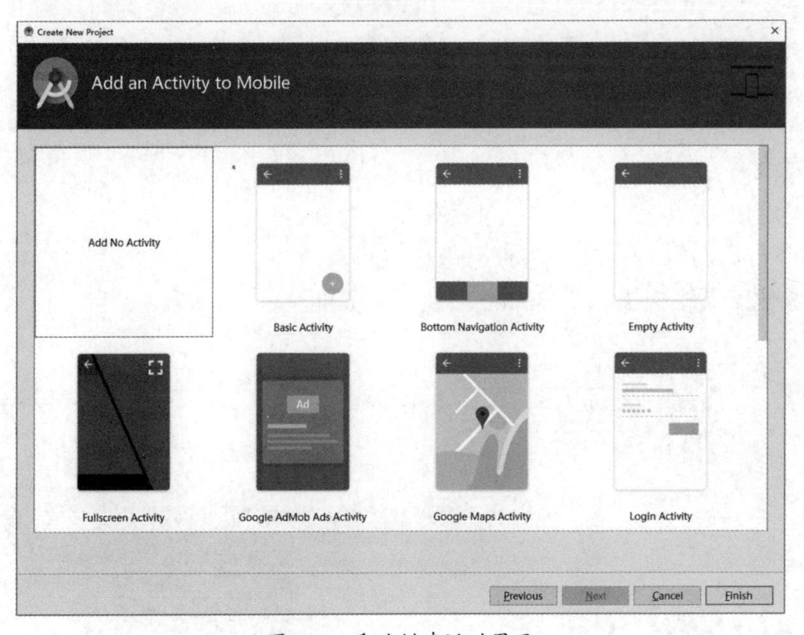

图 4-1 手动创建活动界面

4.2 Activity 的创建

Activity 的创建

目前 Activity 项目中的 activity 包应该是空的，目录结构如图 4-2 所示。

选中 activity 包，右击选择 New → Class 命令，系统会弹出新建类的对话框。我们新建一个 MainActivity，并让它继承自 Activity，单击 Finish 按钮完成创建。

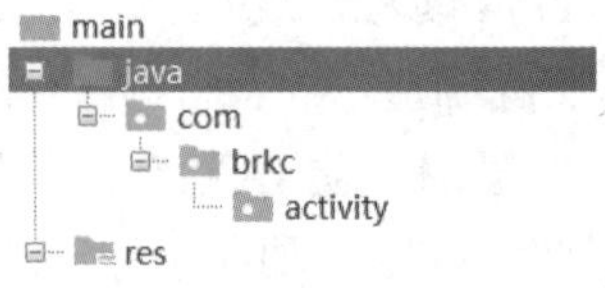

图 4-2　空 activity 包目录结构

我们知道，项目中的任何活动都应该重写 Activity 的 onCreate() 方法，但目前我们的 MainActivity 什么都没有，所以首先必须要做的是重写 onCreate() 方法，代码如下：

```
public class MainActivity extends Activity{

    @Override
    protected void onCreate(@Nullable Bundle savedInstanceState) {
        super.onCreate(savedInstanceState);
    }
}
```

onCreate() 方法很简单，就是调用了父类的 onCreate() 方法。当然这只是默认的实现，后续我们还需要在 onCreate() 方法里面加入很多自己的逻辑。

Android 程序的设计遵循逻辑和视图分离的原则，每一个活动都对应一个布局。布局是用来显示界面内容的，下面我们手动创建一个布局文件。

在图 4-2 中，右击 res，选择 New → Directory 命令，创建 layout 目录。

右击 res、layout 目录，选择 New →“Layout Resource File”命令，系统会弹出创建布局文件的对话框。我们按照命名规范将布局文件命名为 activity_main，容器选择默认的 LinearLayout，如图 4-3 所示。

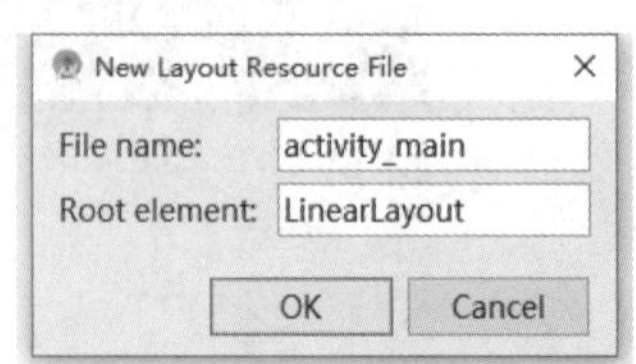

图 4-3　新建布局文件对话框

单击 OK 按钮，系统将弹出一个可视化布局编辑器。我们在这个布局编辑器内对所建布局进行编辑。从布局编辑器左侧工具栏拖出一个 Button 按钮放入界面中，如图 4-4 所示。

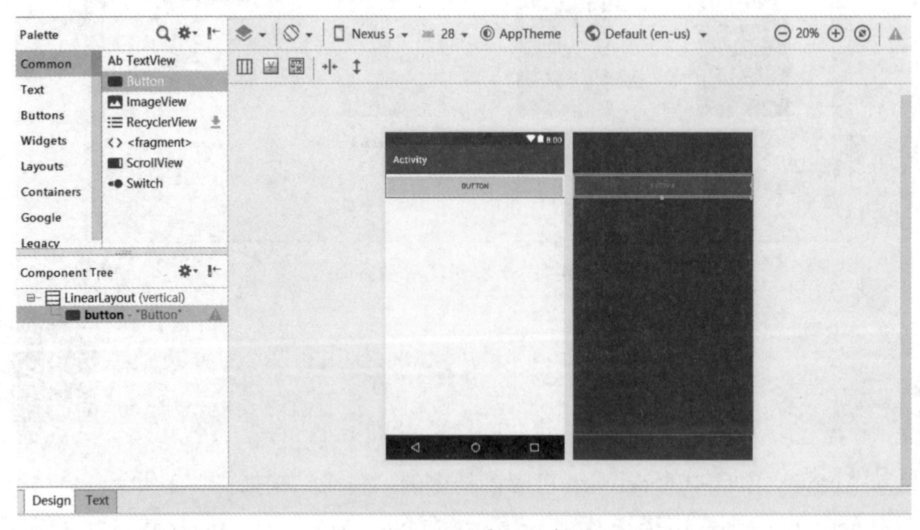

图 4-4　可视化布局编辑器

在预览区域中可以看到，我们所建的按钮已经显示出来了。至此，一个简单的布局就编写完成了。接下来我们要做的就是在活动中加载这个布局。

重新回到 MainActivity，在 onCreate() 方法中加入如下代码。

```
public class MainActivity extends Activity{

    @Override
    protected void onCreate(@Nullable Bundle savedInstanceState) {
        super.onCreate(savedInstanceState);
        setContentView(R.layout.activity_main);
    }
}
```

可以看到，上述代码里调用了 setContentView() 方法来给当前的活动加载一个布局。在 setContentView() 方法中，我们一般都会传入一个布局文件的 ID。在第 1 章介绍项目结构的时候我们提到过，在项目中添加的任何资源都会在 build 文件夹下的资源文件中生成一个相应的资源 ID，因此我们刚刚创建的 activity_main.xml 已经添加到资源文件中了。如果要引用 activity_main.xml，只需把对应的 ID 值放入 setContentView() 方法中即可。

虽然我们创建的 APP 图标已显示在工具栏上了，如图 4-5 所示，但此 APP 还不能运行。

图 4-5　工具栏上的 APP 图标

由于所有的活动都要在 AndroidManifest 中进行注册才能生效，因此我们现在打开 AndroidManifest.xml 给 MainActivity 注册，代码如下：

```
<application
    android:allowBackup="true"
    android:icon="@mipmap/ic_launcher"
    android:label="@string/app_name"
    android:roundIcon="@mipmap/ic_launcher_round"
    android:supportsRtl="true"
    android:theme="@style/AppTheme">

    <activity android:name=".MainActivity"
        android:label="This is FirstActivity">
        <intent-filter>
            <action android:name="android.intent.action.MAIN"/>
            <category android:name="android.intent.category.LAUNCHER"/>
        </intent-filter>
    </activity>
</application>
```

由上述代码可以看到，活动的注册声明必须在 <application> 标签内，需要通过 <activity> 标签来对活动进行注册。首先，我们使用 android:name 来指定具体注册的是哪一个活动，这里填入的 ".MainActivity" 就是我们指定的相对路径下的活动，“.” 前面的包名全称可以省略。然后，用 android:label 指定活动标题栏上的内容。在

<activity> 中我们定义了 <intent-filter> 标签，并在这个标签里添加了 action 和 category 标签声明。这里大家可以不做具体了解，只需明白如果我们想让一个活动作为程序的主入口（单击应用程序图标时首先打开的活动），就必须加上 <intent-filter> 标签并且搭配是固定的。另外，如果我们的应用程序没有活动作为主活动，这个程序仍然是可以安装的，只是你无法在启动项里看到或者打开这个程序。这种程序一般都是作为第三方服务提供给其他应用在内部进行调用的，比如支付宝快捷支付服务。

至此，一切准备就绪，可以运行程序了。程序的运行效果如图 4-6 所示。

图 4-6　运行结果

4.3　使用 Intent 在 Activity 间穿梭

使用 Intent 在 Activity 间穿梭

只有一个活动的应用也太简单了吧？没错，你的追求应该更高一点。不管创建多少个活动，方法都与 4.2 节中介绍的方法类似。唯一的问题是，你在启动项中单击应用的图标只会进入到该应用的主活动，那么怎样才能由主活动跳转到其他活动呢？我们一起来看一看。

4.3.1　启动 Activity

创建 Activity 的过程请见 4.2 节，这里就不再重复了。但有一点需要读者注意，因为我们第二个 Activity 不是主 Activity（通过启动项启动），所以我们在 Manifest 中声

明时不能加 <intent-filter> 标签，具体代码如下：

```
<activity android:name=".Main2Activity"></activity>
```

至此，活动的创建工作已经完成，下面学习如何去启动第二个活动，这里我们要引入一个概念——Intent（意图）。

Intent 是 Android 程序中各组件之间进行交互的一种重要方式，它不仅可以指明当前组件想要执行的动作，还可以在不同组件之间传递数据。Intent 一般被用于启动活动、启动服务以及发送广播等场景。由于服务、广播等概念我们暂时还未涉及，现在我们先学习启动活动。

Intent 的用法大致可以分为两种：显式 Intent 和隐式 Intent。我们先来看一下显式 Intent 是如何使用的。

Intent 有多个构造函数的重载，Intent(Context packageContext, Class<?> cls) 是其中的一个。这个构造函数有两个参数：①活动的上下文；②想要启动的目标活动。

那么如何启动活动呢？ Activity 有个 startActivity() 方法，它的作用就是启动活动。将定义好的 Intent 作为参数传入 startActivity() 方法，就能启动我们的目标活动了，具体代码如下：

```
public void normalStartActivity(View view) {
    Intent intent = new Intent(this,Main2Activity.class);
    startActivity(intent);
}
```

这里我们沿用 4.2 节案例里的 Button，给它定义了一个 onClick:normalStartActivity() 的方法，单击 Button 之后即可跳转到新的 Activity 中，图 4-7 是跳转后的效果。

图 4-7 运行结果

4.3.2 关闭 Activity

有启动就有关闭，使用 startActivity() 方法只会启动新的界面而不能返回到上一个界面。我们发现，在 MainActivity 中单击返回键的时候，程序先退回到 Main2Activity，然后需要再退出一次 MainActivity 才能真正退出程序。那么，如何关闭当前的 Activity 呢？ Android 给出了 finish() 方法，当我们不需要再次返回这个 Activity 实例的时候就可以用 finish() 方法结束它，具体代码如下：

```
public void finish(View view) {
    finish();
}
```

修改 Main2Activity 和 activity_main2.xml，增加返回功能（代码很简单），具体运行效果如图 4-8 所示。

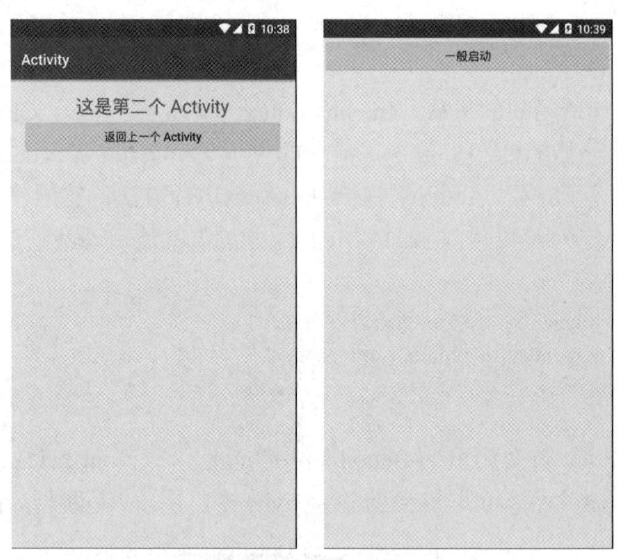

图 4-8　运行效果

4.3.3　带数据的一般启动

既然界面之间可以进行跳转，那么界面之间的数据可不可以进行传递呢？答案是肯定的，还是通过 Intent 实现传递。

启动活动时传递数据的思路很简单：Intent 中提供了一系列的 putExtra() 方法的重载，可以把我们想要传递的数据暂存在 Intent 中，启动了另一个活动后，只需把这些数据再从 Intent 中取出就可以了。比如，MainActivity 中有一个字符串，把这个字符串传递到下一个 Main2Activity 中，代码如下：

```
public static final String TAG = "MainActivity";
public void normalStartActivityIntentData(View view) {
    Intent intent = new Intent(this,Main2Activity.class);
    intent.putExtra(TAG,"Hello SecondActivity！ ");
    startActivity(intent);
}
```

上述代码里我们还是使用显式 Intent 的方式来启动 Main2Activity，并通过 putExtra() 方法传递一个字符串。注意，第一个参数是传递“键”名，第二参数才是我们要传的数据“值”。

在 Main2Activity 中取出数据的关键代码如下：

```
@Override
protected void onCreate(Bundle savedInstanceState) {
    ...
    Intent intent = getIntent();
    String data = intent.getStringExtra(MainActivity.TAG);
    if (data != null)
        text_view.setText(data);
}
```

由上述代码可以看出，通过 getIntent() 方法可以得到传递过来的 Intent 的对象，在 Intent 对象中，getStringExtra() 根据传入的“键”提取数据。这里提醒读者，当接收/发送两端需要指明同一“键”名时，为了避免出现错误，我们可以把“键”名声明成静态常量，两端只需调用即可。然后我们给有数据传递的实例换个标题，具体运行区别如图 4-9 所示。

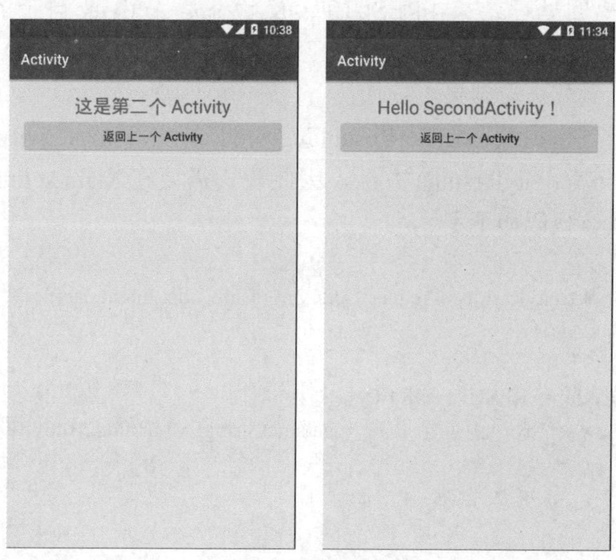

图 4-9　运行结果

4.3.4　启动带返回结果的 Activity

既然 Activity 能够将数据传递给下一个活动，那么能不能带数据返回上一个活动呢？答案是肯定的。不过这里就不能使用 startActivity() 启动 Activity 了。通过查阅 Android 官方公开的文档可以发现，启动 Activity 还有一个 startActivityForResult() 方法，这个方法是专门用来带数据返回上一个活动的。该方法里面有两个参数：第一个参数是 Intent；第二个参数是请求码，用于在之后的回调中判断数据的来源。下面我们来进行实战。修改 MainActivity 中的单击事件，代码如下：

```
public void startActivityForResult(View view) {
    Intent intent = new Intent(this,Main2Activity.class);
    startActivityForResult(intent,REQUEST_TO_MAIN2);
}
```

由上述代码可以看出，启动函数改为 startActivityForResult()，并且为了保证两端数据统一，使用静态变量描述请求码。接下来我们在 Main2Activity 中给按钮绑定标签，在单击事件中添加返回数据的逻辑，代码如下：

```
public static final int REQUEST_TO_MAIN2 = 1;
public void setResultFinish(View view) {
    Intent intent = new Intent();
    intent.putExtra(TAG, "Hello Main Activity！ ");
    setResult(RESULT_OK,intent);
    finish();
}
```

由上述代码可以看到，我们还是通过 Intent 传输数据，不过这里的 Intent 只是起到传递数据的作用而已，它没有指定任何的启动目标。接下来，我们通过 setResult() 放置 Intent 数据，并且填上返回状态 RESULT_OK 就可以了。这里的返回状态的作用是向上一个活动返回处理结果，RESULT_OK 状态是 Activity 自带的返回结果状态，不需要我们去定义。除了 RESULT_OK，还有 RESULT_CANCELED 也比较常用，前者代表有结果，后者代表没结果。

由于我们是通过 startActivityForResult() 启动的，在 Main2Activity 销毁之后会在上一个活动中回调 onActivityResult() 方法，因此我们需要在 MainActivity 中重写该方法进行数据处理，具体代码如下：

```
@Override
protected void onActivityResult(int requestCode, int resultCode, Intent data) {
    switch (requestCode){
        case REQUEST_TO_MAIN2:
            if (resultCode == RESULT_OK) {
                text_view.setText(" 返回结果：" + data.getStringExtra(Main2Activity.TAG));
            }
            break;
        default:
    }
}
```

在上述代码中，onActivityResult() 有三个形参，最后一个形参 Intent 数据（Intent data）我们已经很熟悉了，不再赘述。这里重点讲 requestCode 和 resultCode。第一个参数 requestCode 代表申请传递数据的请求码；第二个参数 resultCode 代表返回数据时的处理结果。为什么这样设计呢？由于在一个 Activity 中会使用 startActivityForResult() 启动很多不同的活动，每一个活动返回的数据都会回调 onActivityResult() 方法，因此首先利用 requestCode 来区分启动的活动；然后利用 resultCode 返回状态区分数据；最后将得到的返回结果显示在界面中，这样就完成返回结果的工作了。

重新运行程序，能看到如图 4-10 所示的返回结果。

读者可能会有疑问，万一用户单击回退键返回上一个界面怎么办？这样不就是没有返回数据了吗？没错，是有这种情况，不过这种情况还是很好处理的，我们重写 onBackPressed() 方法即可解决此问题，代码如下：

```
@Override
public void onBackPressed() {
    Intent intent = new Intent();
    intent.putExtra(TAG, "Hello MainActivity！ ");
    setResult(RESULT_OK,intent);
    finish();
}
```

图 4-10　运行结果

当用户按下回退键时，就会去执行 onBackPressed() 中的代码，我们在这里添加返回数据的类型就可以了。

4.4 Activity 的生命周期管理

Activity 的生命周期管理

掌握活动的生命周期对任何 Android 开发者来说都非常重要。当你深入理解活动的生命周期之后，就可以写出更加连贯流畅的程序，并会在管理应用资源方面游刃有余，你的应用程序也将会拥有更好的用户体验。

下面对典型情况下的生命周期进行分析。正常情况下，Activity 会经历如下生命周期。

（1）onCreate()：表示 Activity 正在被创建，这是生命周期中的第一个方法。在这个方法中，我们可以做一些初始化工作，比如调用 setContentView 去加载界面布局资源、初始化 Activity 所需的数据等。

（2）onStart()：表示 Activity 正在被启动，即将开始活动，这时 Activity 已经可见了，但是还没有出现在前台，还无法和用户交互。这个时候其实可以理解为 Activity 已经显示出来了，但是我们还看不到。

（3）onRestart()：表示 Activity 正在重新启动。一般情况下，当当前的 Activity 从

不可见状态变为可见状态时，onRestart() 就会被调用。这种情形一般是由用户行为所导致的，比如用户按 Home 键切换到桌面或者用户打开了一个新的 Activity，这时当前的 Activity 就会暂停，也就是 onPause() 和 onStop() 被执行了，接着用户又回到了这个当前的 Activity，此时就会出现 Activity 重新启动的情况。

（4）onResume()：表示 Activity 已经可见了，且出现在前台并开始活动。要注意 onResume() 与 onStart() 的区别，二者都表示 Activity 已经可见，但是 onStart() 的时候 Activity 还在后台，onResume() 的时候 Activity 已显示在前台。

（5）onPause()：表示 Activity 正在停止，正常情况下，紧接着 onStop() 就会被调用。我们通常会在这个方法中做一些存储数据、停止动画等工作，但是注意不能太耗时，因为这会影响到栈顶 Activity 的显示。必须先执行完 onPause()，新 Activity 的 onResume() 才会执行。

（6）onStop()：表示 Activity 即将停止，可以做一些稍微重量级的回收工作，同样不能太耗时。

（7）onDestroy()：表示 Activity 即将被销毁。这是 Activity 生命周期中的最后一个回调，在这里，我们可以做一些回收工作和最终的资源释放。

正常情况下，Activity 的生命周期包括上述 7 个阶段。图 4-11 更详细地描述了 Activity 的生命周期的切换过程。

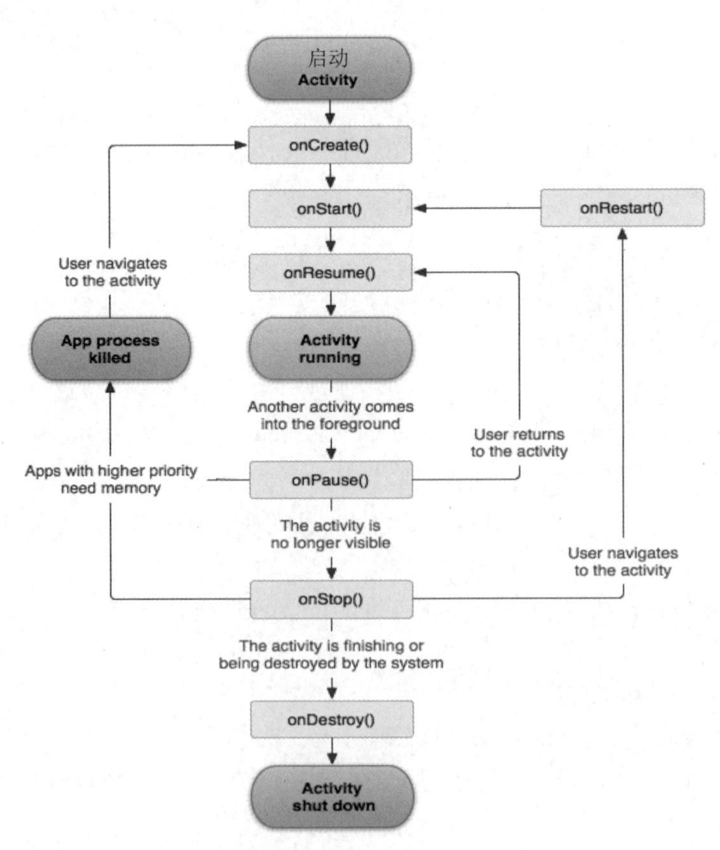

图 4-11　Activity 的生命周期

根据图 4-11 不难发现，Activity 的生命周期流程不是唯一的，这里分三种情况并加以说明。

- 完整生存期。活动按照 onCreate() → onStart() → onResume() → onPause() → onStop() → onDestroy() 过程经历创建和死亡，就是完整生存期。一般情况下，一个活动会在 onCreate() 方法中完成各种初始化操作，在 onDestroy() 方法中完成释放内存的操作。最常见的完整生存期切换就是在用户进行屏幕旋转的时候。
- 可见生存期。活动在 onStart() 方法和 onStop() 方法之间所经历的就是可见生存期。当用户打开新的 Activity 或者切换到桌面的时候，回调如下：onPause() → onStop()。这里会有一种特殊的情况，如果新的 Activity 采用了透明主题，那么当前 Activity 不会回调 onStop() 方法。但当用户切换回原 Activity 时，回调如下：onRestart() → onStart() → onResume()。我们可以通过这两个方法，合理地管理那些对用户可见的资源。比如在 onStart() 方法中对资源进行加载，而在 onStop() 方法中对资源进行释放，从而保证处于停止状态的活动不会占用过多内存。
- 前台生存期。活动在 onResume() 方法和 onPause() 方法之间所经历的就是前台生存期。在前台生存期内，活动总是处于运行状态，此时的活动是可以和用户进行交互的。我们平时看到和接触最多的就是这个状态下的活动。一般只在用户触发对话框的时候才会循环该生存期。

当然，除了上述三种生存期之外，还有其他特殊的情况。例如，当 Activity 被系统回收后重新打开时，虽然生命周期过程和完整生存期是一样的，但这不代表全部的过程是一样的。

前面讲了很多理论知识，现在我们来进行实战。下面我们通过例程更直观地体验生命周期。

重新建立一个工程，然后修改 MainActivity，把生命周期的 7 个阶段全部打印出来，代码如下：

```
public class MainActivity extends AppCompatActivity {

    private static final String TAG = "MainActivity";

    @Override
    protected void onCreate(Bundle savedInstanceState) {
        Log.e(TAG, "onCreate: ");
        super.onCreate(savedInstanceState);
        setContentView(R.layout.activity_main);
    }

    @Override
    protected void onRestart() {
        Log.e(TAG, "onRestart: ");
        super.onRestart();
```

```
    }

    @Override
    protected void onStart() {
        Log.e(TAG, "onStart: ");
        super.onStart();
    }

    @Override
    protected void onResume() {
        Log.e(TAG, "onResume: ");
        super.onResume();
    }

    @Override
    protected void onPause() {
        Log.e(TAG, "onPause: ");
        super.onPause();
    }

    @Override
    protected void onStop() {
        Log.e(TAG, "onStop: ");
        super.onStop();
    }

    @Override
    protected void onDestroy() {
        Log.e(TAG, "onDestroy: ");
        super.onDestroy();
    }
}
```

下面我们来体会三个生存期的流程。首先是第一个生存期——完整生存期，这一步很简单，我们只要打开和关闭 APP 或者旋转屏幕就能完成。图 4-12 是旋转屏幕后的日志（Log）打印信息。

```
0 19:20:20.616 29283-29283/com.brkc.activity2 E/MainActivity: onPause:
0 19:20:20.616 29283-29283/com.brkc.activity2 E/MainActivity: onStop:
onDestroy:
0 19:20:20.656 29283-29283/com.brkc.activity2 E/MainActivity: onCreate:
0 19:20:20.696 29283-29283/com.brkc.activity2 E/MainActivity: onStart:
onResume:
```

图 4-12　Log 打印结果

由 Log 打印结果可以看到，旋转屏幕后，Activity 其实是走完整个生命周期的，这里没有一处回调是保证只执行一次的，就连界面都需要重新进行加载，而锁定屏幕方向就很好地避免了这个尴尬的问题。（APP 大都锁定了屏幕方向）

下面我们看第二个生存期——可见生存期。前面我们已经提到，可见生存期重点在于是否可见。下面我们再创建一个 Main2Activity，然后通过打开 / 关闭 Main2Activity 观察 MainActivity 的生命周期流程。

首先是打开 Main2Activity，日志如图 4-13 所示；然后是关闭 Main2Activity，日志如图 4-14 所示。

```
E/MainActivity: onPause:
E/MainActivity2: onCreate:
E/MainActivity2: onStart:
    onResume:
E/MainActivity: onStop:
```

图 4-13 打开 Main2Activity 的 Log 打印结果

```
E/MainActivity2: onPause:
E/MainActivity: onRestart:
E/MainActivity: onStart:
    onResume:
E/MainActivity2: onStop:
    onDestroy:
```

图 4-14 关闭 Main2Activity 的 Log 打印结果

由上述两个打印结果可以看到，当我们打开新的 Activity 时，原来的 Activity 就调用 onPause() 和 onStop() 方法，从前台活动转为后台活动，然后新的 Activity 覆盖在我们的可见屏幕上，成为新的前台活动。关闭的顺序也是一样的，先将新的 Activity 从前台活动转为后台活动，然后原来的 Activity 会覆盖在我们的可见屏幕上，最后在后台销毁 Main2Activity。

最后一个生存期——前台生存期。它的情况就比较复杂，它介于可见和前台之间。一般情况下我们都是把可见和前台归于一类，把不可见和后台归于一类，没有单独比较可见和前台的区别。但是这种特殊情况确实存在，在我们调用对话框时，就会遇到这种特殊的生命周期。注意，这里所说的“对话框”不是我们所学的 Dialog 对话框，而是 Activity 窗口化对话框，不然你就看不到这么神奇的调用流程了。那么如何将 Activity 窗口化呢？很简单，我们只需在 Manifest 中声明其 Dialog 主题，代码如下：

```
<manifest xmlns:android="http://schemas.android.com/apk/res/android"
    package="com.brkc.activity2">

    <application
        ... >
        ...
        <activity android:name=".Main3Activity"
            android:theme="@style/Theme.AppCompat.Dialog"></activity>
    </application>
</manifest>
```

这里使用了基础主题 Theme.AppCompat.Dialog，当然为了展现出对话框的效果，我们也可以自定义主题，只要写关键属性 windowIsFloating=true 即可。图 4-15 所示为正常启动 / 关闭新 Activity 后的日志打印情况。

```
E/MainActivity: onPause:
E/MainActivity: onResume:
```

图 4-15 Log 打印结果

由打印结果可以看到，当我们打开新的 Activity 时，原来的 Activity 只调用了

onPause() 方法，这说明只要我们原来的 Activity 还处于可见状态，onStart() 和 onStop() 就不会被调用，这就把我们的方法给区分开来了。运行后的界面效果如图 4-16 所示。

图 4-16　运行效果

我们对三种生存期都进行了验证。这里提出两个问题，请读者思考。

问题 1：onStart() 和 onStop() 是一对，而 onResume() 和 onPause() 又是一对，这两对从功能描述来看基本一致，那么它们有什么实质性的不同？是否可以只保留一对？

问题 2：假设原来的 Activity 为 A，我们又打开的一个新的 Activity 为 B，那么 B 的 onResume() 和 A 的 onPause() 哪个先执行呢？

先分析第一个问题。我们知道这两对表示的意义还是略有区别的。onStart() 和 onStop() 是从 Activity 是否可见的角度来回调的，而 onResume() 和 onPausc() 是从 Activity 是否处于前台的角度来回调的。除了这种区别，在实际的项目中它们没有任何区别，我们完全可以只保留一对。但有一点大家要注意，这两对都不能做长时间的耗时工作。

对于第二个问题我们可以通过可见生存期的打印日志进行分析。由图 4-13 和图 4-14 可以看到，当原来的 Activity 启动新的 Activity 时，先是调用原来 Activity 的 onPause()，然后直接回调新 Activity 的完整生存期，最后再调用原来 Activity 的 onStop()。为什么这样使用呢？Activity 的启动过程的源码相当复杂，涉及 Instrumentation、ActivityThread 和 ActivityManagerService（简称 AMS）。这里不详细分析这一过程，简单理解，还是 Android 官方那句话“不能在 onPause() 中进行重量级的操作。”图 4-17 所示为 Android 官方公开文档的另一段说明：必须在 onPause() 执行完毕后，新 Activity 的 onResume() 才会被执行。

通过上述的问题分析，我们知道 onPause() 和 onStop() 都不能执行耗时的操作，尤其是 onPause()，这也意味着，我们应当尽量在 onStop() 中执行操作，从而使得新

Activity 尽快显示出来并切换到前台。

onPause()	Called when the system is about to start resuming another activity. This method is typically used to commit unsaved changes to persistent data, stop animations and other things that may be consuming CPU, and so on. It should do whatever it does very quickly, because the next activity will not be resumed until it returns. Followed either by onResume() if the activity returns back to the front, or by onStop() if it becomes invisible to the user.	**Yes**	onResume() or onStop()

图 4-17 Android 官方公开的文档描述

也许有读者会问，你怎么知道所有版本的源码都是相同的逻辑呢？我们的确不可能把所有版本的源码都分析一遍，但是随着版本的更新，Android 系统运行过程的基本机制并不会有大的调整。因为 Android 系统也需要兼容性，同一个运行机制不能在不同版本上有着截然不同的表现，即 Android 系统运行的基本机制在不同的 Android 系统版本上具有延续性。

4.5 Intent（意图）

Intent 意图

4.5.1 Intent 简介

在前面介绍启动 Activity 的时候就已经简单介绍过 Intent 及显式 Intent 的使用方法。我们知道 Android 系统通过 Intent 识别和启动相应的组件，而 Intent 又分为显式［即启动特定的组件（例如特指的 Activity 实例）］和隐式［即启动处理 Intent 操作的任何组件（比如打电话、拍照片等）］。

虽然显式 Intent 我们已经用得较熟练了，但这是不够的，因为隐式 Intent 的用途更加广泛，功能更加多样。有好多功能都是只能用隐式 Intent 来启动的（比如系统推荐、打开系统界面等）。接下来我们将对隐式 Intent 做一个全面介绍。

4.5.2 隐式 Intent

相比于显式 Intent，隐式 Intent 则含蓄了许多。它并不明确指出我们想要启动哪一个活动，而是指定一系列更为抽象的 action 和 category 等信息，然后交由系统去分析这个 Intent，帮我们找出合适的活动去启动。

什么叫作合适的活动呢？简单来说就是可以响应我们这个隐式 Intent 的活动，那么目前 MainSecondActivity 可以响应什么样的隐式 Intent 呢？

通过在标签下配置的内容，可以指定当前活动能够响应的 action 和 category。打开 AndroidManifest.xml，添加如下代码：

```
<activity android:name=".MainSecondActivity">
    <intent-filter>
```

```
        <action android:name="com.bkrc.activity2.START"/>
        <category android:name="android.intent.category.DEFAULT"/>
    </intent-filter>
</activity>
```

由上述代码可知，在 <action> 标签中我们指明了当前活动可以响应 com.bkrc.activity2.START 这个 action，而 <category> 标签则包含了一些附加信息，更精确地指明了当前活动能够响应的 Intent 中还可能带有的 category。只有 <action> 和 <category> 中的内容能够同时匹配上 Intent 中指定的 action 和 category 时，这个活动才能响应该 Intent。

修改 MainActivity 下的单击事件，代码如下：

```
public void startSecondActivity(View view) {
    Intent intent = new Intent("com.bkrc.activity2.START");
    startActivity(intent);
}
```

由上述代码可以看到，我们使用了 Intent 的另一个构造函数，并直接将 action 的字符串传进了函数，表明我们想要启动能够响应 com.bkrc.activity2.START 这个 action 的活动。可是，前面不是说要 <action> 和 <category> 同时匹配上才能响应的吗？没看到哪里有指定 category 啊？这是因为 android.intent.category.DEFAULT 是一种默认的 category，在调用 startActivity() 方法的时候会自动将这个 category 添加到 Intent 中。

重新运行程序，在 MainActivity 的界面单击按钮，可同样成功启动 MainSecondActivity，这次是使用了隐式 Intent 的方式来启动的，说明我们在 <activity> 标签下配置的 action 和 category 的内容已经生效了。

读者可以参考图 4-18 加深对 Intent 如何通过筛选意图来启动其他 Activity 的理解。

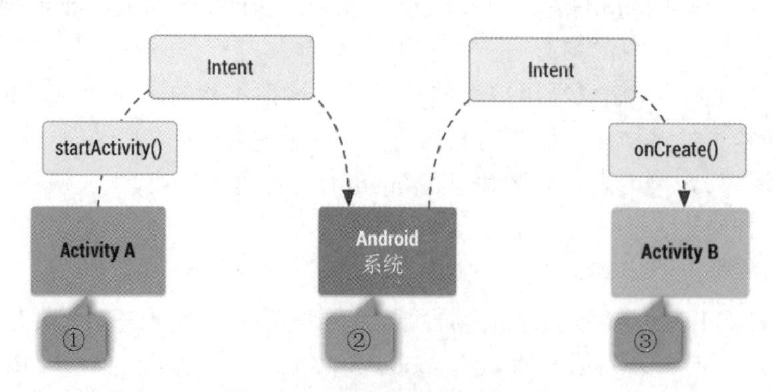

图 4-18　Intent 启动活动流程图

对图 4-18 所示的活动流程可分以下三步去理解。

（1）Activity A 创建包含描述操作的 Intent，并将其传递给 startActivity()（图中①）。

（2）Android 系统搜索所有应用中与 Intent 匹配的 Intent 过滤器（图中②）。

（3）找到匹配项之后，该系统通过调用匹配 Activity（Activity B）的 onCreate() 方法并将匹配项传递给 Intent，以此启动匹配 Activity（图中③）。

虽然隐式启动能代替显式启动，但不建议这么做，因为隐式启动不但机制复杂，并且任何程序只要筛选通过后就能访问你的活动，这对用户来说存在着很大的安全隐患，因为你无法确定究竟是外部程序调用你的活动，还是程序内部之间的正常跳转。

4.5.3　更多隐式 Intent 的用法

上一节中，我们掌握了通过隐式 Intent 来启动活动的方法，但实际上隐式 Intent 还有更多的内容需要了解，本节就来介绍一下。

使用隐式 Intent，我们不仅可以启动自己程序内的活动，还可以启动其他程序的活动，这使得 Android 多个应用程序之间的功能共享成为了可能。比如说你的应用程序中需要展示一个网页，这时你没有必要自己去实现一个浏览器功能（事实上也不太可能），而是只需要调用系统的浏览器来打开这个网页就可以了。

修改 MainActivity 中按钮单击事件的代码，如下所示。

```
public void openUri(View view) {
    Intent intent = new Intent(Intent.ACTION_VIEW);
    intent.setData(Uri.parse("http://www.baidu.com"));
    startActivity(intent);
}
```

这里我们首先指定了 Intent 的 action 是 Intent.ACTION_VIEW，这是一个 Android 系统内置的动作，其常量值为 android.intent.action.VIEW；然后，通过 Uri.parse() 方法将一个网址字符串解析成一个 URI 对象，再调用 Intent 的 setData() 方法将这个 URI 对象传递进去。

重新运行程序，在 MainActivity 界面单击按钮就可以看到打开的系统浏览器，如图 4-19 所示。

图 4-19　使用 Intent 访问浏览器

除了能够访问浏览器，Android 系统还提供了 Intent 的一些常用 action/data（动作 / 数据）示例，具体说明如下：

- ACTION_VIEW：content://contacts/people/1，显示标识符为“1”的联系人的信息。
- ACTION_DIAL：content://contacts/people/1，将标识符为“1”的联系人的号码显示在电话的拨号面板上。
- ACTION_VIEW：tel:123，将号码 123 显示在电话的拨号面板上。
- ACTION_DIAL：tel:123，将号码 123 显示在电话的拨号面板上。
- ACTION_EDIT：content://contacts/people/1，编辑标识符为“1”的联系人的信息。
- ACTION_VIEW：content://contacts/people/，显示所有联系人的列表。
- ACTION_VIEW：content://contacts/people/N，显示标识符为“N”的联系人的信息。

可根据具体的 Android 视图选择 ACTION_VIEW 或 ACTION_DIAL 来进行操作。

所有的动作和数据都是相对应的，例如我们访问网站时，就需要填入正确的 URI 字符串参数。具体应仿照 <data> 标签声明的规则来填写。在 <intent-filter> 标签中有一个 <data> 标签，用于更精确地指定当前活动能够响应什么类型的数据。<data> 标签中主要可以配置以下内容。

- android:scheme，用于指定数据的协议部分，如上例中的 http 部分。
- android:host，用于指定数据的主机名部分，如上例中的 www.baidu.com 部分。
- android:port，用于指定数据的端口部分，一般紧随在主机名之后。
- android:path，用于指定主机名和端口之后的部分，如一段网址中跟在域名之后的内容。
- android:mimeType，用于指定可以处理的数据类型，允许使用通配符的方式进行指定。

只有当 <data> 标签中指定的内容和 Intent 中携带的 data 完全一致时，当前活动才能够响应该 Intent。不过一般在 <data> 标签中都不会指定过多的内容，如上面浏览器示例中，其实只需要指定 android:scheme 为 http，就可以响应所有的 HTTP 协议的 Intent 了。

为了使读者可以更加直观地理解，我们建立一个活动，让它也能响应打开网页的 Intent 请求。创建 Activity3 项目，新建一个 Main2Activity，在 AndroidManifest.xml 中添加意图过滤器，代码如下：

```
<manifest xmlns:android="http://schemas.android.com/apk/res/android"
  xmlns:tools="http://schemas.android.com/tools"
  package="com.bkrc.activity3">

  <application
    ...>
    <activity android:name=".MainActivity">
      ...
    </activity>
    <activity android:name=".Main2Activity">
```

```
            <intent-filter>
                <action android:name="android.intent.action.VIEW" />
                <category android:name="android.intent.category.DEFAULT" />
                <data android:scheme="http"/>
            </intent-filter>
        </activity>
    </application>

</manifest>
```

在上述代码中，我们在 Main2Activity 的 <intent-filter> 中配置了当前活动能够响应的 action，android.intent.action.VIEW 代表显示数据给用户，该属性是 Intent.ACTION_VIEW 的常量值，category 为默认值。另外，在 <data> 标签中，我们通过 android:scheme 指定了数据的协议必须是 HTTP 协议，这样 Main2Activity 就应该和浏览器一样，能够响应一个打开网页的 Intent 了。让我们试着运行一下程序吧，在 MainActivity 的界面单击按钮，结果如图 4-20 所示。

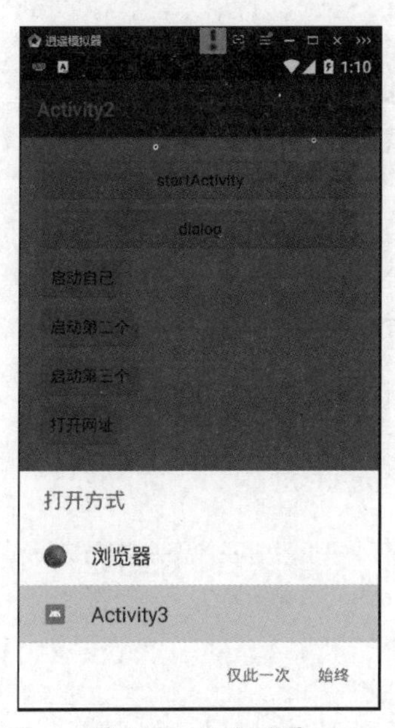

图 4-20　运行结果

由运行结果可以看到，系统自动弹出了一个列表，显示了目前能够响应这个 Intent 的所有程序。选择“浏览器”命令则会像之前一样打开浏览器，并显示百度的主页。而如果选择 Activity3 命令，则会启动 Main2Activity。图 4-20 中的“仅此一次”按钮表示只有这次使用选择的程序打开浏览器；“始终”按钮表示以后一直都使用这次选择的程序打开浏览器。需要注意的是，虽然我们声明了 Main2Activity 是可以响应打开网页的 Intent，但实际上这个活动并没有加载并显示网页的功能。

除了 HTTP 协议外，我们还可以指定很多其他协议，比如 GEO 表示显示地理位置、TEL 表示拨打电话。

4.6 Bundle 扩展

Bundle 扩展

4.6.1 Bundle 简介

在前文分析 Activity 生命周期时，我们提到过 Bundle。Bundle 能够保存键值对数据，与 Intent 保存数据是类似的。下面将通过实例进行讲解。我们将 Bundle 的使用场景分成以下三种：

（1）跨配置更改瞬时数据。

（2）活动之间传递意图。

（3）跨进程通信，例如 IPC/Binder 事务。

第一种场景一般只在异常情况下的生命周期管理中才会出现，不多做介绍。这里重点介绍第二种。还记得我们使用 Intent 启动 Activity 时是如何传输数据的吗？是在 Intent 实例化成功后，调用 putExtra() 方法以键值对形式保存数据，代码如下：

```
Intent intent = new Intent();
intent.putExtra("name","bkrc");
```

其实 Intent 传递时也可以通过 Bundle 形式的数据进行，比如像下面这样改动上述代码。

```
Intent intent = new Intent();
Bundle bundle = new Bundle();
bundle.putString("name","bkrc");
intent.putExtras(bundle);
```

那么问题来了，Intent 本身就可以传递参数（Intent.putExtra("key", value)），为何还要用 Bundle 呢？其实我们通过源码不难发现，两者本身就是同源。以下是 Intent.putExtra() 方法的源码。

```
public @NonNull Intent putExtra(String name, String value) {
    if (mExtras == null) {
        mExtras = new Bundle();
    }
    mExtras.putString(name, value);
    return this;
}
```

从上述代码可以看到，在 putExtra() 方法内部，Intent 也是通过 Bundle 来存储键值对的。用 putExtra() 方法能缩短我们的代码量，用 Bundle 来存储键值对则相对比较原始了。当然，Bundle 的应用场景还是有的，例如，从 A 界面跳转到 B 界面，如果要传输 5 条数据，利用 Intent 就要写 5 遍添加值方法，而 Bundle 只需要添加一次就够了，并且 Bundle 除了能传递基本数据类型（int、char、String 等），还可以传输对象。你可能觉得这有些牵强，好像代码变得更复杂了，下面这个例子可以给出解释：当数据从 A 界面传递到 B 界面再传给 C 界面时，用 Intent 就要在 B 界面中先取出 A 的数据将数据传入 Intent 中，再传递到 C 界面；而如果使用 Bundle，则把 Bundle 传给 B，B 再传到 C，C 直接从 Bundle 中取值，是不是方便多了呢！

第三种跨进程通信有些复杂。能跨进程通信的方法有很多种（利用 Bundle 传输数据只是其中的一种），但是有一个条件是必须满足的，那就是序列化。只有满足序列化的要求，才能进行跨进程通信。何为序列化？我们将在下一节进行介绍。

4.6.2 序列化简介

序列化是指把 Java 对象转换为字节序列并存储到一个存储媒介的过程；把字节序列恢复为 Java 对象的过程则称为反序列化。

获取 Java 对象的一个前提是 JVM 在运行。而序列化操作则是把 Java 对象信息保存到存储媒介，这样就可以在上述无法获取 Java 对象的情况下仍然可以使用 Java 对象。

可以把序列化的使用场景分为以下三种。

（1）永久性保存对象，将对象的字节序列保存到本地文件中。

（2）通过序列化在网络中传递对象。

（3）通过序列化在进程间传递对象。

Bundle 之所以能够传递对象，是因为它内部实现了 Parcelable 序列化的接口。Parcelable 是 Android 系统提供的序列化接口，当然 Java 本身也有序列化接口 Serializable。但两者的性能有着天壤之别。差异有多大，有人做了一个性能测试，测试结果如图 4-21 所示。

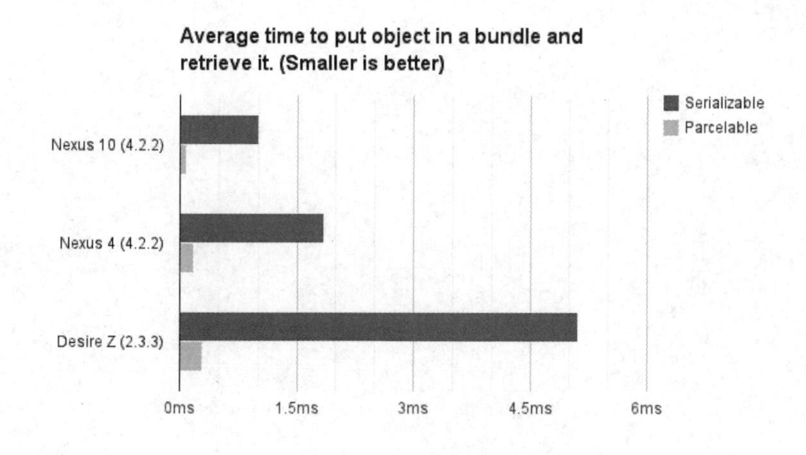

图 4-21 性能测试结果

差异分析如下：

Nexus 10——Serializable 为 1.0004ms，Parcelable 为 0.0850ms，提升 10.16 倍。

Nexus 4——Serializable 为 1.8539ms，Parcelable 为 0.1824ms，提升 11.80 倍。

Desire Z——Serializable 为 5.1224ms，Parcelable 为 0.2938ms，提升 17.36 倍。

由此可以得出：Parcelable 的性能比 Serializable 的性能提升超过了 10 倍（这里我们只涉及数据传递效率的对比，不讨论数据在读写效率上面的差异）。

当然，我们不认为 Bundle 内部序列化仅仅只是封装一个传递对象这么简单。观察 Bundle 父类 BaseBundle 的内部之后，可以发现其本质是 ArrayMap。BaseBundle 源码如下：

```
// Invariant - exactly one of mMap / mParcelledData will be null
// (except inside a call to unparcel)

ArrayMap<String, Object> mMap = null;
```

为什么使用 ArrayMap 而不使用 HashMap 呢？这跟两者的内部实现的方式有很大关系。ArrayMap 的内部实现是两个数组，一个 int 数组是存储对象数据对应的下标，一个对象数组保存 key 和 value，内部使用二分法对 key 进行排序，所以在添加、删除、查找数据的时候，都会使用二分法查找。此方法只适合小数据量操作，在数据量比较大的情况下，它的性能将退化。而 HashMap 内部则是“数组 + 链表”结构，所以在数据量较少的时候，HashMap 的 EntryArray 比 ArrayMap 占用更多的内存。

最后，我们总结一下，在数据量很小的情况下，使用 Bundle 传递数据可以保证有更快的速度和占用更少的系统内存。

第 5 章
沟通和分布合作——消息处理机制与异步任务

熟悉 Java 的读者对多线程一定不会陌生。当我们需要执行一些耗时的操作，比如说发送一条网络请求，考虑到网速等其他原因，服务器未必能立即响应。如果我们不将该操作放置在子线程工作，那么势必会阻塞主线程。对 Android 系统，如果某个程序在主线程中长时间（5 秒以上）工作，系统会向用户显示一个对话框，这个对话框称作应用程序无响应（Application Not Responding，ANR）对话框。用户可以选择“等待”而让程序继续运行，也可以选择“强制关闭”结束应用程序。所以，一个流畅的、合理的应用程序中不能出现 ANR。

5.1 Android 多线程编程

Android 多线程编程

Android 系统中的多线程编程与 Java 类似，用的是类似的语法。例如，定义一个线程只需新建一个类继承自 Thread，然后重写其父类的 run() 方法，并在里面写耗时代码即可，代码如下：

```
class MyThread extends Thread {
   @Override
   public void run() {
      // 处理逻辑
   }
}
```

那么如何启动线程呢？其实也很简单，只需要用 new 创建出 Thread 的实例，然后调用它的 start() 方法就能启动子线程了，代码如下：

```
new MyThread().start();
```

这种单继承的方法耦合性比较高。还有一种方法是，采用实现 Runnable 接口的方式来定义一个子线程，代码如下：

```
class MyThread implements Runnable {
   @Override
   public void run() {
      // 处理逻辑
   }
}
```

当然，我们要修改启动的方法，代码如下：

```
new Thread(new MyThread()).start();
```

由以上代码可以看到，Thread 函数接收一个 Runnable 参数，而我们的 MyThread 实现了该接口，所以可以直接传进 Thread 构造函数里。接着调用 Thread 的 start() 方法，这样 run() 方法代码就可以在子线程中运行了。

通常情况下采用实现 Runnable 接口的方法，因为该方法有下述两个优点：第一，可以避免单继承的局限，一个类可以继承多个接口；第二，可以做到不同线程间的代码复用，解耦性强。

以上的线程用法相信大部分读者不会陌生，因为在 Java 中创建和启动线程也是用同样的方式。在了解了线程的基本用法后，接下来我们来了解 Android 的多线程编程。

5.2 消息处理机制

Handler 消息处理机制

5.2.1 Handler 的使用

Handler 是 Android 系统提供的用来更新 UI 的一套机制，也是一套消息处理机制。和许多其他的 GUI 库一样，Android 的 UI 线程也是不安全的。也是就说，如果想要更新程序里的 UI 元素，必须在主线程中进行，否则会报异常。

下面我们根据前面所讲的多线程内容举例说明。首先我们创建一个按钮，布局代码如下：

```
<LinearLayout xmlns:android="http://schemas.android.com/apk/res/android"
  xmlns:tools="http://schemas.android.com/tools"
  android:layout_width="match_parent"
  android:layout_height="match_parent"
  android:gravity="center"
  tools:context="com.bkrc.threads.HandlerActivity">

  <Button
    android:text=" 点我更新 "
    android:onClick="onClick"
    android:layout_width="wrap_content"
    android:layout_height="wrap_content" />
</LinearLayout>
```

然后设置监听，改变 Button 中的文本内容，代码如下：

```
public void onClick(final View view) {
  new Thread(new Runnable() {
    @Override
    public void run() {
      ((Button)view).setText(" 我已更新 ");
    }
  }).start();
}
```

由上述代码可以看到，我们在单击事件中开启了一个子线程，然后通过 .setText() 方法改变文本内容，代码很简单。但上述更新是在子线程中进行的，所以应该会报异常。重新运行程序便会发现果然报异常。报错及错误信息界面分别如图 5-1 和图 5-2 所示。

图 5-1 运行报错

```
ntime: FATAL EXCEPTION: Thread-126
    android.view.ViewRootImpl$CalledFromWrongThreadException: Only the origina
        at android.view.ViewRootImpl.checkThread(ViewRootImpl.java:4770)
        at android.view.ViewRootImpl.requestLayout(ViewRootImpl.java:847)
        at android.view.View.requestLayout(View.java:15473)
        at android.view.View.requestLayout(View.java:15473)
        at android.view.View.requestLayout(View.java:15473)
        at android.view.View.requestLayout(View.java:15473)
```

图 5-2　错误信息

这个异常的意思就是我们在子线程中更新了 UI。这说明 UI 确实不能在子线程中进行更新。那么问题来了，如果我们必须将耗时任务放在子线程中进行，并且又需要显示中间执行的过程，这时该怎么办呢？

针对这种情况，Android 系统提供了一套异步消息处理机制，完美地解决了在子线程中进行 UI 操作的问题。我们先来学习如何使用该方法，其原理将在下节中进行讲解。

修改 HandlerActivity 代码，如下所示：

```
public class HandlerActivity extends AppCompatActivity {

    Button btn1;
    @SuppressLint("HandlerLeak")
    private Handler handler = new Handler(){
        @Override
        public void handleMessage(Message msg) {
            super.handleMessage(msg);
            btn1.setText(" 我已更新 ");
        }
    };
    @Override
    protected void onCreate(Bundle savedInstanceState) {
        super.onCreate(savedInstanceState);
        setContentView(R.layout.activity_handler);
        btn1 = (Button) findViewById(R.id.btn1);
        btn1.setOnClickListener(new View.OnClickListener() {
            @Override
            public void onClick(View view) {
                new Thread(new Runnable() {
                    @Override
                    public void run() {
                        handler.sendEmptyMessage(1);
                    }
                }).start();
            }
        });
    }
}
```

在上述代码里我们修改了单击事件触发方式，然后定义一个 Handler 对象，重写其父类的 handleMessage() 方法，在该方法里更新我们的 UI。注意这个 handleMessage() 方法必须在主线程中运行。

从单击事件里的代码可以看到，我们并没有在子线程中直接进行 UI 操作，而是通过 .sendEmptyMessage() 方法将信息传递至 handler 中进行 UI 更新。通过这种方式，我们就可以顺利地对 UI 进行更新了。

重新运行程序，运行结果如图 5-3 所示，可以看到程序没有再报错。

图 5-3 运行结果

如果我们有两个或两个以上的 UI 要进行更新，此时该如何处理呢？思路是一样的，即在 handler 中进行更新，不过这时我们需要一个标识来区分两个不同的 UI。

再增加一个 Button，修改 HandlerActivity 代码，如下所示：

```
btn2 = (Button) findViewById(R.id.btn2);
btn2.setOnClickListener(new View.OnClickListener() {
    @Override
    public void onClick(View view) {
        new Thread(new Runnable() {
            @Override
            public void run() {
                Message msg = new Message();
                msg.what = 2;
                handler.sendMessage(msg);
            }
        }).start();
    }
});
```

可以看到，我们原先是通过 .sendEmptyMessage() 发送消息的，现在为了区分消息是哪个控件发出的，我们通过创建 Message 对象并设置其标识来区分消息，然后通过 .sendMessage(msg) 发送消息。同样，在 handler 的接收端也需要对代码进行修改，代码如下：

```
private Handler handler = new Handler(){
    @Override
    public void handleMessage(Message msg) {
        super.handleMessage(msg);
        if (msg.what == 1)
            btn1.setText(" 我已更新 ");
```

```
        else
            btn2.setText(" 我就不更新 ");
    }
};
```

由以上代码可以看到，我们从 handlerMessage() 传递过来的 Message 参数中取出标识，根据对应的标识进行相应的处理。具体效果如图 5-4 所示。

图 5-4　运行结果

这样我们就掌握了 Android 处理异步消息的基本方法。使用这种机制就可以完美地避开子线程更新 UI 的问题。下面我们来分析 Handler 消息处理机制到底是如何工作的。

5.2.2　消息处理机制原理解析

Android 中的消息处理主要由 4 个部分组成：Message、Handler、MessageQueue 和 Looper。我们已经在上一小节中接触过 Message 和 Handler。MessageQueue 和 Looper 是全新的概念。下面对这 4 个部分进行简要介绍。

1. Message

Message 是在线程之间传递的消息，它可以携带少量的信息［常用数据载体有 what(int)、arg1(int)、arg2(int) 和 object(Object)］，用于在不同线程之间交换数据。上一小节中我们用到了 Message 的 what 字段，除此之外还可以使用 argl 和 arg2 字段携带整型数据，使用 obj 字段携带一个 Object 对象。

2. Handler

顾名思义，Handler 就是处理者的意思，它主要用于发送和处理消息。发送消息一般是使用 Handler 的 sendMessage() 方法，而发出的消息经过一系列的辗转处理后，最终会传递到 Handler 的 handleMessage() 方法中。

3. MessageQueue

MessageQueue 是消息队列的意思，它主要用于存放所有通过 Handler 发送的消息。这部分消息会一直存在于消息队列中，直到被处理。每个线程中只会有一个 MessageQueue 对象。

4. Looper

Looper 是每个线程中的 MessageQueue 的管家。调用 Looper 的 Loop() 方法后，程序就会进入一个无限循环当中，每当发现 MessageQueue 中存在一条消息时，就会将该消息取出，并将其传递到 Handler 的 handleMessage() 方法中。每个线程中只会有一个 Looper 对象。

在了解了 Message、Handler、MessageQueue 以及 Looper 的基本概念后，我们再来把 Handler 处理的整个流程梳理一遍。首先需要在主线程当中创建一个 Handler 对象，并重写 handleMessage() 方法；然后当子线程中需要进行 UI 操作时，就创建一个 Message 对象，并通过 Handler 将这条消息发送出去；之后这条消息会被添加到 MessageQueue 的队列中等待被处理，而 Looper 则会一直尝试从 MessageQueue 中取出待处理的消息；最后将消息分发回 Handler 的 handleMessage() 方法中，由于 Handler 是在主线程中创建的，所以此时 handleMessage() 方法中的代码也会在主线程中运行，于是我们就可以在这里安心地进行 UI 操作了。整个消息处理机制的流程示意图如图 5-5 所示。

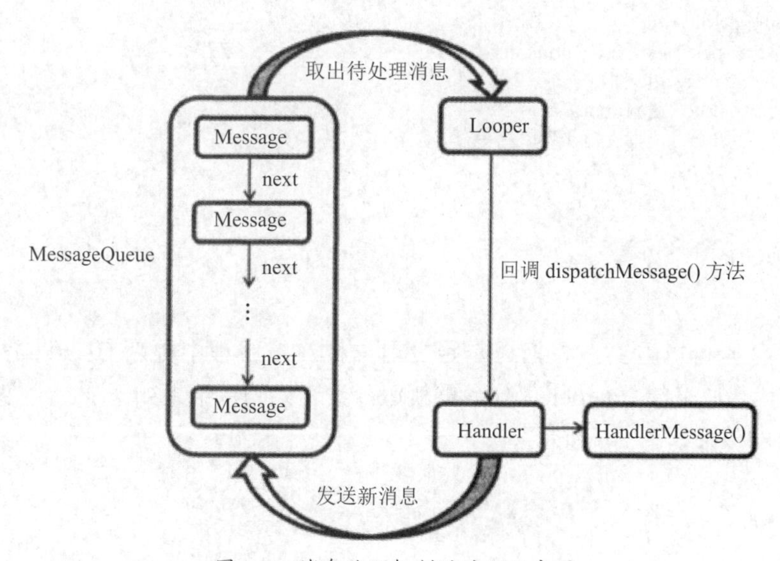

图 5-5　消息处理机制的流程示意图

一条 Message 经过这样一个流程的调用以后，也就从子线程进入了主线程，从不能更新 UI 到可以更新 UI，整个 Handler 消息处理的本质就是如此。

5.2.3　更新 UI 的其他方法

我们还应该掌握一些更高效的更新 UI 的方法（当然这些方法的本质还是 Handler 消息处理机制，并在此基础上进行封装）。下面我们介绍两个比较常用的方法。

1. View.post(Runnable)

在 View.post(Runnable action) 方法里，View 获得当前线程（即 UI 线程）的 Handler，然后将 action 对象传递到 Handler 里。在 Handler 里，通过 getPostMessage(Runnable r) 方法将 action 包装成 Message，然后将其投入 UI 线程的消息队列中。在 Handler 再次处理该 Message 时（有一条分支就是为它所设），直接调用 Runnable 的 run 方法。此时，已经路由到 UI 线程里，因此，我们可以毫无顾虑地来更新 UI。下面举个实例进行证实。首先修改布局：

```
<Button
  android:id="@+id/btn_post"
  android:text="View.post(Runnable)"
```

```
    android:textAllCaps="false"
    android:layout_width="match_parent"
    android:layout_height="wrap_content" />
```

然后修改 OtherHandlerActivity 注册单击事件，关键代码如下：

```
btn_post = (Button) findViewById(R.id.btn_post);
btn_post.setOnClickListener(new View.OnClickListener() {
    @Override
    public void onClick(View view) {
        new Thread(new Runnable() {
            @Override
            public void run() {
                btn_post.post(new Runnable() {
                    @Override
                    public void run() {
                        btn_post.setText(" 我已更新 ");
                    }
                });
            }
        }).start();
    }
});
```

由上述代码可以看到，我们还是跟之前一样在子线程中更新 UI，只是这里利用 .post() 方法代替原来的 Handler 部分。重新运行上述代码，结果如下：

单击前的效果如图 5-6 所示。

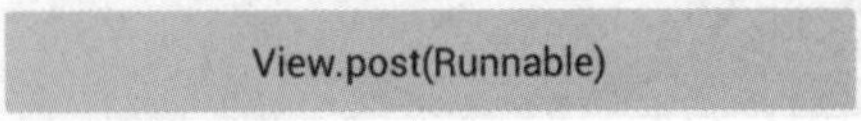

View.post(Runnable)

图 5-6　单击前的效果

单击后的效果如图 5-7 所示。

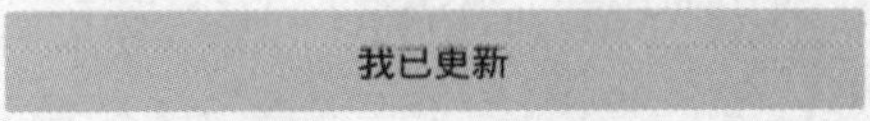

我已更新

图 5-7　单击后的效果

可以看到，在进行单击操作之后，程序成功在子线程中更新了 UI，相较于 Handler，代码显得简洁明了。这里值得一提的是，.post() 方法与 Handler 一样都具有延时发送函数。我们需将 .post() 方法改成 .postDelayed() 方法，具体代码如下：

```
btn_postDelay = (Button) findViewById(R.id.btn_postDelay);
btn_postDelay.setOnClickListener(new View.OnClickListener() {
    @Override
    public void onClick(View view) {
        new Thread(new Runnable() {
            @Override
            public void run() {
                btn_postDelay.postDelayed(new Runnable() {
                    @Override
                    public void run() {
                        btn_postDelay.setText(" 我已更新 ");
```

```
                }
            },1000);
        }
    }).start();
  }
});
```

由上述代码上可以看出，.postDelayed() 方法多了一个延时参数，在这里我们设置该延时参数为 1s，那么当我们单击按钮 1s 之后，按钮才会更新。对于处理一个长按事件这是非常好的方法。

2. Activity.runOnUIThread(Runnable)

Activity.runOnUIThread(Runnable) 方法把更新 UI 的代码创建在 Runnable 中，在需要更新 UI 时，把这个 Runnable 对象传给 Activity.runOnUIThread(Runnable)，这样 Runnable 对象就能在更新 UI 的程序中被调用。但不同的是，如果判断到当前线程是 UI 线程，那么将立即执行行动；如果当前线程不是 UI 线程，才使用 Handler 消息传递机制。相应地修改 OtherHandlerActivity 单击事件，具体代码如下：

```
btn_runOnUIThread = (Button) findViewById(R.id.btn_runOnUIThread);
btn_runOnUIThread.setOnClickListener(new View.OnClickListener() {
  @Override
  public void onClick(View view) {
    new Thread(new Runnable(){
      @Override
      public void run() {
        runOnUIThread(new Runnable() {
          @Override
          public void run() {
            btn_runOnUIThread.setText(" 我已更新 ");
          }
        });
      }
    }).start();
  }
});
```

可以看到，Activity 自带 runOnUIThread() 方法，不需要重新定义。我们只需传入 Runnable 在 UI 线程中的具体实现即可，使用方便。上述代码的运行效果如下：

单击前效果如图 5-8 所示。

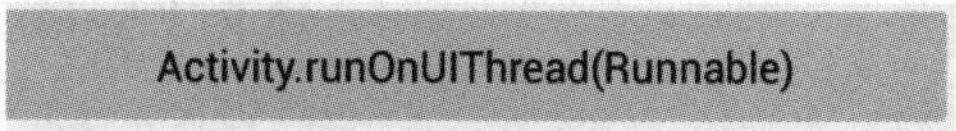

Activity.runOnUIThread(Runnable)

图 5-8 单击前按钮显示文本

单击后效果如图 5-9 所示。

我已更新

图 5-9 单击后按钮显示文本

5.3 异步任务（AsyncTask）

5.3.1 AsyncTask 简介

Android 从 1.5 版本开始引入了 AsyncTask 类。AsyncTask 的内部使用 Java 1.5 的并发库，这比普通的初级 Android 开发者编写的 Thread+Handler 稳定得多。

AsyncTask 封装了 Thread 和 Handler，我们不用去关注 Handler，使用起来更加方便。很多情况下，在后台线程做完一件事后，我们一般都会更新 UI，但后台线程不能更新 UI，这种情况下我们一般会这样做：在 UI 线程中创建一个 Handler 对象，在后台线程中发送一条 message，再在 Handler 中去处理这个 message，进而更新 UI。

用了 AsyncTask 后，我们就不用再去关注 Handler 了。AsyncTask 定义了 3 种泛型，分别是 Params、Progress 和 Result，分别表示请求的参数、任务的进度和获得的结果数据。

5.3.2 AsyncTask 实现原理

1. 线程池的创建

在创建 AsyncTask 的时候，系统会默认创建一个线程池 ThreadPoolExecutor，并默认创建出 5 个线程放入线程池中。这个线程池最多可放 128 个线程。

2. 任务的执行

在 execute 中会执行 run 方法。执行完 run 方法后，会调用 scheduleNext() 不断地从双端队列中进行轮询，获取下一个任务并继续将其放到一个子线程中执行，直到异步任务执行完毕。

3. 消息的处理

执行完 onPreExecute() 方法之后，便执行 doInBackground() 方法，然后不断地发送请求获取数据。在这个 AsyncTask 中维护了一个 InternalHandler 的类，这个类是继承自 Handler 的，获取的数据是通过 Handler 进行处理和发送的。在 handleMessage 方法中，将消息传递给 onProgressUpdate() 进行进度的更新，这样就可以将结果发送到主线程中，进行界面的更新了。下面是部分源代码（DownloadTask.java 文件）。

```
/*
  * 第一个执行的方法
  * 执行时机：在执行实际的后台操作前，被 UI 线程调用
  * 作用：可以在该方法中做一些准备工作，如在界面上显示一个进度条，或者一些控件的
    实例化，这个方法可以不用实现
  * @see android.os.AsyncTask#onPreExecute()
  */
@Override
protected void onPreExecute() {
```

```
    Log.d("1","11111");
    super.onPreExecute();
}
/*
  * 执行时机：在 doInBackground 执行完成后，将被 UI 线程调用
  * 作用：后台的计算结果将通过该方法传递到 UI 线程，并且在界面上展示给用户
  * 结果：上面 doInBackground 执行后的返回值，这里是“执行完毕”
  * @see android.os.AsyncTask#onPostExecute(java.lang.Object)
  */
@Override
protected void onPostExecute(String s) {
      Log.d("11", "3333333333");
        super.onPostExecute(s);
      }
      /*
      * 执行时机：这个函数在 doInBackground 调用 publishProgress 时被调用，UI 线程将调用
        这个方法。虽然此方法只有一个参数，但此参数是一个数组，可以用 values[i] 来调用
      * 作用：在界面上展示任务的进展情况，例如通过一个进度条进行展示。此实例中，该
        方法会被执行 100 次
      * @see android.os.AsyncTask#onProgressUpdate(Progress[])
      */
@Override
    protected void onProgressUpdate(Integer... values) {
      Log.d("sn", "2222222222");
      mTextView.setText(values[0]+"%");
      super.onProgressUpdate(values);
    }
    /*
      * 执行时机：在 onPreExecute 方法执行后马上执行，该方法运行在后台线程中
      * 作用：主要负责执行那些很耗时的后台处理工作。可以调用 publishProgress 方法来更新
        实时的任务进度。该方法是抽象方法，子类必须实现
      * @see android.os.AsyncTask#doInBackground(Params[])
      */
    @Override
    protected String doInBackground(Integer... integers) {
      Log.d("sn", "1111111");
      for(int i=0;i<=100;i++){
        mProgressBar.setProgress(i);
        publishProgress(i);
        try {
        Thread.sleep(integers[0]);
      } catch (InterruptedException e) {
        // TODO Auto-generated catch block
        e.printStackTrace();
      }
    }
    return " 执行完毕 ";
}
```

每个函数的说明见代码内的注释部分。

SecondActivity.Java 文件的代码如下：

```
private void initView() {
    // TODO Auto-generated method stub
    tv=(TextView)findViewById(R.id.tv);
    pb=(ProgressBar)findViewById(R.id.pb);
    download=(Button)findViewById(R.id.download);
    download.setOnClickListener(new View.OnClickListener() {
        @Override
        public void onClick(View v) {
            // TODO Auto-generated method stub
            DownloadTask dt=new DownloadTask(SecondActivity.this,pb,tv);
            dt.execute(100);
        }
    });
}
```

上述代码主要是实现 DownloadTask 类，运行结果如图 5-10 所示。可以看到该程序是一个仿下载的过程。

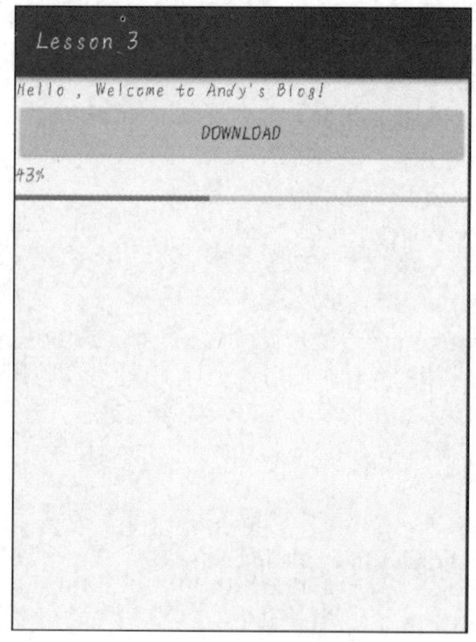

图 5-10 运行结果

第 6 章
全局大喇叭——广播机制

6.1 广播机制简介

6.1.1 广播简介

程序来源于生活，程序中的所有模型都可以从生活中找到对应的模型。广播是什么？可以从生活中的广播电台和收音机的角度来理解。打开收音机，将其调到与广播电台一致的频率，便可收听喜欢的节目。广播机制示意图如图 6-1 所示。

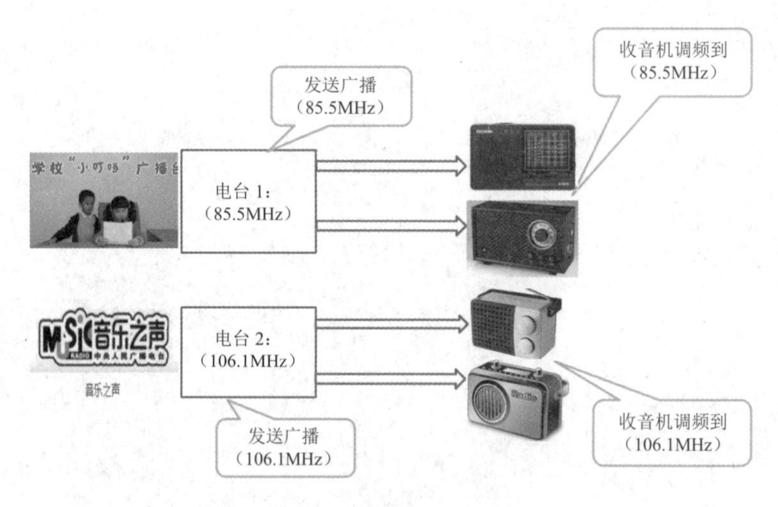

图 6-1　广播机制示意图

类似的工作机制在计算机领域也有很广泛的应用。如果读者了解网络通信原理就应该知道，在一个 IP 网络范围中，最大的 IP 地址是被保留作为广播地址来使用的。比如某个网络的 IP 范围是 192.168.0.XXX，子网掩码是 255.255.255.0，那么这个网络的广播地址就是 192.168.0.255。广播数据包会被发送到同一网络上的所有端口，这样在该网络中的每台主机都将会收到这条广播。

为了便于进行系统级别的消息通知，Android 也引入了一套类似的广播消息处理机制。接下来我们就对广播机制进行详细介绍。

6.1.2 广播的原理

广播是 Android 提供的跨进程间通信的手段之一。第 5 章的 Handler 通信更多地是被用于线程间通信。相较于其他跨进程间通信，广播机制更为灵活，为什么会更为灵活呢？这是因为 Android 中的每个应用程序都可以只对自己感兴趣的广播注册 Receiver，这样该程序就只会接收到自己所关心的广播内容，该内容只有在特定事件发生时才发送。我们注册的广播可以是来自系统的，也可以是来自其他应用程序的。Android 中的广播使用了设计模式中的观察者模式——基于消息的发布 / 订阅事件模型。因此，Android 将广播的发送者和接收者解耦，使得系统方便集成，更易扩展。图 6-2 为广播机制原理示意图。

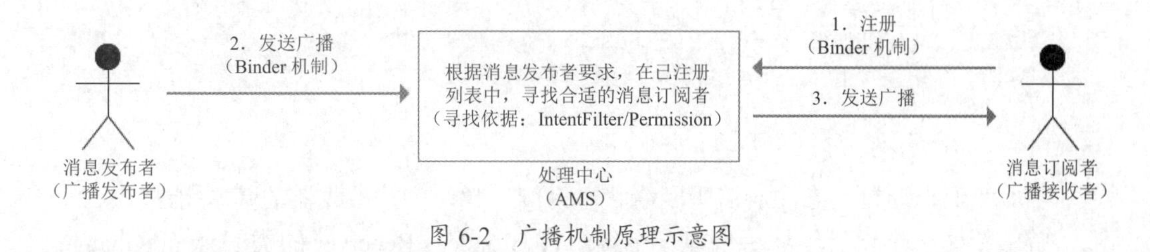

图 6-2　广播机制原理示意图

首先，该模型有三个角色，分别是：

- 消息订阅者（广播接收者）。
- 消息发布者（广播发布者）。
- 消息中心（Activity Manager Service，AMS）。

以下是对整个广播机制流程的解释。

（1）广播接收者通过 Binder 机制在 AMS 注册。

（2）广播发送者通过 Binder 机制向 AMS 发送广播。

（3）AMS 根据广播发送者要求，在注册列表中寻找合适的广播接收者（寻找依据：IntentFilter / Permission）。

（4）AMS 将广播发送到合适的广播接收者相应的消息循环队列中。

（5）广播接收者通过消息循环收到此广播，并回调 onReceive()。

6.2 广播接收器（BroadcastReceiver）

Android 系统内置了很多系统级别的广播，我们可以在应用程序中通过监听这些广播得到系统的各种状态信息。比如手机开机完成后会发出一条广播，电池的电量发生变化会发出一条广播，时间或时区发生改变也会发出一条广播等。如果想要接收到这些广播，就需要使用广播接收器。下面我们来了解广播接收器的具体用法。

6.2.1　广播接收器的创建

广播接收器可以自由地对自己感兴趣的广播进行注册，这样当有相应的广播发出时，广播接收器就能够收到该广播，并在内部进行相应的处理。例如，应用程序可以初始化广播来让其他的应用程序知道一些数据已经被下载到设备，这些数据可以被应用程序所用，这样广播接收器可以定义适当的动作来拦截这些信息。

有以下两个重要步骤来使系统的广播配合广播接收器工作：①创建广播接收器；②注册广播接收器（分静态注册和动态注册）。

那么如何创建广播接收器呢？使用 BroadcastReceiver 组件接收广播消息比较简单，开发者只要实现自己的 BroadcastReceiver 子类，并重写 onReceive(Context context,

Intent intent) 方法即可。代码如下：

```
public class MyBroadcastReceiver extends BroadcastReceiver{
        public void onReceive(Context context, Intent intent){
         // 处理广播
        }
}
```

6.2.2 广播接收器的动态注册

下面我们以通过动态注册监听网络状态为例，学习广播接收器的基本用法。

首先新建一个项目，然后创建一个继承自 BroadcastReceiver 的类 NetworkChange-Receiver，并重写 onReceive(Context context,Intent intent) 方法。代码如下：

```
public class NetworkChangeReceiver extends BroadcastReceiver {
  @Override
  public void onReceive(Context context, Intent intent) {
    //connectivityManger 是一个系统服务类，专门用于管理网络连接
    ConnectivityManager connectivityManager = (ConnectivityManager) context.
        getSystemService(Context.CONNECTIVITY_SERVICE);
    NetworkInfo networkInfo = connectivityManager.getActiveNetworkInfo();
    // 调用 NetworkInfo 的 isAvailable() 方法判断是否联网
    if(networkInfo != null && networkInfo.isAvailable()){
      Toast.makeText(context," 网络已连接 ",Toast.LENGTH_SHORT).show();
    }else{
      Toast.makeText(context," 网络不可用 ",Toast.LENGTH_SHORT).show();
    }
  }
}
```

在 onReceive() 方法中，首先通过 getSystemService() 方法得到了 ConnectivityManager 的实例，这是一个系统服务类，专门用于管理网络的联接；然后调用 ConnectivityManager 实例的 getActiveNetworkInfo() 方法得到 NetworkInfo 的实例；接着调用 NetworkInfo 的 isAvailable() 方法，判断出当前是否可以联接到网络；最后我们通过 Toast 的方式对用户进行提示。

下面我们创建两个分别用来注册和解除注册的按钮，并修改 SysBroadcastReceiver-Activity 的代码。代码如下：

```
public class SysBroadcastReceiverActivity extends AppCompatActivity {

  private IntentFilter intentFilter;
  private NetworkChangeReceiver networkChangeReceiver;
  ...
  public void registerReceiver(View view) {
    intentFilter = new IntentFilter();
    intentFilter.addAction("android.net.conn.CONNECTIVITY_CHANGE");
    networkChangeReceiver = new NetworkChangeReceiver();
    registerReceiver(networkChangeReceiver, intentFilter);
  }
```

```
        public void unregisterReceiver(View view) {
            unregisterReceiver(networkChangeReceiver);
        }
    }
```

由上述代码可以看到，首先我们创建了一个 IntentFilter 的实例，并给它添加了一个值为 android.net.conn.CONNECTIVITY_CHANGE 的 action。为什么要添加这个 action 呢？因为当网络状态发生变化时，系统发出的正是一条值为 CONNECTIVITY_CHANGE 的广播。也就是说，我们的广播接收器对什么广播感兴趣，就在这里添加相应的 action。接下来创建了一个 NetworkChangeReceiver 的实例，然后调用 registerReceiver() 方法进行注册，将 NetworkChangeReceiver 的实例和 IntentFilter 的实例都传了进去，这样 NetworkChangeReceiver 就会收到所有值为 CONNECTIVITY_CHANGE 的广播，也就实现了监听网络状态变化的功能。

另外，这里有非常重要的一点需要说明，Android 系统为了保护用户设备的安全和隐私，做了下述严格的规定：如果程序需要进行一些对用户来说比较敏感的操作，就必须在配置文件中声明权限，否则程序将会直接崩溃。比如，访问系统的网络状态就需要声明权限。打开 AndroidManifest.xml 文件，在里面加入如下声明权限的语句就可以访问系统的网络状态了。

```
<manifest xmlns:android="http://schemas.android.com/apk/res/android"
    package="com.bkrc.broadcastreceiver">

    <uses-permission android:name="android.permission.ACCESS_NETWORK_STATE" />
    ...
</manifest>
```

这是我们第一次涉及权限的问题。其实 Android 中有许多操作都是需要声明权限才可以进行的，后面我们还会使用新的权限。上述这个访问系统网络状态的权限是比较简单的，只需要在 AndroidManifest.xml 文件中进行声明就可以了。Android 6.0 系统中引入了更加严格的运行时权限，从而能够更好地保护用户设备的安全和隐私。

我们来运行本节所述的这个程序，单击“动态注册监听网络状态”按钮之后，打开下拉通知栏，单击 WLAN 图标控制网络开关，从运行结果（图 6-3）中我们可以看到，每改变一次状态，吐司都会提示我们当前的状态发生了改变，并把当前的状态告诉我们。图 6-4 为显示效果图。

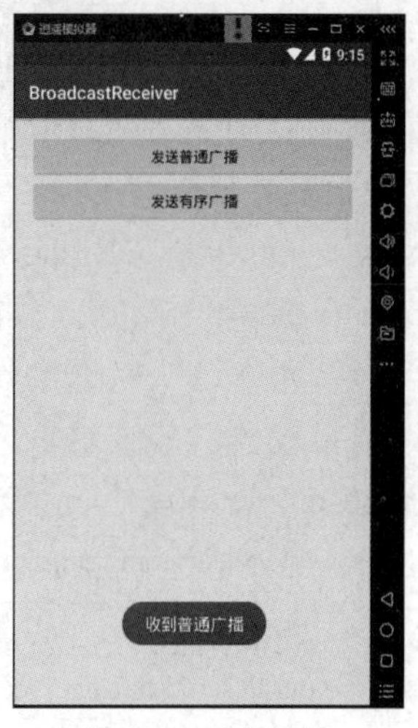

图 6-3　运行结果

有注册就有解注册。当我们不需要广播的时候解除注册即可。解除注册的一个方便、直接的方法是使用 unregisterReceiver() 方法。

这里要强调一点，在正常的实际开发中，注册和解注册通常不会像我们上述示例那样以按钮的形式实现，而是随着 Activity 的启动和退出而自动注册和解注册。那么我们如何通过与 Activity 交互来实现自动的注册和解注册呢？在前面的 Activity 生命周期内容中我们讲过，onCreate()、 onResume()、onStart()、onStop()、onDestroy() 这五个 Activity 生命周期方法以从前到后的顺序依次进行。人们通常的想法是，应该一开始就进行注册，但请读者注意，onCreate() 基本上只用于界面 UI 的初始化，而我们的广播注册不涉及界面，所以注册操作实际是放在 onResume() 方法中的。同理，onDestroy() 方法代表界面已经被销毁了，所以我们应在界面被挂起，也就是在调用 onStop() 方法的时候进行解注册。

（a）关闭网络

（b）打开网络

图 6-4 运行结果

6.2.3 广播接收器的静态注册

动态注册广播接收器可以自由地控制注册与注销，在灵活性方面有很大优势，但是它也存在一个缺点，即必须要在程序启动之后才能接收到广播，因为注册的逻辑是写在 onResume() 方法中的。而静态注册可以让程序在未启动的情况下就能接收到广播。我们这里使用静态注册实现开机启动。

接下来我们就让程序接收一条开机广播，当收到这条广播时就可以在 onReceive() 方法里执行相应的逻辑，从而实现开机启动的功能。可以使用 Android Studio 提供的快捷方式来创建一个广播接收器。右击 com.bkrc.broadcastreceiver 包，选择 New → Other →“Broadcast Receiver”命令，系统会弹出如图 6-5 所示的对话框。

在图 6-5 中，我们将广播接收器命名为 BootCompleteReceiver，Exported 属性表示是否允许这个广播接收器接收本程序以外的广播，Enabled 属性表示是否启用这个广播接收器，勾选这两个属性相应的复选框，单击 Finish 按钮完成创建。然后修改 BootCompleteReceiver 的代码，如下所示：

```
public class BootCompleteReceiver extends BroadcastReceiver {

    @Override
    public void onReceive(Context context, Intent intent) {
        Toast.makeText(context, "Hello Android!!!", Toast.LENGTH_LONG).show();
```

```
    }
}
```

代码很简单，其功能是实现在收到广播后弹出一段吐司。

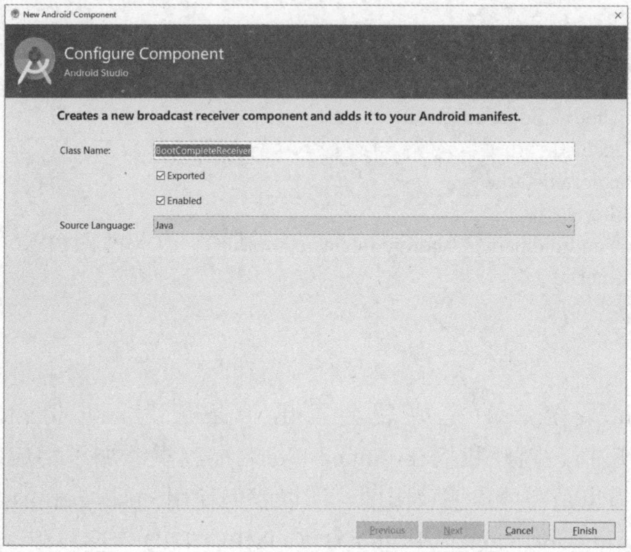

图 6-5 创建广播接收器对话框

另外，虽然广播的静态注册是要在 AndroidManifest.xml 中声明信息的，但因为我们是通过 Android Studio 自动创建的广播接收器，所以 Android Studio 已经自动完成注册声明了。关键代码如下：

```
<manifest xmlns:android="http://schemas.android.com/apk/res/android"
    package="com.bkrc.broadcastreceiver">

    <uses-permission android:name="android.permission.ACCESS_NETWORK_STATE" />

    <application
      ...>
        <receiver
            android:name=".BootCompleteReceiver"
            android:enabled="true"
            android:exported="true"></receiver>
    </application>
</manifest>
```

可以看到，在 application 标签内添加了一个与 activity 同级别的 receiver 标签，其实它们的用法也非常相似，都是通过 name 来指定具体注册对象的，而我们在图 6-5 中勾选的 Enabled 和 Exported 属性在这里也进行了声明。

至此，我们还未完成整个开机广播的过程。跟网络监听一样，开机的时候系统也会发一条广播，我们还需要注册其 action 值，即需要修改 manifest 代码。具体代码如下：

```
<manifest xmlns:android="http://schemas.android.com/apk/res/android"
    package="com.bkrc.broadcastreceiver">
```

```
    <uses-permission android:name="android.permission.ACCESS_NETWORK_STATE" />
    <uses-permission android:name="android.permission.RECEIVE_BOOT_COMPLETED" />

    <application
      ...>
      ...
      <receiver
          android:name=".BootCompleteReceiver"
          android:enabled="true"
          android:exported="true">
          <intent-filter>
              <action android:name="android.intent.action.BOOT_COMPLETED" />
          </intent-filter>d
      </receiver>
    </application>
</manifest>
```

由于 Android 系统启动完成后会发出一条值为 android.intent.action.BOOT_COMPLETED 的广播，因此我们在 <intent-filter> 标签里添加了相应的 action。另外，监听系统开机广播也是需要声明权限的，所以我们使用 <uses-permission> 标签又加入了一条 android.permission.RECEIVE_BOOT_COMPLETED 声明权限。现在重新运行程序后，就可以接收开机广播了。

重新启动模拟器，在启动完成之后就会收到开机广播，如图 6-6 所示。

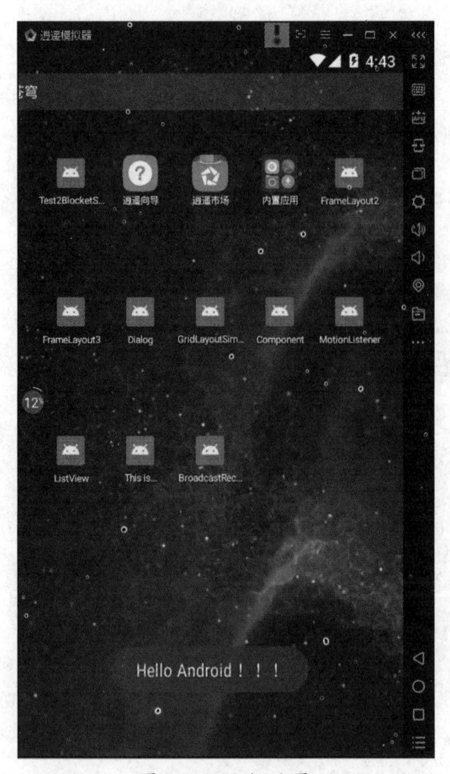

图 6-6　运行结果

6.3 发送广播（BroadCast）

6.3.1 发送广播的类型简介

通过前面的学习，相信读者已经学会如何使用广播接收器了，接下来我们学习如何发送广播。根据广播的发送方式，我们可以将其分为以下几个类型。

（1）Normal Broadcast：普通广播。

（2）System Broadcast：系统广播。

（3）Ordered Broadcast：有序广播。

（4）Sticky Broadcast：黏性广播（在 Android 5.0/Api 21 中已不再推荐使用，黏性有序广播同样也不再使用）。

（5）Local Broadcast：APP 应用内广播。

上述前三种是常用的广播，系统广播只能用广播接收器接收，该类型的广播我们前面已经讲过。下面我们对普通广播和有序广播进行介绍。

6.3.2 发送普通广播

普通广播会被注册了的相应的广播（与 intent-filter 相匹配）接收，且顺序是无序的。因为是完全异步式的广播，所以它的效率是最高的。图 6-7 是发送普通广播的流程图。

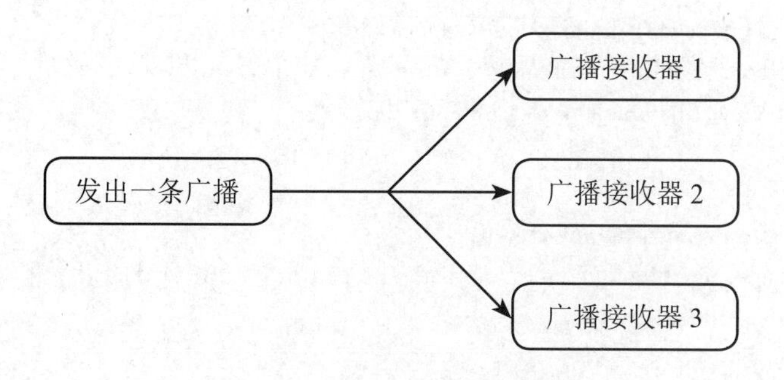

图 6-7 普通广播发送流程图

下面，我们来自定义一个普通广播。在发送普通广播之前，需要自定义一个用来接收数据的广播接收器，不然发送普通广播就没有意义。我们新建一个继承自 BroadcastReceiver 的 MyBroadcastReceiver，代码如下：

```
public class MyBroadcastReceiver extends BroadcastReceiver {
    @Override
    public void onReceive(Context context, Intent intent) {
        Toast.makeText(context, " 收到普通广播 ", Toast.LENGTH_SHORT).show();
    }
}
```

同样，在收到广播之后系统要弹出一段信息。在 AndroidManifest.xml 中修改广播接收器，修改后的代码如下：

```
<manifest xmlns:android="http://schemas.android.com/apk/res/android"
    package="com.bkrc.broadcastreceiver">
    ...
    <application
        ...>
        ...
        <receiver
            android:name=".MyBroadcastReceiver"
            android:enabled="true"
            android:exported="true">
            <intent-filter>
                <action android:name="com.bkrc.broadcastreceiver.MY_BROADCAST" />
            </intent-filter>
        </receiver>
    </application>
</manifest>
```

这里我们自定义了一条值为 com.bkrc.broadcastreceiver.MY_BROADCAST 的 action 字段，在发送广播的时候，我们也需要填入一样的字段去进行匹配。我们通过一个按钮去发送广播，修改 SendBroadcastActivity，具体代码如下：

```
public class SendBroadcastActivity extends AppCompatActivity {

    @Override
    protected void onCreate(Bundle savedInstanceState) {
        super.onCreate(savedInstanceState);
        setContentView(R.layout.activity_send_broadcast);
    }

    public void sendBroadcast(View view) {
        Intent intent = new Intent("com.bkrc.broadcastreceiver.MY_BROADCAST");
        sendBroadcast(intent);
    }
}
```

可以看到，我们在按钮的单击事件里面加入了发送自定义广播的字段。具体实现方法是，首先构建出了一个 Intent 对象，并把要发送的广播的值传入，然后调用了 Context 的 sendBroadcast() 方法将广播发送出去，这样所有监听 com.bkrc.broadcastreceiver.MY_BROADCAST 这条广播的广播接收器就会收到消息。此时发出去的广播就是一条普通广播。重新运行程序，单击“发送普通广播”按钮，程序运行结果如图 6-8 所示。

这样我们就成功完成了发送自定义广播功能的构建。另外，由于广播是使用 Intent 进行传递的，因此我们还可以在 Intent 中携带一些数据，将其传递给广播接收器。

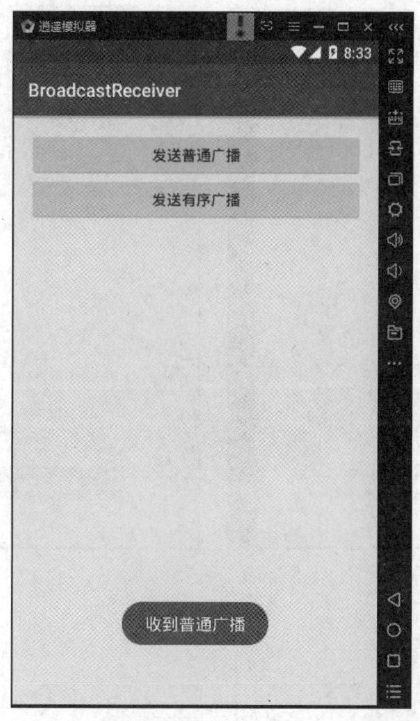

图 6-8 运行结果

6.3.3 发送有序广播

我们前面讲过，广播是一种跨进程的通信，从系统中接收广播是这样，从应用内发出广播也是如此，在其他应用内都能接收到这些广播。为了验证这一点，我们新建一个工程，只需将弹出信息内容进行更换，其它均重复我们前面所述的接收广播的过程。更换的代码如下：

```
public class MyBroadcastReceiver extends BroadcastReceiver {

    @Override
    public void onReceive(Context context, Intent intent) {
        Toast.makeText(context, "NO.2 收到普通广播 ", Toast.LENGTH_SHORT).show();
    }
}
```

重新运行，我们发现程序弹出了两次信息，具体效果如图 6-9 所示。

可以看到，两个应用均能接收到广播，这就证明了广播确实能够跨进程通信。目前我们接触的都是普通广播，它是异步式的广播。相对应的，Android 还有一种同步式的广播，即有序广播。当我们发送有序广播时，接收此广播的广播接收器是有先后顺序（优先级）的，优先级高的广播接收器可以先收到广播消息，并且优先级高的广播接收器还可以截断正在传递的广播，这样优先级低的广播接收器就无法收到广播消息了。图 6-10 为有序广播的发送流程图。

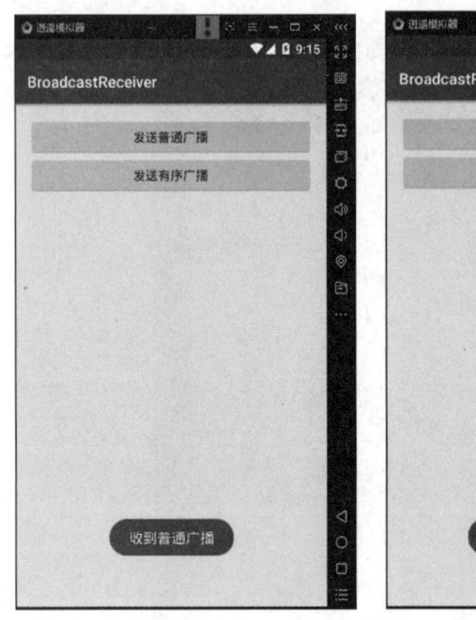

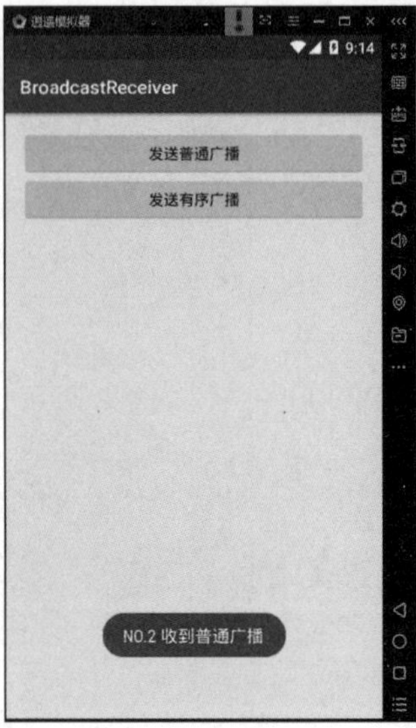

图 6-9　运行结果

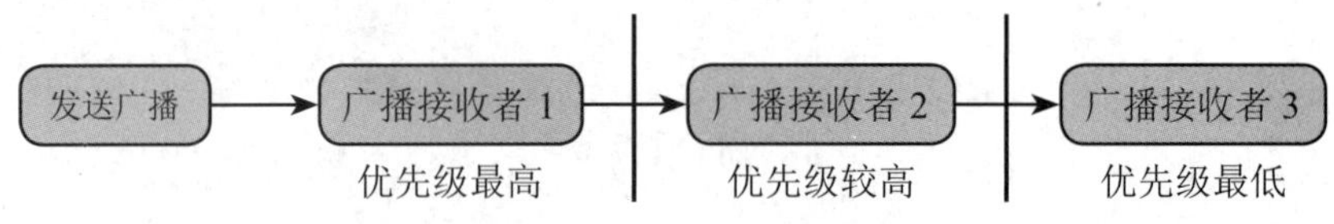

图 6-10　有序广播的发送流程图

下面我们以新建 3 个广播接收器的方式讲解有序广播。以我们上述新建的工程为模板，再复制两个广播接收器，把弹出信息改为日志打印，我们要注意查看日志的顺序。代码如下：

```
public class MyBroadcastReceiver extends BroadcastReceiver {

    @Override
    public void onReceive(Context context, Intent intent) {
        Log.e("MyBroadcastReceiver", "onReceive: NO.1 收到普通广播 " );
    }
}
```

读者不要忘记在 manifest 声明中注册广播。

然后我们回到发送广播的应用内，添加发送有序广播。修改 SendBroadcastActivity 的代码，如下所示。

```
public class SendBroadcastActivity extends AppCompatActivity {

    @Override
    protected void onCreate(Bundle savedInstanceState) {
        ...
    }

    // 普通广播
    public void sendBroadcast(View view) {
```

```
        Intent intent = new Intent("com.bkrc.broadcastreceiver.MY_BROADCAST");
        sendBroadcast(intent);
    }

    // 有序广播
    public void sendOrderBroadcast(View view) {
        Intent intent = new Intent("com.bkrc.broadcastreceiver.MY_BROADCAST");
        sendOrderedBroadcast(intent,null);
    }
}
```

可以看到，发送有序广播比发送普通广播只多了一个参数。第二个参数是有关权限申请的字符串，这里我们传入 null 即可。在发送端，本质上没有任何区别。但请注意，有序广播所描述的是接收端，广播接收器在接收广播时有先后顺序并且能够随时中断广播。那么如何自行设置先后顺序呢？首先创建 ThirdBroadcastActivity 有序广播，代码与 SendBroadcastActivity 一样，不再重复给出，可以通过在 AndroidManifest.xml 中设置接收广播的先后顺序（图 6-11）。声明代码如下：

```
<manifest xmlns:android="http://schemas.android.com/apk/res/android"
    package="com.bkrc.broadcastreceiver">

    <application
        ...>
        ...
        <receiver
            android:name=".MyBroadcastReceiver"
            android:enabled="true"
            android:exported="true">
            <intent-filter android:priority="997">
                <action android:name="com.bkrc.broadcastreceiver.MY_BROADCAST" />
            </intent-filter>
        </receiver>

        <receiver
            android:name=".MyBroadcastReceiver2"
            android:enabled="true"
            android:exported="true">
            <intent-filter android:priority="998">
            <action android:name="com.bkrc.broadcastreceiver.MY_BROADCAST" />
            </intent-filter>
        </receiver>

        <receiver
            android:name=".MyBroadcastReceiver3"
            android:enabled="true"
            android:exported="true">
            <intent-filter android:priority="996">
            <action android:name="com.bkrc.broadcastreceiver.MY_BROADCAST" />
            </intent-filter>
        </receiver>
    </application>

</manifest>
```

可以看到，在 <intent-filter> 标签中添加了优先级属性 android:priority。按照优先级越大越排前的原则，我们重新运行程序，观察是否是按照信息号 NO.2>NO.1>NO.3 顺序排列的。日志（Log）打印信息如图 6-11 所示。

```
2806-2806/com.brkc.broadcastreceiver2 E/MyBroadcastReceiver2: onReceive: NO.2 收到普通广播
2806-2806/com.brkc.broadcastreceiver2 E/MyBroadcastReceiver: onReceive: NO.1 收到普通广播
2806-2806/com.brkc.broadcastreceiver2 E/MyBroadcastReceiver3: onReceive: NO.3 收到普通广播
```

图 6-11　Log 打印信息

可以看到，确实是按照我们预测的顺序进行排列的。其实还有一种能够起到排列效果的方法，当我们设置的优先级相同或者不进行优先级的设置时，系统会自动将先注册的广播接收器排在前面。我们不妨做一个尝试，将 MyBroadcastReceiver3 和 MyBroadcastReceiver2 的优先级设置为一致，代码如下：

```
<receiver
    android:name=".MyBroadcastReceiver3"
    android:enabled="true"
    android:exported="true">
    <intent-filter android:priority="998">
    <action android:name="com.bkrc.broadcastreceiver.MY_BROADCAST" />
    </intent-filter>
</receiver>
```

重新运行程序可以发现，结果确实如上所述。日志打印信息如图 6-12 所示。

```
3426-3426/com.brkc.broadcastreceiver2 E/MyBroadcastReceiver2: onReceive: NO.2 收到普通广播
3426-3426/com.brkc.broadcastreceiver2 E/MyBroadcastReceiver3: onReceive: NO.3 收到普通广播
3426-3426/com.brkc.broadcastreceiver2 E/MyBroadcastReceiver: onReceive: NO.1 收到普通广播
```

图 6-12　Log 打印信息

6.3.4　拦截发送广播的消息

前面我们提到过，有序广播的消息是可以拦截的，其实这样的描述不是十分准确。我们应该这样去理解，发送的广播都是可以拦截的，但是拦截普通的广播是一种毫无意义的行为，所以准确的描述应该是“有序广播的消息拦截”。

举个例子，我们在优先级最高的 MyBroadcastReceiver2 内添加拦截功能，代码如下：

```
public class MyBroadcastReceiver2 extends BroadcastReceiver {

    @Override
    public void onReceive(Context context, Intent intent) {
        Log.e("MyBroadcastReceiver2", "onReceive: NO.2 收到普通广播 ");
        abortBroadcast();
    }
}
```

可以看到，消息拦截非常简单，使用 abortBroadcast() 方法就可以达到拦截广播的目的。重新运行程序，Log 打印信息如图 6-13 所示。

```
3938-3938/com.brkc.broadcastreceiver2 E/MyBroadcastReceiver2: onReceive: NO.2 收到普通广播
```

图 6-13 Log 打印信息

可以看到，只有一条日志被打印出来，说明这条广播确实有消息被拦截了。

6.3.5 APP 应用内的广播

APP 应用内的广播可以理解成一种局部广播的形式，广播的发送者和接收者同属于一个 APP。APP 应用内的广播在实际的业务中确实有需要。使用 APP 应用内的广播代替全局广播，更多的考虑是 Android 广播机制中的安全性问题。例如，其他 APP 可以注册与当前一致的广播来获取其信息，或者发出与 intent-filter 相匹配的广播，由此导致 APP 不断接收其他的垃圾信息。

APP 应用内的广播用法并不复杂，主要就是使用一个 LocalBroadcastManager 来对广播进行管理，并提供发送广播和注册广播接收器的方法。下面我们就通过具体的实例来尝试一下它的用法。修改 SendBroadcastActivity 中的代码，如下所示：

```
public class SendBroadcastActivity extends AppCompatActivity {
    ...
    //注册本地广播
    LocalBroadcastManager localBroadcastManager;
    LocalReceiver receiver;
    public void onRegisterNativeReceiver(View view) {
        localBroadcastManager = LocalBroadcastManager.getInstance(this);
        IntentFilter intentFilter = new IntentFilter();
        intentFilter.addAction("com.bkrc.broadcastreceiver.MY_BROADCAST");
        receiver = new LocalReceiver();
        localBroadcastManager.registerReceiver(receiver,intentFilter);
    }
    // 解除本地广播
    public void onUnregisterNativeReceiver(View view) {
        if (localBroadcastManager != null)
            localBroadcastManager.unregisterReceiver(receiver);
    }
    // 发送本地广播
    public void sendNativeBroadcastReceiver(View view) {
        Intent intent = new Intent("com.bkrc.broadcastreceiver.MY_BROADCAST");
        localBroadcastManager.sendBroadcast(intent);
    }

    public class LocalReceiver extends BroadcastReceiver {
        @Override
        public void onReceive(Context context, Intent intent) {
```

```
                Log.e("LocalReceiver", "onReceive: APP 应用内广播 ");
            }
        }
    }
```

读者应该对这段代码非常熟悉。没错，APP 应用内的广播与我们注册动态广播接收系统广播方式是一样的。只不过之前是利用 context 实例，而现在换成了对 localBroadcastManager 实例进行操作，仅此而已。重新运行程序，日志信息如图 6-14 所示，应用界面如图 6-15 所示。

```
10102-10102/com.brkc.broadcastreceiver E/LocalReceiver: onReceive: APP应用内广播
```

图 6-14　Log 打印信息

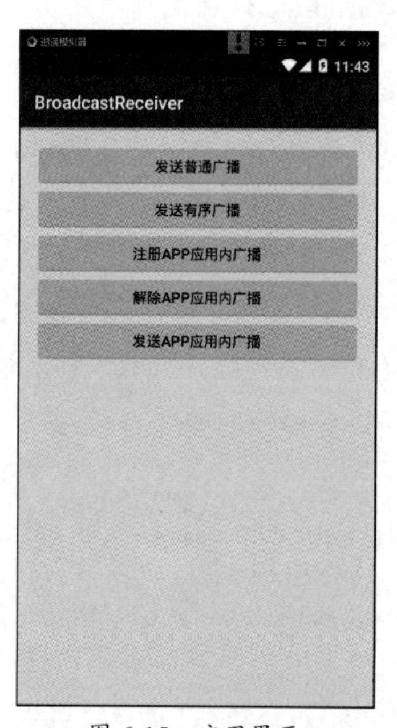

图 6-15　应用界面

可以看到，只有一条日志信息，第二个 APP 接收不到我们的任何信息，并且在应用内也无信息弹出。这就证明，即使我们是在 APP 应用内静态注册的广播接收器也是收不到任何数据的。通过这种方法，通信的安全性能可以大大地提高。APP 应用内的广播与全局广播相比有以下几点优势：

（1）数据无法离开 APP 应用，无数据泄露的可能。

（2）获取不了其他 APP 的数据，无需担心安全隐患。

（3）运行更加高效。

第 7 章 默默的后台劳动者——Service

7.1 Service 简介

7.1.1 Service 是什么

Service（服务）是一个应用组件，它用来在后台完成一个时间跨度比较大的工作且没有关联任何界面。访问网络、播放音乐、文件 I/O 操作、数据库访问等都是在服务里完成的。服务的特点有很多，可将其归纳为以下三点：

（1）Service 在后台运行，不用与用户进行交互。

（2）即使退出应用，Service 也不会停止。

（3）在默认情况下，Service 运行在应用程序进程的主线程（UI 线程）中。如果需要在 Service 中处理一些网络连接等耗时的操作，那么应该将这些任务放在分线程中处理，避免阻塞用户界面。

7.1.2 Service（服务）与 Thread（线程）的区别

想必读者对服务的特点会有一些疑惑，服务不是用来完成耗时工作的吗，怎么又在主线程中运行了？服务还需要我们创建子线程吗？多线程与服务有什么本质上的区别呢？现在我们来重新理解一下服务的定义：服务仅仅是一个组件，即使用户不再与你的应用程序发生交互，服务仍然能在后台运行。由此可见，我们称服务为后台服务只是因为它没有 UI 组件而已。所以，从概念去分析，其实服务与线程没有任何关系。

当然，两者在使用场景上还是存在交集的，线程称为后台线程，服务称为后台服务，两者应用领域十分相似。不过，如果需要在主线程之外执行一些任务，大部分情况下，我们会将服务和线程结合使用。如果需要获取网络推送的服务，就可以维持一个 Service 持续从网络中获取数据；如果需要下载文件，一般会通过 Service 在后台执行 +Notification 在通知栏显示 +Thread 异步下载。

当我们需要一个能够独立运行，并且不受用户干涉的环境时才会考虑创建 Service。接下来我们学习如何使用 Service。

7.2 使用 Service

7.2.1 创建 Service

想要创建一个 Service，必须定义一个 Service（或者已实现 Service 的子类）的子类。下面我们将通过 Android Studio 创建一个 Service。首先，新建一个 ServiceDemo 工程，然后，右击 com.bkrc.servicedemo，选择 New → Service → Service 命令，系统会弹出如图 7-1 所示的窗口。

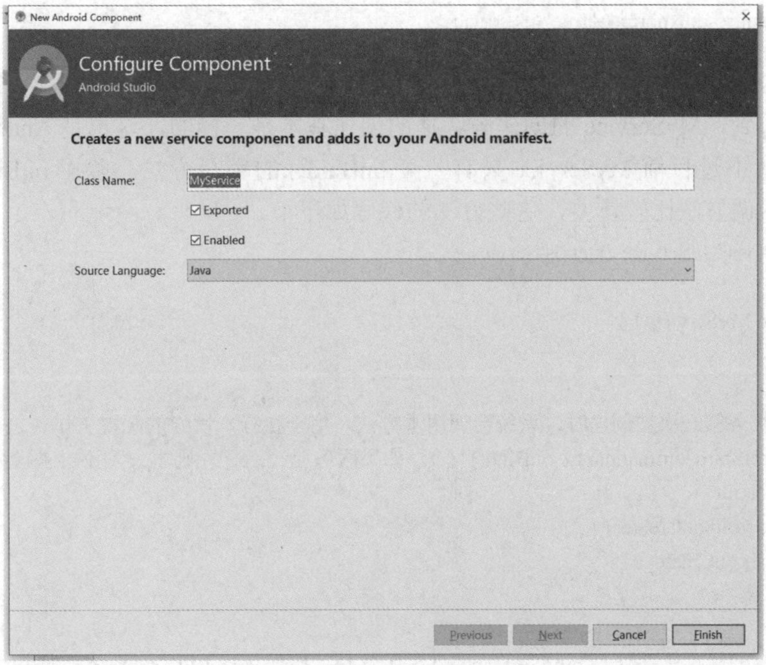

图 7-1　创建 Service 窗口

在创建 Service 窗口（图 7-1），我们将服务命名为 MyService，Exported 属性表示是否允许除了当前程序之外的其他程序访问这个 Service，Enabled 属性表示是否启用这个 Service，将两个属性都选中，单击 Finish 按钮完成创建 Service。

自动生成的 MyService 代码如下所示：

```
public class MyService extends Service {
  public MyService() {
  }

  @Override
  public IBinder onBind(Intent intent) {
    // TODO: Return the communication channel to the service.
    throw new UnsupportedOperationException("Not yet implemented");
  }
}
```

既然是组件，那么 AndroidManifest.xml 必然会有注册声明，这里 Android Studio 已自动为我们完成了声明。关键代码如下：

```
<manifest xmlns:android="http://schemas.android.com/apk/res/android"
  package="com.bkrc.servicedemo">

  <application
    ...>
    ...
    <service
      android:name=".MyService"
      android:enabled="true"
```

```
        android:exported="true"></service>
    </application>
</manifest>
```

可以看到，MyService 的创建与广播的创建基本是一样的，这也是 Android 四大组件的共性。不过目前 MyService 只有一个 onBind() 的重写方法。除了 onBind() 方法，还有一些回调方法比较重要，这些方法的代码如下：

```
public class MyService extends Service {

    public MyService() {
    }

    // 当服务第一次被创建时，系统会调用本方法，用于执行一次性的配置工作（之前已调用
    // 过 onStartCommand() 或 onBind() 了）。如果服务已经运行，则本方法不会被调用
    @Override
    public void onCreate() {
        super.onCreate();
    }

    // 当其他组件需要通过 bindService() 绑定服务时（比如执行 RPC），系统会调用本方法。
    // 在本方法的实现代码中，你必须返回 IBinder 来提供一个接口，客户端用它来和服务进
    // 行通信。如果不需要提供绑定，则返回 null 即可
    @Override
    public IBinder onBind(Intent intent) {
        // TODO: Return the communication channel to the service
        throw new UnsupportedOperationException("Not yet implemented");
    }

    // 当其他组件，比如一个 Activity，通过调用 startService() 请求 start() 方式的服务时，
    // 系统将会调用本方法。一旦本方法执行，服务就被启动，并在后台一直运行下去。
    // 如果你的代码实现了本方法，你就有责任在完成工作后通过调用 stopSelf() 方法或
    // stopService() 方法终止服务。如果你只想提供 bind 方式，那就不需要实现本方法
    @Override
    public int onStartCommand(Intent intent, int flags, int startId) {
        return super.onStartCommand(intent, flags, startId);
    }

    // 解除绑定，当所有客户端与特定接口断开连接时调用
    @Override
    public boolean onUnbind(Intent intent) {
        return super.onUnbind(intent);
    }

// 某客户端正用 bindService() 绑定到服务，而 onUnbind() 已经被调用过了
    @Override
    public void onRebind(Intent intent) {
        super.onRebind(intent);
```

```
    }

    // 当服务完成了任务而要被销毁时，系统会调用本方法。服务应该通过实现本方法来进行
    // 资源的清理工作，诸如线程、已注册的监听器 listener 和接收器 receiver 等的清理。这将
    // 是服务收到的最后一个调用
    @Override
    public void onDestroy() {
        super.onDestroy();
    }
}
```

以上内容均摘自 Google 官方定义。下面我们逐步分析上述方法。

7.2.2 启动和停止服务

诸如 Activity 之类的应用程序组件可以通过调用 startService() 启动服务，并传入一个给出了服务和服务所需数据的 Intent 对象。服务将在 onStartCommand() 方法中接收到该 Intent 对象。下面我们就尝试去启动和停止 MyService 服务。

首先在 MainActivity 中添加两个 button 用于启动服务和停止服务，关键代码如下：

```
public class MainActivity extends AppCompatActivity {

    @Override
    protected void onCreate(Bundle savedInstanceState) {
        super.onCreate(savedInstanceState);
        setContentView(R.layout.activity_main);
    }

    // 启动服务
    public void onStartService(View view) {
        Intent intent = new Intent(this,MyService.class);
        startService(intent);
    }

    // 停止服务
    public void onStopService(View view) {
        Intent intent = new Intent(this,MyService.class);
        stopService(intent);
    }
}
```

可以看到，我们分别给这两个 button 绑定了单击事件。在“启动服务”按钮的单击事件里，我们构建了一个 Intent 对象，并调用 startService() 方法来启动 MyService 这个服务；在“停止服务”按钮的单击事件里，我们也构建了一个 Intent 对象，并调用 stopService() 方法来停止 MyService 这个服务。startService() 和 stopService() 方法都是定义在 Context 类中的，所以我们在活动里可以直接调用这两个方法。注意，这里完全是由活动来决定服务何时停止，如果没有单击“停止服务”按钮，服务就会一直处于运行状态。那么服务有没有什么办法让自已停止下来呢？当然有，只要在

MyService 的任何一个位置调用 stopSelf() 方法就能让服务自己停止下来。

为了使读者可以方便地看到效果，我们在每个生命周期里添加日志打印。运行程序，程序主界面如图 7-2 所示。

图 7-2 运行结果

单击“启动服务”按钮，日志打印结果如图 7-3 所示。

```
E/MyService: onCreate:
E/MyService: onStartCommand:
```

图 7-3 Log 打印结果

由图 7-3 可以看出，MyService 中的 onCreate() 和 onStartCommand () 方法都被执行了，说明这个服务是第一次启动并创建成功。我们再次单击“启动服务”按钮做一次尝试，日志打印结果如图 7-4 所示。

```
E/MyService: onCreate:
E/MyService: onStartCommand:
E/MyService: onStartCommand:
```

图 7-4 Log 打印结果

可以看到，这次 MyService 只回调了 onStartCommand () 方法，说明创建只有在第一次启动的时候才会进行。读者可以执行“设置”→“应用”→“正在运行”命令，在弹出的如图 7-5（a）所示的界面中找到正在运行的服务，选择“ServiceDemo”命令查看详情，结果如图 7-5（b）所示。

（a）“正在运行”界面

（b）运行程序的详情

图 7-5 查看手机中正在运行的程序

单击“停止服务”按钮，日志打印结果如图 7-6 所示。

```
E/MyService: onDestroy:
```

图 7-6 Log 打印结果

由此可以证明，服务确实被停止了。

7.2.3 绑定和解绑服务

服务有两种使用形式，一种就是我们上一节所说的启动（start）形式，另一种是绑定（bind）形式。

1. 启动形式

当应用组件（如 Activity）通过调用 startService() 启动服务时，服务即处于“启动”状态。一旦启动，服务即可在后台无限期运行，即使启动服务的组件已被销毁也不受影响，除非手动进行停止操作才能停止服务。已启动的服务通常是执行单一操作，而且不会将结果返回给调用方。

2. 绑定形式

当应用组件通过调用 bindService() 绑定服务时，服务即处于“绑定”状态。绑定服务提供了一个客户端 - 服务器接口，允许组件与服务进行交互、发送请求、获取结果，也可以利用进程间通信（IPC）跨进程执行这些操作。仅当与另一个应用组件绑定时，绑定服务才会运行；多个组件可以同时绑定到该服务，但当绑定的组件全部取消绑定后，该服务即会被销毁。

可以看到，启动形式更像一个甩手掌柜，仅仅起到一个通知的效果，不做任何控制过程的逻辑；如果需要“一个勤勤恳恳、兢兢业业”的操办掌柜，就需要使用绑定形式。

要创建一个 bind 服务，首先必须定义好接口，用于指明客户端如何与服务进行通信。这个客户端与服务之间的接口必须是一个 IBinder 对象的实现，并且你的服务必须在 onBind() 回调方法中返回这个对象。一旦客户端接收到这个 IBinder，就可以通过这个接口与服务进行交互。下面我们就来尝试绑定和解绑 MyService 服务。

首先，我们重新创建一个 MyBindService 服务，将无关的生命周期回调删除，具体代码如下：

```
public class MyBindService extends Service implements ServiceInterface{

  private static final String TAG = "MyBindService";
  private final IBinder mBinder = new LocalBinder();

  public MyBindService() {
  }

  @Override
  public IBinder onBind(Intent intent) {
    Log.e(TAG, "onBind: ");
    return mBinder;
  }

  @Override
  public boolean onUnbind(Intent intent) {
    Log.e(TAG, "onUnbind: ");
    return super.onUnbind(intent);
  }

  @Override
  public void seeMovie() {
    Log.e(TAG, "seeMovie: ");
  }

  @Override
  public void listenMusic() {
    Log.i(TAG, "listenMusic: ");
  }

  public class LocalBinder extends Binder {
    public MyBindService getService() {
      return MyBindService.this;
    }
  }
}
```

可以看到，为了突显绑定的效果，我们继承 ServiceInterface 接口时增加了

seeMovie() 和 listenMusic() 两个方法。当然这里只是模拟一个过程，证明在绑定后可以控制我们的服务。绑定的方法是，创建一个公开的内部类 LocalBinder，并让它继承自 Binder；该 LocalBinder 会由 MyBindService 创建实例并在 onBind() 方法中返回该对象。至此，MyBindService 的任务就完成了。

然后，我们在 MainActivity 中添加两个 button 用于绑定服务和解绑服务，关键代码如下：

```
public class MainActivity extends AppCompatActivity {

    ...
    MyBindService myBindService;
    private ServiceConnection mConnection = new ServiceConnection() {
        @Override
        public void onServiceConnected(ComponentName name, IBinder service) {
            MyBindService.LocalBinder binder = (MyBindService.LocalBinder) service;
            myBindService = binder.getService();
            // 调用服务中的方法
            myBindService.seeMovie();
            myBindService.listenMusic();
        }

        @Override
        public void onServiceDisconnected(ComponentName name) {

        }
    };
    // 绑定服务
    public void onBindService(View view) {
        Intent intent = new Intent(this, MyBindService.class);
        bindService(intent, mConnection, Context.BIND_AUTO_CREATE);

    }
    // 解绑服务
    public void onUnbindService(View view) {
        unbindService(mConnection);
    }
}
```

由上述代码可以看到，我们首先创建了 ServiceConnection 的对象，该对象是用来监听服务的状态变化的。当对象绑定成功就会回调 onServiceConnected() 方法；若对象解绑就会回调 onServiceDisconnected() 方法。在 onServiceConnected() 方法中，我们又通过向下转型得到内部类 LocalBinder 的对象；再通过 LocalBinder 对象获得了 MyBindService 对象。有了 MyBindService 实例，我们就可以对服务进行控制了。

到这里，还差最后一步就完成绑定服务了。bindService() 方法需要我们传入三个参数，第一个和第二个参数是我们熟悉的 intent 对象和我们刚创建好的 ServiceConnection 对象；第三个参数是标志位，Context.BIND_AUTO_CREATE 表示在活动和服务进行绑定后自动创建服务，这会使得 MyBindService 的 onCreate() 方法执行但 onStartCommand() 方法不执行。解除绑定比较简单，只需将一个参数传进 ServiceConnection 对象即可。重新运行程序后的主界面如图 7-7 所示。

图 7-7　运行结果

单击“绑定服务”按钮，日志打印结果如图 7-8 所示。可以看到，onBind() 方法回调之后，我们可以对 MyBindService 进行函数调用。

单击“解除绑定”按钮，日志打印结果如图 7-9 所示。可以看到，因为我们只绑定了一次，所以解除绑定之后，服务调用 onUnbind() 方法并销毁了服务。

```
E/MyBindService: onBind:
E/MyBindService: seeMovie:
I/MyBindService: listenMusic:
```

图 7-8　Log 打印结果

```
E/MyBindService: onUnbind:
```

图 7-9　Log 打印结果

为了验证绑定形式与启动形式的回调方式是不同的，与 MyService 一样，我们也把全部的服务生命周期回调函数用日志打印出来。图 7-10 是绑定形式的服务生命周期的日志打印结果。

```
E/MyBindService: onCreate:
E/MyBindService: onBind:
E/MyBindService: seeMovie:
I/MyBindService: listenMusic:
E/MyBindService: onUnbind:
E/MyBindService: onDestroy:
```

图 7-10　Log 打印结果

7.2.4 活动和服务间的通信

活动和服务间的简单的通信我们前面已经描述过了，它是实现自有Binder类，让客户端访问服务的公共方法。我们把上一节的绑定稍做修改来进行通信。

首先修改MyBindService，使其具有如下功能：在开启服务的时候计时，停止服务的时候停止计时，并且能够实时返回计时数。关键代码如下：

```
public class MyBindService extends Service implements ServiceInterface{

    private boolean quit;
    private Thread thread;
    private int count;

    @Override
    public void onCreate() {
        super.onCreate();
        Log.e(TAG, "onCreate: ");
        thread = new Thread(new Runnable() {
            @Override
            public void run() {
                // 每间隔 1 秒 count 加 1，直到 quit 为 true。
                while (!quit) {
                    try {
                        Thread.sleep(1000);
                    } catch (InterruptedException e) {
                        e.printStackTrace();
                    }
                    count++;
                }
            }
        });
        thread.start();
    }

    ...
    @Override
    public void onDestroy() {
        Log.e(TAG, "onDestroy: ");
        this.quit = true;
        super.onDestroy();
    }

    public int getCount() {
        return count;
    }
}
```

可以看到，因为我们只绑定1次，所以将计时的功能放入onCreate()和onDestroy()方法中。在服务运行的过程中，我们只需要调用getCount()就能得到当前运行的时间。然后我们修改MainActivity，添加一个专门能够获取运行时间的按键。

关键代码如下：

```
public class MainActivity extends AppCompatActivity {

    ...
    // 得到服务运行的时间
    public void onGetCount(View view) {
        if (myBindService != null)
            ((Button)view).setText(" 当前运行的时间为：" + myBindService.getCount());
    }
}
```

需要注意的是，我们在获取数据前应加上对服务是否绑定成功的判断。判断绑定成功后，将数据信息显示在按钮上。重新运行程序后的主界面如图 7-11 所示。

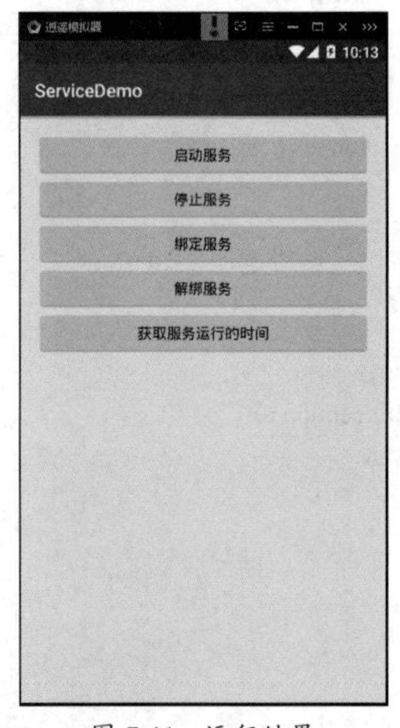

图 7-11　运行结果

先单击“绑定服务”按钮，等待一会儿，再单击“获取服务运行的时间”按钮，结果如图 7-12 所示。多单击几次按钮可以发现，返回的结果是实时的。

图 7-12　运行结果

在上面这个例子中，虽然我们能成功通信，但要注意：此方式只有在客户端和服务位于同一应用和进程内才有效；对于需要将 Activity 绑定到在后台播放音乐的自有服务的音乐应用，此方式非常有效。之所以要求服务和客户端必须在同一应用内，是为了便于客户端转换返回的对象和正确调用其 API。因为此方式不执行任何跨进程编组，所以服务和客户端还必须在同一进程内。

那么如何实现跨进程通信呢？下面我们来了解服务与远程进程（即不同进程）间

的通信。实现不同进程间的通信的最简单方式就是使用 Messenger 类提供的通信接口。

首先我们新建一个 MessengerService 服务，用来接收 Activity 传来的数据。代码如下：

```
public class MessengerService extends Service {

    static final int MSG_SAY_HELLO = 1;
    private static final String TAG ="MessengerService" ;

    public MessengerService() {
    }

    /**
     * 用于接收从客户端传过来的数据
     */
    class ReceiverHandler extends Handler {
        @Override
        public void handleMessage(Message msg) {
            switch (msg.what) {
                case MSG_SAY_HELLO:
                    Log.i(TAG, "Thanks,service had received message from client!");
                    break;
                default:
                    super.handleMessage(msg);
            }
        }
    }

    /**
     * 创建 Messenger 并传入 Handler 实例对象
     */
    final Messenger mMessenger = new Messenger(new ReceiverHandler ());

    /**
     * 当绑定 Service 时，该方法被调用，将通过 mMessenger 返回一个实现
     * IBinder 接口的实例对象
     */
    @Override
    public IBinder onBind(Intent intent) {
        Log.e(TAG, "onBind: ");
        return mMessenger.getBinder();
    }
}
```

可以看到，我们创建了继承自 Service 的 MessengerService；同时创建一个继承自 Handler 的 ReceiverHandler 对象来接收客户端进程发送过来的消息，并通过其 handleMessage(Message msg) 方法进行消息处理；接着通过 ReceiverHandler 对象创建一个 Messenger 对象，该对象是与客户端交互的特殊对象，专用于 IPC 间的通信；然后在 Service 的 onBind() 中返回这个 Messenger 对象的底层 Binder 即可。下面是客户

端进程的实现代码：

```
public class MainActivity extends AppCompatActivity {

    ...

    private Messenger messService;
    private ServiceConnection messengerConn = new ServiceConnection() {

        @Override
        public void onServiceConnected(ComponentName name, IBinder service) {
            messService = new Messenger(service);
        }
        @Override
        public void onServiceDisconnected(ComponentName name) { }
    };
    // 绑定远程服务
    public void onBindMessengerService(View view) {
        Intent intent = new Intent(this,MessengerService.class);
        bindService(intent,messengerConn,Context.BIND_AUTO_CREATE);
    }
    // 解绑远程服务
    public void onUnbindMessengerService(View view) {
        unbindService(messengerConn);
        messService = null;
    }
    // 发送数据
    public void onData2MessengerService(View view) {
        if (messService == null) return;
        // 创建与服务交互的消息实体 Message
        Message msg = Message.obtain(null, MessengerService.MSG_SAY_HELLO, 0, 0);
        try {
            // 发送消息
            messService.send(msg);
        } catch (RemoteException e) {
            e.printStackTrace();
        }
    }
}
```

在客户端进程中，我们创建了三个按钮，分别为“绑定远程服务”“解绑远程服务”和“发送数据至远程服务”。然后我们同样要创建一个 ServiceConnection 对象，该对象代表与服务端的连接，当调用 bindService() 方法将当前 Activity 绑定到 MessengerService 时，onServiceConnected() 方法被调用，利用服务端传递过来的底层 Binder 对象构造出与服务端交互的 Messenger 对象。接着在发送数据的事件监听中创建与服务交互的消息实体 Message，将要发生的信息封装在 Message 中并通过 Messenger 实例对象将消息发送给服务端。关于 ServiceConnection 对象、bindService() 方法、unbindService() 方法，前面已介绍过，这里就不重复了。最后我们需要在清单文件中声明 service，由于要测试不同进程的交互，需要将 service 放在单独的进程中，因此 service 声明如下：

```
service
    android:name=".MessengerService"
    android:process=":remote"
    android:enabled="true"
    android:exported="true">
</service>
```

android:process=":remote" 代表该 service 在单独的进程中创建。重新运行程序后的主界面如图 7-13 所示。

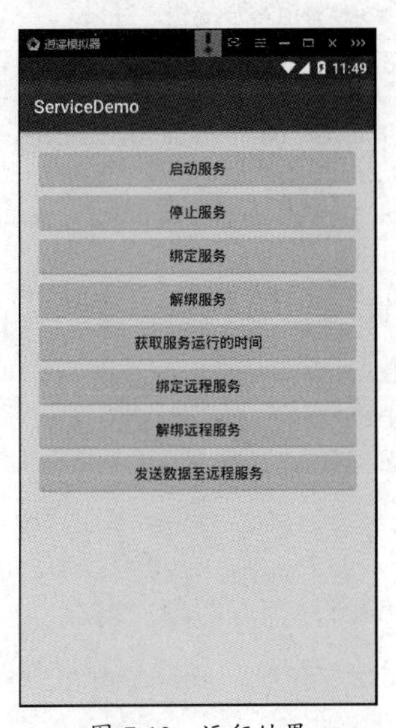

图 7-13　运行结果

单击“绑定远程服务”按钮，由于我们开了远程服务，所以需要切换成远程服务的进程才能查看到日志。切换远程服务进程如图 7-14 所示。

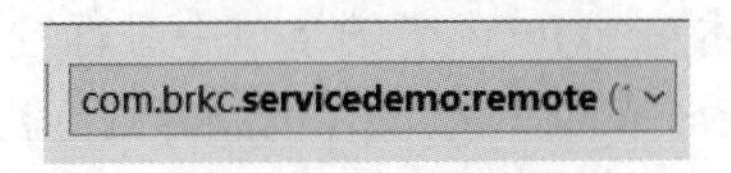

图 7-14　切换服务进程

然后我们就能看到服务打印出的日志。单击“发送数据至远程服务”按钮，日志打印结果如图 7-15 所示。

```
E/MessengerService: onBind:
I/MessengerService: Thanks, service had received message from client!
```

图 7-15　Log 打印结果

上面只是演示了如何在服务端接收客户端发送的消息，但有时候我们还需要服务端能回应客户端，这时便需要提供双向消息传递了。下面实现一个服务端与客户端双向消息传递的简单例子。

先修改服务端 Messenger，我们只需在 ReceiverHandler 中添加回复客户端的功能。关键代码如下：

```
class ReceiverHandler extends Handler {
  @Override
  public void handleMessage(Message msg) {
    switch (msg.what) {
      case MSG_SAY_HELLO:
        Log.i(TAG, "Thanks,service had received message from client!");
        // 回复客户端信息，该对象由客户端传递过来
        Messenger client = msg.replyTo;
        // 获取回复信息的消息实体
        Message replyMsg = Message.obtain(null, MessengerService.MSG_SAY_HELLO);
        Bundle bundle = new Bundle();
        bundle.putString("reply", "Welcome,the service had received message from client! ");
        replyMsg.setData(bundle);
        // 向客户端发送消息
        try {
          client.send(replyMsg);
        } catch (RemoteException e) {
          e.printStackTrace();
        }
        break;
      default:
        super.handleMessage(msg);
    }
  }
}
```

在上述代码中，msg.replyTo 代表 Messenger 对象是由客户端传递过来的。接着创建一个设置传输消息内容的 message，这里我们必须要用 bundle 进行传输，因为进程间的通信在数据传输时必须要序列化，所以借由 bundle 完成我们的序列化操作。bundle 的具体细节在前面讲述 Activity 内容的章节中进行过详细的介绍，在此不再重复。最后，将客户端传递来的 Messenger 对象填入消息并发送出去。既然需要服务端回复，客户端 MainActivity 也需要创建一个 Messenger 用于提供回复的数据和 Handler 用于接收回复的数据。关键代码如下：

```
public class MainActivity extends AppCompatActivity {

  // 发送数据
  public void onData2MessengerService(View view) {
    if (messService == null) return;
    // 创建与服务交互的消息实体 Message
    Message msg = Message.obtain(null, MessengerService.MSG_SAY_HELLO, 0, 0);
    // 把接收服务器端回复的 Messenger 通过 Message 的 replyTo 参数传递给服务端
    msg.replyTo = mRecevierReplyMsg;
```

```
        try {
            //发送消息
            messService.send(msg);
        } catch (RemoteException e) {
            e.printStackTrace();
        }
    }
    //用于接收服务器返回的信息
    private Messenger mRecevierReplyMsg = new Messenger(new ReceiverReplyMsgHandler());

    private class ReceiverReplyMsgHandler extends Handler {
        private static final String TAG = "ReceiverReplyMsgHandler";

        @Override
        public void handleMessage(Message msg) {
            switch (msg.what) {
                //接收服务端回复
                case MessengerService.MSG_SAY_HELLO:
                    Log.i(TAG, "Receive message from service:" + msg.getData().getString("reply"));
                    break;
                default:
                    super.handleMessage(msg);
            }
        }
    }
}
```

首先，创建 Messenger 和 Handler，创建过程和创建 MessengerService 一样；接着，在通过 Message.obtain() 创建的 Message 对象的 replyTo 里放入 Messenger；然后我们只需等待服务端取出 Messenger 对象把数据放入再传回来，从 handleMessage() 中提取数据。过程有些复杂。我们重新运行程序，日志打印结果如下所述。

服务端的日志打印结果如图 7-16 所示。

```
E/MessengerService: onBind:
I/MessengerService: Thanks,service had received message from client!
```

图 7-16 服务端的 Log 打印结果

可以看到，数据确实传进服务端了。客户端的日志打印结果志如图 7-17 所示。

```
I/ReceiverReplyMsgHandler: Receive message from service: Welcome,the service had received message from client!
```

图 7-17 客户端的 Log 打印结果

由 Log 可知，服务端和客户端确实各自收到了信息。至此我们就把采用 Messenger 进行跨进程通信的方式分析讲解完了。最后，为了帮助大家理解，这里提供一张通过 Messenger 方式进行进程间通信的原理图，如图 7-18 所示。

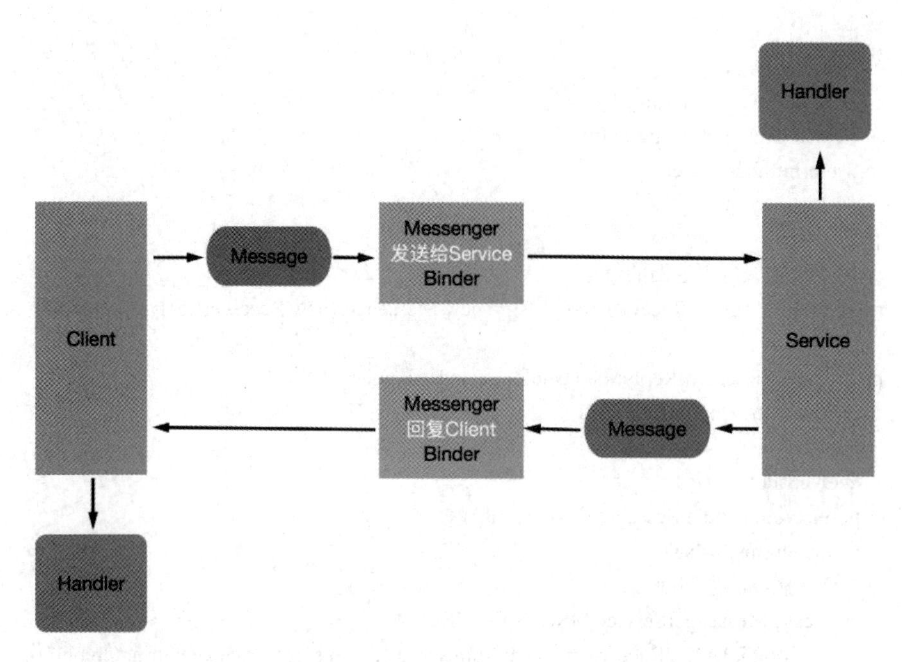

图 7-18　通过 Messenger 实现进程间通信的原理图

7.3 Service 的生命周期

对 Service 的生命周期的管理

7.3.1 Service 的生命周期简介

之前我们学习过了活动的生命周期，类似的，服务也有自己的生命周期。前面我们用到的 onCreate()、onStartCommand()、onBind() 和 onDestroy() 等方法都是在服务的生命周期内可能回调的方法。

服务的生命周期（从创建到销毁）有两条路径，关于 start 和 bind 的执行顺序前面已经进行了分析，这里给出一张服务生命周期的流程图（出自 Android 官网），如图 7-19 所示。

图 7-19 中的左半部显示了使用 startService() 所创建的服务的生命周期，右半部显示了使用 bindService() 创建的服务的生命周期。

这两条路径并不是完全隔离的。也就是说，你可以绑定到一个已经用 startService() 启动的服务上。例如，一个后台音乐服务可以通过调用 startService() 来启动，传入一个指明所需播放音乐的 Intent；之后，用户也许需要用播放器进行一些控制，或者需要查看当前歌曲的信息，这时一个 Activity 可以通过调用 bindService() 与此服务绑定。在这种情况下，stopService() 或 stopSelf() 不会真的终止服务，除非所有的客户端都解除了绑定。

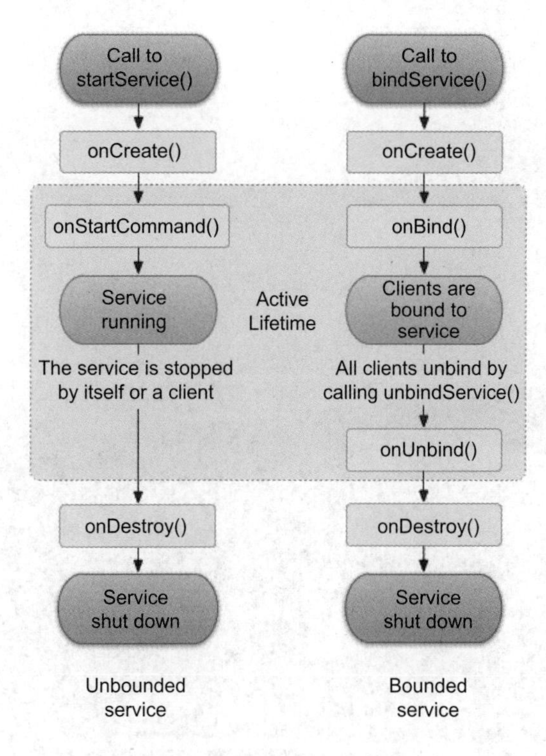

图 7-19　服务生命周期流程图

7.3.2　对 Service 的生命周期的管理方式

由于图 7-19 所示的两条路径并不是隔离的，我们必须考虑到启动服务与绑定服务的结合体。根据执行顺序我们分以下两种情况进行讨论。

（1）先绑定服务后启动服务：如果当前 Service 实例先以绑定状态运行，然后再以启动状态运行，那么绑定服务将会转为启动服务运行，这时如果之前绑定的宿主（Activity）被销毁了，也不会影响服务的运行，服务还是会一直运行下去，直到调用停止服务的方法或者内存不足时才会销毁该服务。

（2）先启动服务后绑定服务：如果当前 Service 实例先以启动状态运行，然后再以绑定状态运行，当前启动服务并不会转为绑定服务，但是还是会与宿主绑定，只是即使宿主解除绑定，服务依然按启动服务的生命周期在后台运行，直到有 Context 调用了 stopService() 或是服务本身调用了 stopSelf() 方法或是内存不足时才会销毁服务。

以上两种情况显示出启动服务的优先级确实比绑定服务高一些。不过无论 Service 是处于启动状态还是绑定状态，我们都可以像使用 Activity 那样通过调用 Intent 来使用服务（即使此服务来自另一应用）。当然，我们也可以通过 AndroidManifest 文件将服务声明为私有服务，阻止其他应用访问。

第 8 章
数据持久化——数据存储和共享方案

持久化技术就是为了保证信息能一直存在，以微博为例，谁都不希望自己刚刚发出去的微博刷新一下信息就没了。那么如何能够让数据一直存在而不丢失呢？这需要用到数据持久化技术。

8.1 数据存储

在讨论数据持久化技术之前我们先了解几个概念。

（1）瞬时数据。瞬时数据是存储在内存当中，有可能会因为程序的关闭或其他原因导致内存被收回而丢失的数据。

（2）数据持久化技术。数据持久化技术即将内存中的瞬时数据保存到存储设备中，保证手机在关机的情况下数据不会丢失。我们最常用的持久化数据方式就是缓存相关的数据，这样，当设备无法访问网络时，用户仍然可以在离线时浏览相关内容。在设备重新联机后，相关内容都会同步到服务器上。

（3）为什么采用数据持久化技术。数据持久化技术保证关键数据在程序退出时不被丢失，该技术已被广泛应用于各种程序设计的领域当中。

本书要探讨的是 Android 系统中的数据持久化技术。Android 系统中提供了 3 种方式用于简单地实现数据持久化功能，即文件存储、SharedPreferences 存储以及数据库存储。当然，除了这 3 种方式之外，数据保存的方式还有很多，例如网络存储、SD 卡存储等。但使用上述 3 种方式来保存数据相对简单且更加安全。

下面我们将对上述这 3 种数据持久化的方式进行详细的讲解。

8.1.1 文件存储

Android 系统也能够使用其他平台系统使用的基于磁盘的文件系统。该文件系统不对存储的内容进行任何格式化的处理，所有数据都是原封不动地保存到本地文件当中的，因而它适用于存储图片文件或者网络交互的任何数据。不过如果想使用文件保存一些复杂的文本数据，就需要自定义一套格式规范，这样可以方便以后将数据从文件中重新解析出来。

下面我们讲解 Android 是如何通过文件来保存数据的。

Android 系统有两种将数据写入文件的方式，第一种方式是使用 File 类存储文件。熟悉 Java 的读者对 File 类和 I/O 流肯定不陌生，下面我们举例说明。首先创建工程并在界面中添加使用 File 类存储文件的事件。事件代码如下：

```
public class FilesSaveActivity extends Activity {

    String filename = "myFile";
    String fileContents = "Hello world!";
```

```
    @Override
    protected void onCreate(Bundle savedInstanceState) {
        super.onCreate(savedInstanceState);
        setContentView(R.layout.activity_files_save);
    }

    // 写入数据：File
    public void onFiles(View view) {
        File file = new File(getFilesDir(), filename);
        Log.e("TAG",file.getPath());
        try {
            OutputStream os = new FileOutputStream(file.getPath());
            os.write(fileContents.getBytes());
            os.close();
        } catch (Exception e) {
            e.printStackTrace();
        }
    }
}
```

由上述代码可以看出，File() 方法有两个形参：第一个参数是文件目录，第二个是文件名。与 Java 不同，Android 系统提供得到文件目录的方法 context.getFilesDir()，因此我们只需要给第二个参数设置文件名即可。那么得到的文件目录的具体路径是指向哪里呢？下面通过日志打印的方式查看。在 File 创建完成之后，我们会得到 I/O 流，然后写入一段信息（Hello world!）用于验证。运行程序，主界面如图 8-1 所示。

图 8-1　运行结果

单击界面上的“写入数据：File”按钮，数据写入成功。日志打印结果如图 8-2 所示。

```
E/TAG:/data/data/com.brkc.savedatademo/files/myFile
```

图 8-2 Log 打印信息

系统方法提供的默认路径为 ...\data\data\<package name>\files\，由上述打印结果可以看到，其中 <package name> 为 com.brkc.savedatademo。那么我们就找到这个目录，验证上述代码中的 myFile 文件是否创建成功。打开 Device File Explorer 工具，选择我们的设备，执行 data → data → com.bkrc.savedatademo → files 命令，打开如图 8-3 所示的界面，选择 myFile 文件，我们就可在 AS 中看到写入文件的内容，如图 8-4 所示。

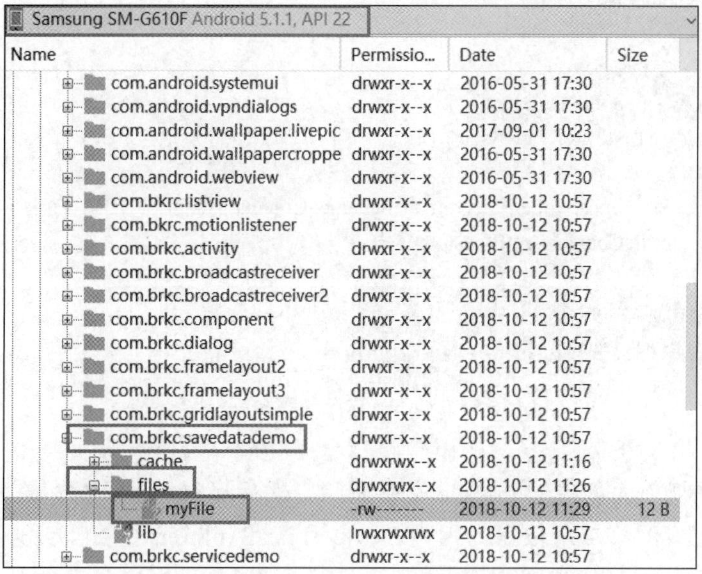

Samsung SM-G610F Android 5.1.1, API 22

Name	Permissio...	Date	Size
com.android.systemui	drwxr-x--x	2016-05-31 17:30	
com.android.vpndialogs	drwxr-x--x	2016-05-31 17:30	
com.android.wallpaper.livepic	drwxr-x--x	2017-09-01 10:23	
com.android.wallpapercroppe	drwxr-x--x	2016-05-31 17:30	
com.android.webview	drwxr-x--x	2016-05-31 17:30	
com.bkrc.listview	drwxr-x--x	2018-10-12 10:57	
com.bkrc.motionlistener	drwxr-x--x	2018-10-12 10:57	
com.brkc.activity	drwxr-x--x	2018-10-12 10:57	
com.brkc.broadcastreceiver	drwxr-x--x	2018-10-12 10:57	
com.brkc.broadcastreceiver2	drwxr-x--x	2018-10-12 10:57	
com.brkc.component	drwxr-x--x	2018-10-12 10:57	
com.brkc.dialog	drwxr-x--x	2018-10-12 10:57	
com.brkc.framelayout2	drwxr-x--x	2018-10-12 10:57	
com.brkc.framelayout3	drwxr-x--x	2018-10-12 10:57	
com.brkc.gridlayoutsimple	drwxr-x--x	2018-10-12 10:57	
com.brkc.savedatademo	drwxr-x--x	2018-10-12 10:57	
cache	drwxrwx--x	2018-10-12 11:16	
files	drwxrwx--x	2018-10-12 11:26	
myFile	-rw-------	2018-10-12 11:29	12 B
lib	lrwxrwxrwx	2018-10-12 10:57	
com.brkc.servicedemo	drwxr-x--x	2018-10-12 10:57	

图 8-3 选择文件对话框

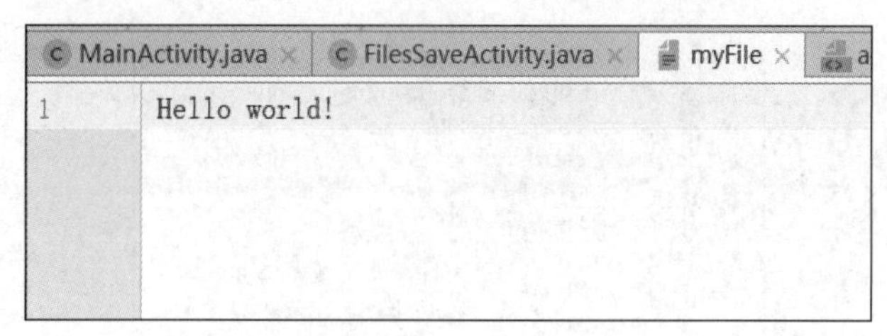

图 8-4 写入文件的内容

除了使用 File 方式之外，Android 系统还在 Context 类中专门提供了一个 openFileOutput () 方法，用于将数据存储到指定的文件中。这个方法接收两个参数，第一个参数是文件名，在文件创建的时候使用的就是这个名称，注意这里指定的文件名不包含路径，因为所有文件的存储路径都是由系统提供的默认存储路径，也就是图 8-2 中日志打印出来的信息所示的位置。第二个参数是文件的操作模式，主要有

MODE_PRIVATE 和 MODE_APPEND 两种模式。其中，MODE_PRIVATE 是默认的操作模式，表示当指定的文件名相同时，所写入的内容将会覆盖原文件中的内容；MODE_APPEND 则表示，如果该文件已存在就往文件里面追加内容，如果该文件不存在就创建新文件。其实文件的操作模式本来还有另外两种：MODE_WORLD_READABLE 和 MODE_WORLD_WRITEABLE。这两种模式表示允许其他的应用程序对我们的文件进行读和写操作，不过由于这两种模式过于危险，很容易引起应用的安全性漏洞，它们已在 API 17 版本中被废弃。

修改 FilesSaveActivity，添加第二个按钮，功能与上例的按钮一样，具体代码如下：

```
public class FilesSaveActivity extends Activity {

    String filename = "myFile";
    String fileContents = "Hello world!";

    ...
    // 写入数据：openFileOutput()
    public void onTextFiles(View view) {
        try {
            OutputStream os = openFileOutput(filename, Context.MODE_PRIVATE);
            os.write(fileContents.getBytes());
            os.close();
        } catch (Exception e) {
            e.printStackTrace();
        }
    }
}
```

我们首先把前面创建的 myFile 文件删除，然后运行上述程序，在程序运行的界面单击我们生成的第二个按钮。因为 Device File Explorer 不会自动刷新显示，所以我们需要右击 files，在弹出的快捷菜单中选择 Synchronize 命令进行手动刷新文件显示，如图 8-5 所示。

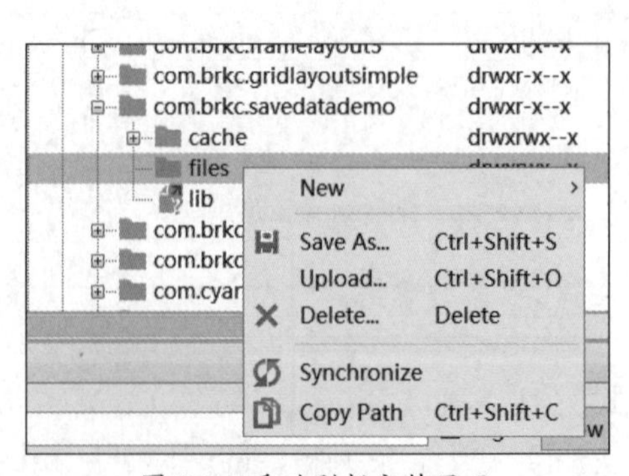

图 8-5　手动刷新文件显示

然后，我们可以看到又有新的文件 myFile 生成，如图 8-6 所示。所以上述两种方法能实现同样的目的。但要注意，第二种方法只适用于系统默认路径，如果要将文件存储在特定的目录下，只能使用第一种方法。

图 8-6 结果演示

只是成功地将数据写入文件还不够，我们还得想办法在启动程序的时候让这些数据显示到界面上。接下来我们学习如何从文件中读取数据。

类似于将数据存储到文件中，Context 类中还提供了一个 openFileInput() 方法，用于从文件中读取数据。这个方法要比 openFileOutput() 简单一些，它只接收一个参数，即要读取的文件名。系统会自动到 ...\data\data\<package name>\files\ 目录下去加载这个文件，并返回一个 FileInputStream 对象，得到了这个对象之后，再通过 Java 的 I/O 流的方式就可以将数据从文件中读取出来。

以下是一段简单的代码示例，展示了如何从文件中读取文本数据。

```
public class FilesSaveActivity extends Activity {

    String filename = "myFile";
    String fileContents = "Hello world! 你好，世界！ ";

    // 读取数据
    public void onReadFiles(View view) {
        try {
            FileInputStream is = openFileInput(filename);
            BufferedReader reader = new BufferedReader(new InputStreamReader(is));
            StringBuilder content = new StringBuilder();
            String line;
            byte[] bytes = new byte[20];
            while((line = reader.readLine()) != null){
                content.append(line);
            }
            ((Button)view).setText(content);
        } catch (Exception e) {
            e.printStackTrace();
        }
    }
}
```

在这段代码中，首先通过 openFileInput() 方法获取到了一个 FileInputStream 对象（is），然后借助它又构建出了一个 InputStreamReader 对象，并使用 InputStreamReader 构建出一个 BufferedReader 对象（reader），这样我们就可以通过 BufferedReader 一行行地从文件中读取数据。把文件中所有的文本内容全部读取出来，存放在一个 StringBuilder 对象（content）中，最后将读取到的内容返回。如果采用 InputStream 去读取数据就只能正确得到英文，而使用 BufferReader 去读取整行数据时，Android 系统会自行解析中英文。我们已在上述代码中向文件中加入了一段中文。重新运行程序，主界面如图 8-7 所示。

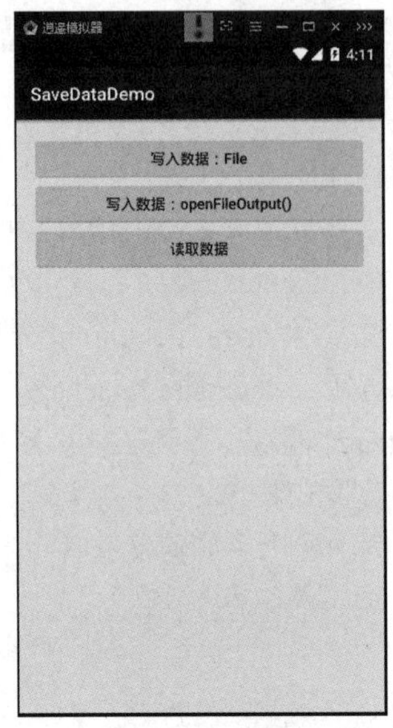

图 8-7　运行结果

先重新写入数据，然后单击“读取数据”按钮，可以看到数据已经正常地显示到主界面上了，如图 8-8 所示。

Hello world! 你好, 世界 !

图 8-8　运行结果

如果不想把文件存在系统的默认路径，则可以跟写入文件一样利用 File 指明其路径即可。至此，我们就已经把文件存储方面的知识学习完了。其实所用到的核心技术就是 Context 类提供的 openFileInput() 和 openFileOutput() 方法，然后利用 Java 的各种 I/O 流来进行文件的读写操作。

不过如前所述，文件存储的方式并不适合用于保存一些较为复杂的文本数据。因此，下面我们就来学习 Android 系统中另一种数据持久化的方式，它比文件存储更加简单易用，而且可以很方便地对某一指定类型的数据进行读写操作。

SharedPreferences 存储

8.1.2　SharedPreferences 存储

使用 SharedPreferences 来存储数据，首先需要获取 SharedPreferences 对象。Android 系统中提供了 3 种方法用于得到 SharedPreferences 对象。

（1）Context 类中的 getSharedPreferences() 方法。如果你想在应用中的任何地方共享首选项文件，可使用此方法。此方法接收两个参数：第一个参数用于指定

SharedPreferences 文件的名称，如果指定的文件不存在则会创建一个，SharedPreferences 文件都是存放在 ...\data\data\<package name>\shared_prefs\ 目录下的；第二个参数用于指定操作模式，目前只有 MODE_PRIVATE 这一种模式可选，是默认的操作模式，它与直接传入参数 0 的效果是相同的，表示只有当前的应用程序才可以对这个 SharedPreferences 文件进行读写操作。

（2）Activity 类中的 getPreferences() 方法。如果您只需要为活动使用一个共享首选项文件，那么可以使用该方法。这个方法和 Context 中的 getSharedPreferences () 方法相似，不过它只接收一个操作模式参数，因为使用这个方法时，系统会自动将当前活动的类名作为 SharedPreferences 文件的文件名，所以无需提供文件名称。

（3）PreferenceManager 类中的 getDefaultSharedPreferences() 方法。这是一个静态的方法，一般用来保存应用设置。它接收一个 Context 参数，并自动使用当前应用程序的包名作为前缀来命名 SharedPreferences 文件。

得到了 SharedPreferences 对象之后，就可以开始向 SharedPreferences 文件中存储数据了，可以分为以下 3 步实现。

（1）调用 SharedPreferences 对象的 edit() 方法获取一个 SharedPreferences.Editor 对象。

（2）向 SharedPreferences.Editor 对象中添加数据。比如，添加一个布尔型数据使用 putBoolean() 方法；添加一个字符串则使用 putString() 方法。

（3）调用 apply() 或 commit() 方法将添加的数据提交，从而完成数据存储操作。apply() 方法是异步更新写入磁盘，commit() 方法是同步更新的，我们应避免在主线程中调用后者。

接下来我们通过一个例子学习 SharedPreferences 保存数据的用法。新建一个 KeyValueActivity 类，在其中加入保存数据和读取数据的按钮。修改 KeyValueActivity 代码，如下所示：

```
public class KeyValueActivity extends AppCompatActivity {

    @Override
    protected void onCreate(Bundle savedInstanceState) {
        super.onCreate(savedInstanceState);
        setContentView(R.layout.activity_key_value);
    }

    // 数据写入 SharedPreferences
    public void onKeyValueSave(View view) {
        SharedPreferences.Editor editor = getPreferences(MODE_PRIVATE).edit();
        editor.putString("name", " 胡一菲 ");
        editor.putBoolean("married", false);
        editor.putString("gender", " 女博士 ");
        editor.putInt("age", 28);
        editor.apply();
    }
```

```
    // 从 SharedPreferences 读取数据
    public void onKeyValueRead(View view) {
    }
}
```

由上述代码可以看出，在单击事件中通过 getPreferences() 方法得到了 SharedPreferences.Editor 对象；接着向这个对象中添加了 3 条不同类型的数据；最后调用 apply() 方法进行提交，完成数据存储的操作。

运行程序，进入界面之后，单击数据写入按钮，然后打开 Device File Explorer，重新刷新一下，可以看到系统生成了一个 shared_prefs 目录，里面有一个以我们定义的类名为标题的 XML 文件，如图 8-9 所示。

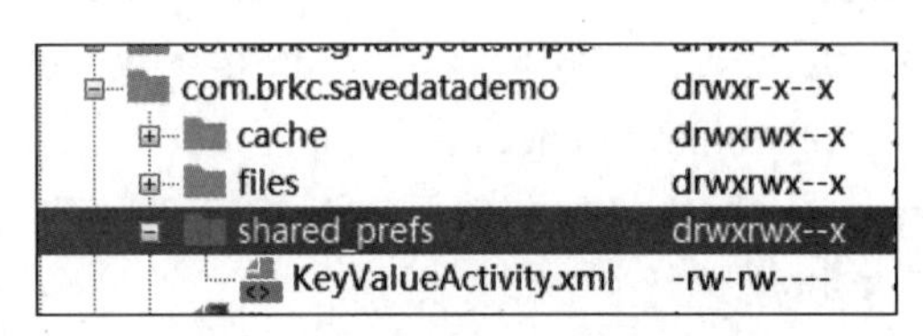

图 8-9　生成的 shared_prefs 目录

打开文件，我们能够看到文件里面的内容，如图 8-10 所示。

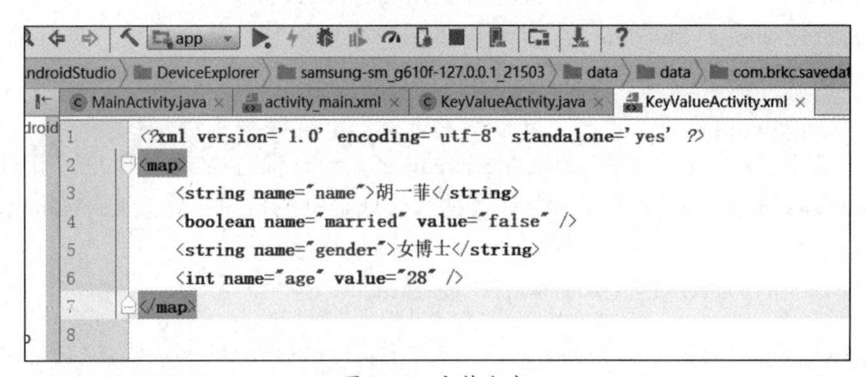

图 8-10　文件内容

可以看到，我们刚刚在按钮的单击事件中添加的所有数据都已经成功地保存下来了，并且 SharedPreferences 文件是使用 XML 格式对数据进行管理的。接下来讲解如何从 SharedPreferences 文件中读取数据。

读取数据比写入数据简单一些，不需要考虑任何异常，不需要判断读出的信息是否为空。具体代码如下：

```
public class KeyValueActivity extends AppCompatActivity {

    private TextView tvData;

    @Override
    protected void onCreate(Bundle savedInstanceState) {
        super.onCreate(savedInstanceState);
```

```
        setContentView(R.layout.activity_key_value);
        tvData = (TextView) findViewById(R.id.tv_data);
    }

    ...
    // 从 SharedPreferences 读取数据
    public void onKeyValueRead(View view) {
        SharedPreferences pref = getPreferences(MODE_PRIVATE);
        String name = pref.getString("name", "");
        String gender = pref.getString("gender", "");
        int age = pref.getInt("age", 0);
        boolean married = pref.getBoolean("false", false);
        tvData.setText(name + "\n" + gender + "\n" + age + "\n" + married + "\n");
    }
}
```

由上述代码可以看到，与保存数据类似，读取数据的第一步也是通过 getPreferences (MODE_PRIVATE) 得到读取数据的对象，然后把保存数据中的 put×××() 方法换成 get×××() 方法就可以了。不过这里要注意，传入的两个参数还是有些区别的，读取数据的 get×××() 方法的第一个参数也是“键”名，第二个参数为默认值，即当找不到对应的键时以该默认值返回。这就是我们前述的“不需要考虑异常和判断非空”的原因。

重新运行程序，单击“读取数据”按钮后的效果如图 8-11 所示。

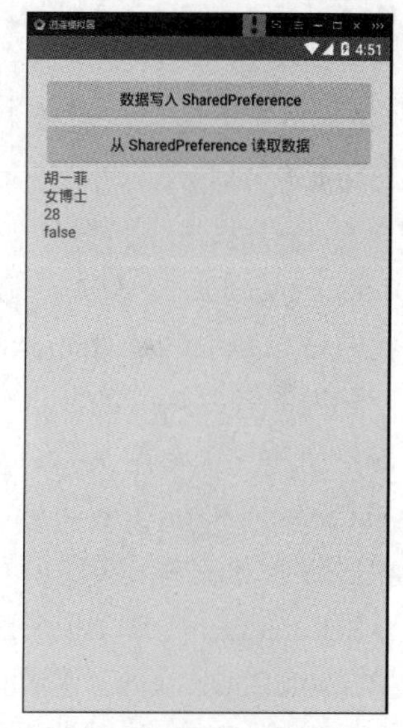

图 8-11　运行结果

需要注意，这里实现的存储和读取功能是比较简单的示例，并不能在实际的项目中直接使用。因为将数据以明文的形式存储在 SharedPreferences 文件中是非常不安全的，很容易被别人盗取，因此在正式的项目里还需要结合一定的加密算法来对数据进行保护。

关于 SharedPreferences 的内容就讲到这里，接下来我们要学习本章的重点内容——Android 系统中的数据库技术。

SQLite 数据库存储

8.1.3　SQLite 数据库存储

Android 系统内置了数据库，并提供了数据库的 DAO 接口，不需要读者进行二次开发，这大大节省了开发的时间成本。SQLite 是一款轻量级的关系型数据库，它的运算速度非常快，占用资源很少，通常只需要几百 KB 的内存就足够了，因而特别适合在移动设备上使用。SOLite 不仅支持标准的 SQL 语法，还遵循了数据库的 ACID 事务，所以只要读者以前使用过其他的关系型数据库，就可以很快地对 SQLite 上手。SQLite

比一般的数据库要简单得多，它甚至不用设置用户名和密码就可以使用。SQLite 的具体特点如下所述。

（1）轻量级：使用 SQLite 时只需要带一个动态库，就可以享受 SQLite 的全部功能，而且这个动态库相当小。

（2）独立性：SQLite 数据库的核心引擎不需要依赖第三方软件，也不需要进行“安装”。

（3）隔离性：SQLite 数据库中所有的信息（比如表、视图、触发器等）都包含在一个文件夹内，方便管理和维护。

（4）跨平台：SQLite 目前支持大部分操作系统，不但可以在计算机操作系统上运行，在很多的手机操作系统上也能够运行，比如 Android 系统。

（5）多语言接口：SQLite 数据库支持多语言编程接口。

（6）安全性：SQLite 数据库通过数据库级上的独占性和共享锁来实现独立事务处理，这意味着多个进程可以在同一时间从同一数据库读取数据，但只能有一个进程可以写入数据。

Android 把这个功能极为强大的数据库嵌入到了其系统当中，使得它的本地持久化的功能有了质的飞跃。

为了让我们能够更加方便地管理数据库，Android 系统专门提供了一个 SQLiteOpenHelper 帮助类，借助这个类可以非常简单地对数据库进行创建和升级。下面我们对 SQLiteOpenHelper 的基本用法进行介绍。

首先读者要知道 SQLiteOpenHelper 是一个抽象类，这意味着如果我们想要使用它，就需要创建一个自定义帮助类去继承它。SQLiteOpenHelper 中有两个抽象方法，分别是 onCreate() 和 onUpgrade()，我们必须在自己的帮助类里面重写这两个方法，然后分别在这两个方法中去实现创建、升级数据库的逻辑。

SQLiteOpenHelper 中还有两个非常重要的实例方法：getReadableDatabase() 和 getWritableDatabase()。这两个方法都可以创建或打开一个现有的数据库（如果数据库已存在则直接打开，否则创建一个新的数据库），并返回一个可对数据库进行读写操作的对象。不同的是，当数据库不可写入的时候（如磁盘空间已满），getReadableDatabase() 方法返回的对象将以只读的方式去打开数据库，而 getWritableDatabase() 方法则将出现异常。

上述的 SQLiteOpenHelper 中有两个构造方法可供重写，我们通常使用参数少的那个构造方法。这个参数少的构造方法中接收 4 个参数：第一个参数是 Context，必须要有它才能对数据库进行操作；第二个参数是数据库名，名称的后缀 .db 表示扩展名；第三个参数允许我们在查询数据的时候返回一个自定义的 Cursor，一般都是传入 null；第四个参数表示当前数据库的版本号，可用于对数据库进行升级操作。在构建出 MyDBHelper 的实例之后，再成功地调用它的 getReadableDatabase() 或 getWritableDatabase() 方法就可成功地创建数据库了，得到的 SQLiteDatabase 对象就是我们后面对数据库进行操作的对象，数据库文件会存放在根目录下的 \data\data\databases\

目录下。此时，MyDBHelper 重写的 onCreate() 方法也会得到执行，所以通常会在这里处理一些创建表的逻辑。

下面是例程的具体代码。首先创建一个 MyDBHelper 类，代码如下：

```
public class MyDBHelper extends SQLiteOpenHelper {

    private static final String TAG = "MyDBHelper";
    private static final int DB_VERSION = 1;
    private static final String DB_NAME = "myTest.db";
    public static final String TABLE_NAME = "Orders";

    public MyDBHelper(Context context) {      // 定义构造函数
        super(context,DB_NAME,null,DB_VERSION); // 重写基类构造函数
    }

    @Override
    public void onCreate(SQLiteDatabase db) {
        Log.e(TAG, "onCreate: ");
        String sql = "create table if not exists "
                + TABLE_NAME
                + "(Id integer primary key,CustomName text,OrderPrice integer,Country text)";
        db.execSQL(sql);
    }

    @Override
    public void onUpgrade(SQLiteDatabase db, int oldVersion, int newVersion) {
        Log.e(TAG, "onUpgrade: ");
    }
}
```

由上述代码可以看到，首先通过构造函数创建一个名为 myTest.db、版本号为 1 的数据库；然后利用 SQL 语句在 onCreate() 方法中创建了一张名为 Orders（订单）的表，表中包含 Id（主键）、CustomName（订单者）、OrderPrice（订单价格）、Country（国家）四个属性（列名）。下面，将创建 Orders 的实体类，声明这四个属性，代码如下：

```
public class Order {
    public int id;
    public String customName;
    public int orderPrice;
    public String country;

    public Order() {
    }

    public Order(int id, String customName, int orderPrice, String country) {
        this.id = id;
        this.customName = customName;
        this.orderPrice = orderPrice;
```

```
        this.country = country;
    }
}
```

最后，我们在 MainActivity 中创建数据库。修改 MainActivity 代码，如下所示：

```
public class MainActivity extends AppCompatActivity {

    private static final String TAG = "MainActivity";
    // 创建 MyDBHelper 对象
    private MyDBHelper myDBHelper;
    // 操作数据库对象
    SQLiteDatabase db;

    @Override
    protected void onCreate(Bundle savedInstanceState) {
        super.onCreate(savedInstanceState);
        setContentView(R.layout.activity_main);

        initView();
    }


    /**
     * 初始化
     */
    private void initView() {
        myDBHelper = new MyDBHelper(this);
        db = myDBHelper.getWritableDatabase();     // 初始化 SQLiteDatabase 对象
    }

    @Override
    protected void onDestroy() {
        super.onDestroy();
        db.close();
        myDBHelper.close();
    }
}
```

由上述代码可以看到，我们首先创建 MyDBHelper 类，然后通过 getWritableDatabase() 得到 SQLiteDatabase 数据库操作对象。运行上述程序后，打印的日志如图 8-12 所示。

```
E/MyDBHelper: onCreate:
```

图 8-12　Log 打印结果

虽然日志结果显示我们的数据库已经创建成功了，但这只是我们单方面的、表面上看到的结果，如何去查看真实的数据呢？打开 Device File Explorer 文件管理器，选中我们的模拟器，因为数据库系统默认的存储路径是根目录下的 \data\data\<package name>\databases\，所以我们在系统根目录下依次展开 data → data →

com.bkrc.sqlite → databases 文件夹，找到数据库文件 myTest.db，如图 8-13 所示。

Device File Explorer

Samsung SM-G610F Android 5.1.1, API 22

Name	Permissio...	Date	Size
com.android.shell	drwxr-x--x	2016-05-31 17:30	
com.android.systemui	drwxr-x--x	2016-05-31 17:30	
com.android.vpndialogs	drwxr-x--x	2016-05-31 17:30	
com.android.wallpaper.livepic	drwxr-x--x	2017-09-01 10:23	
com.android.wallpapercroppe	drwxr-x--x	2016-05-31 17:30	
com.android.webview	drwxr-x--x	2016-05-31 17:30	
com.bkrc.listview	drwxr-x--x	2018-10-15 09:52	
com.bkrc.motionlistener	drwxr-x--x	2018-10-15 09:52	
com.bkrc.sqlite	drwxr-x--x	2018-10-15 09:54	
cache	drwxrwx--x	2018-10-15 10:26	
databases	drwxrwx--x	2018-10-15 10:26	
myTest.db	-rw-rw----	2018-10-15 10:32	16 KB
myTest.db-journal	-rw-------	2018-10-15 10:32	8.5 KB
lib	lrwxrwxrwx	2018-10-15 10:26	
com.brkc.activity	drwxr-x--x	2018-10-15 09:52	
com.brkc.broadcastreceiver	drwxr-x--x	2018-10-15 09:52	
com.brkc.broadcastreceiver2	drwxr-x--x	2018-10-15 09:52	
com.brkc.component	drwxr-x--x	2018-10-15 09:52	
com.brkc.dialog	drwxr-x--x	2018-10-15 09:52	

图 8-13 查看数据库文件

右击 myTest.db，在弹出的快捷菜单中选择“另存为”命令导出 myTest.db 文件，然后通过 SQLite Expert Personal 软件打开 myTest.db 数据库，显示界面如图 8-14 所示。

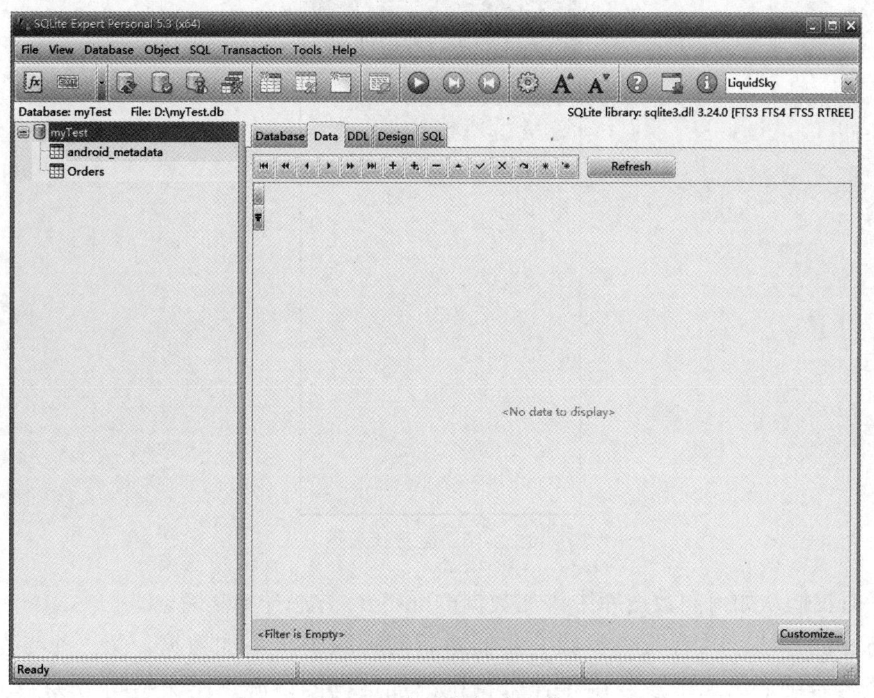

图 8-14 打开数据库文件

由图 8-14 可以看到，表 Orders 已经创建成功。单击表 Orders，选中 Data 项，我们会看到上述的表列也创建成功了，如图 8-15 所示。

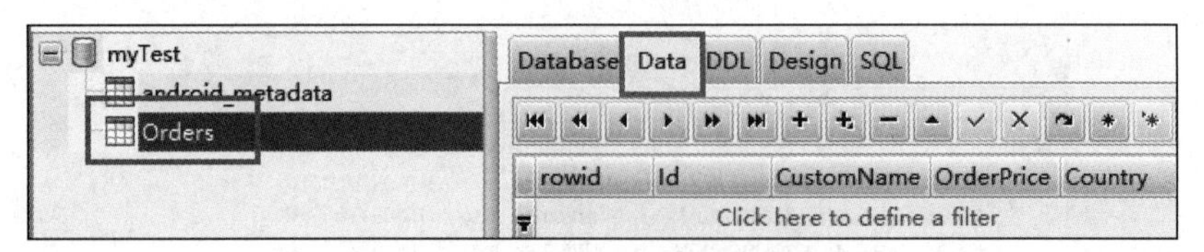

图 8-15　查看数据库表

在上述创建操作成功之后，接下来我们就要学习如何对数据库进行操作了。其实对数据库的操作基本就 4 种，即 CRUD。其中，C 代表添加（Create）；R 代表查询（Query）；U 代表更新（Update）；D 代表删除（Delete）。每一种操作与 SQL 命令是一一对应的，学过 SQL 语句的读者应该熟悉 insert（添加）、select（查询）、update（更新）、delete（删除）等 SQL 命令关键字。对于不熟悉这些语句的读者，Android 系统也提供了一系列的辅助性方法使得开发者能够快速地进行开发。

前面我们已经知道 SQLiteDatabase 对象是对数据库进行 CRUD 操作的。SQLiteDatabase 里有 Android 系统提供的增 insert()、删 delete()、改 update()、查 query() 四种基本方法，以及根据这几种基本方法扩展出的辅助方法。首先，我们需要在主界面中添加"新增""删除""修改""数据查询"四个按钮，分别对应增、删、改、查四种操作，运行后主界面如图 8-16 所示。

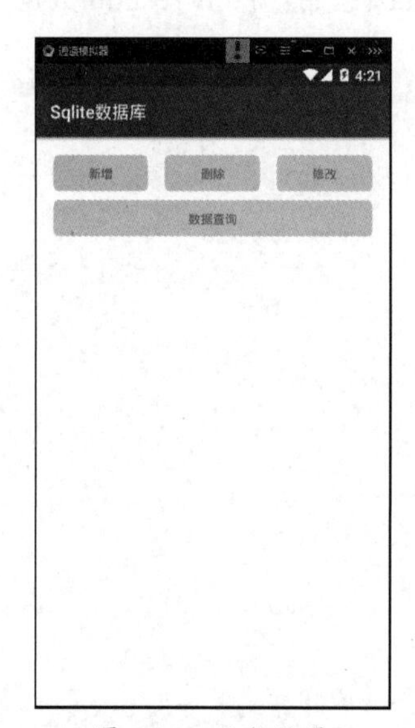

图 8-16　运行结果

下面我们从如何向数据库中添加数据的 insert() 方法开始学习。

insert() 方法一共有三个参数：我们希望向哪张表里添加数据，第一个参数就传入该表的名字；第二个参数用于在未指定添加数据的情况下给某些可以为空的列自动赋值 null，我们一般用不到这个功能（直接传入 null 即可）；第三个参数是一个 ContentValues 对象，它提供了一系列的 put() 方法重载，用于向 ContentValues 中添加数据，只需将表中的每个列名以及相应的待添加的数据传入即可。具体代码如下：

```
public void insertDate() {
    ContentValues contentValues = new ContentValues();
    contentValues.put("CustomName", "Peter");
    contentValues.put("OrderPrice", 700);
    contentValues.put("Country", "China");
    if (db.insert(TABLE_NAME, null, contentValues) == -1) {
        Toast.makeText(this, " 主键重复 ", Toast.LENGTH_SHORT).show();
    }
    contentValues.clear();
}
```

由上述代码可知，insert() 方法是有返回值的，这是因为直接用 SQL 语句连接数据库是有风险的，对 SQL 语句不熟悉的读者在编写各种应用时很容易出现各种异常闪退，考虑到这一点，Android 系统直接帮助我们安全地处理了异常，在处理完异常后，还贴心地给我们一个定义好的返回值。读者可以忽略这个返回值，也可以像上述代码一样，对返回值进行一个判断，然后提示用户。写好上述方法之后，下面就编写界面程序进行验证。修改 MainActivity，代码如下：

```
public class MainActivity extends AppCompatActivity {

    private static final String TAG = "MainActivity";
    // 查询结果
    ArrayList<Order> queryResult;
    // 创建 MyDBHelper 对象
    private MyDBHelper myDBHelper;
    // 操作数据库对象
    SQLiteDatabase db;

    @Override
    protected void onCreate(Bundle savedInstanceState) {
        super.onCreate(savedInstanceState);
        setContentView(R.layout.activity_main);
        initView();
    }

    /**
     * 初始化
     */
    private void initView() {
        myDBHelper = new MyDBHelper(this);
        db = myDBHelper.getWritableDatabase();     // 初始化 SQLiteDatabase 对象
        Button insertButton = (Button) findViewById(R.id.insertButton);
        Button deleteButton = (Button) findViewById(R.id.deleteButton);
        Button updateButton = (Button) findViewById(R.id.updateButton);
        Button queryButton = (Button) findViewById(R.id.queryButton);
        SQLBtnOnclickListener onclickListener = new SQLBtnOnclickListener();
        insertButton.setOnClickListener(onclickListener);
        deleteButton.setOnClickListener(onclickListener);
```

```
    updateButton.setOnClickListener(onclickListener);
    queryButton.setOnClickListener(onclickListener);
}

public class SQLBtnOnclickListener implements View.OnClickListener {
    @Override
    public void onClick(View v) {
        switch (v.getId()) {
            case R.id.insertButton:
                insertDate();
                break;
            case R.id.deleteButton:
                String Id;
                delete(Id);
                break;
            case R.id.queryButton:
                break;
            case R.id.updateButton:
                update();
                break;
        }
        refresh();
    }
}

private void refresh() {
    queryResult = query();
}

/**
 * 新增数据
 */
public void insertDate() {
    ContentValues contentValues = new ContentValues();
    contentValues.put("CustomName", "Peter");
    contentValues.put("OrderPrice", 700);
    contentValues.put("Country", "China");
    if (db.insert(TABLE_NAME, null, contentValues) == -1) {
        Toast.makeText(this, " 主键重复 ", Toast.LENGTH_SHORT).show();
    }
    contentValues.clear();
}

/**
 * 删除
 * @param id 对应的 ID 号
 */
private void delete(String id) {
}
```

```
    /**
     * 数据查询
     */
    public ArrayList<Order> query() {
        ArrayList<Order> list = new ArrayList<Order>();
        return list;
    }

    /**
     * 更新修改字段
     */
    private void update() {
    }

    @Override
    protected void onDestroy() {
        super.onDestroy();
        db.close();
        myDBHelper.close();
    }
}
```

在图 8-16 中单击“新增”按钮，然后查看数据库文件 myTest.db，结果如图 8-17 所示。

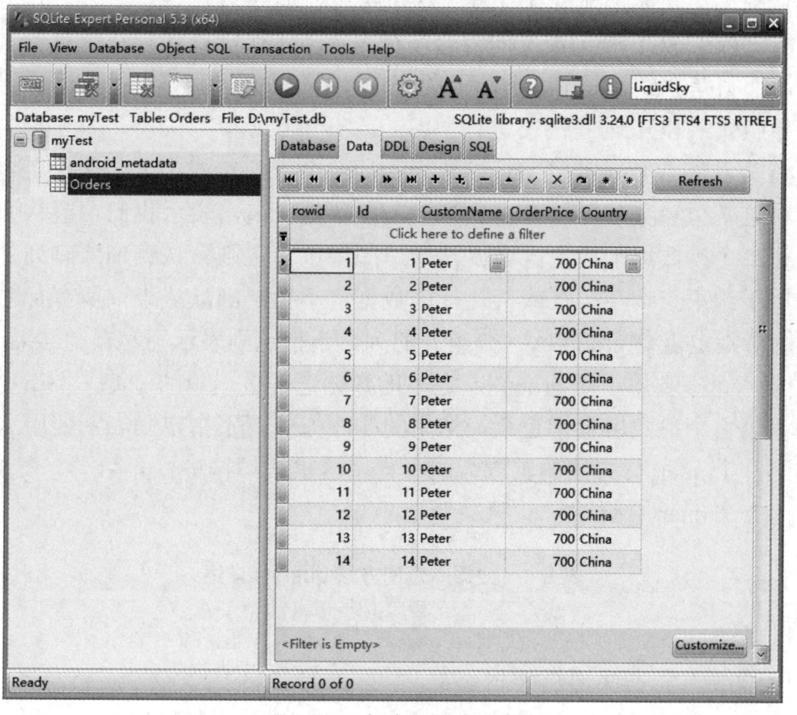

图 8-17　查看数据库文件

可以看到，数据已经添加至我们的数据库中了。删除、修改和新增功能类似，下面是修改功能的代码。

```
/**
 * 更新修改字段
 */
private void update() {
    ContentValues values = new ContentValues();
    values.put("customName", "John");      // 修改字段
    db.update(TABLE_NAME, values, "customName = 'Peter'", null);
}
```

由上述代码可以看到，我们将人名“Peter”改成了“John”。下面是删除功能的代码。

```
/**
 * 删除
 * @param id 对应的 ID 号
 */
private void delete(String id) {
    if (db.delete(TABLE_NAME, "Id=?", new String[]{id}) == 0) {
        Toast.makeText(MainActivity.this, " 删除失败 ", Toast.LENGTH_SHORT).show();
    }
}
```

由上述代码可以看到，我们是根据 ID 号来进行删除操作的。接下来，是数据库操作的重点——查询 query()，查询是 CRUD 中最复杂的一种操作。

我们都知道 SQL 的全称是 Structured Query Language，翻译成中文就是结构化查询语言。它的大部分功能都体现在“查”这个字上，而“增”“删”“改”只是其中的一小部分功能。由于 SQL 查询涉及的内容实在是太多了，因此我们在这里不对它进行全面的讲解，而只是介绍 Android 系统上的查询功能。如果读者对 SQL 语言感兴趣，可以找一本专门介绍 SQL 语言的书进行学习。

query() 方法的参数非常复杂，参数最少的一个方法重载也需要传入 7 个参数。下面我们来看这 7 个参数各自的含义：第一个参数是表名，表示我们希望从哪张表中查询数据；第二个参数用于指定查询哪几列，如果不指定则默认查询所有列；第三和第四个参数用于约束查询某一行或某几行的数据，不指定则默认查询所有行的数据；第五个参数用于指定需要 group by（分组）的列，不指定则表示不对查询结果进行 group by 操作；第六个参数用于对 group by 之后的数据进行进一步的过滤，不指定则表示不进行过滤；第七个参数用于指定查询结果的排序方式，不指定则表示使用默认的排序方式。其他几个 query() 方法的重载大同小异，这里就不再进行介绍了。表 8-1 给出了数据库查询方法 query() 详述。

表 8-1　数据库查询方法 query() 详述

参数	对应的 SQL 部分	描述
table	from table_name	指定查询的表名
column	select column1, column2	指定查询的列名
selection	where column = value	指定 where 的约束条件

续表

参数	对应的 SQL 部分	描述
selectionArgs	（无）	为 where 中的占位符提供具体的值
groupBy	group by column	指定需要 group by 的列
having	having column = value	对 group by 后的结果进行进一步约束
orderBy	order by column1, column2	指定查询结果的排序方式

虽然表 8-1 中的参数很多，但是读者不必纠结，因为我们不必为每条查询语句都指定所有参数，通常情况下我们只需调用 Android 系统的经扩展后的查询方法即可。查询完成后会返回一个 Cursor 对象，所有的数据都将从这个对象中取出，如下述代码所示。

```
/**
 * 数据查询
 */
public ArrayList<Order> query() {
    ArrayList<Order> list = new ArrayList<Order>();
    Cursor cursor = db.query(TABLE_NAME,null,null,null,null,null,null);

    // 开启事务
    db.beginTransaction();
    if (cursor != null && cursor.getCount() > 0) {
        // 判断 cursor 中是否存在数据
        while (cursor.moveToNext()) {
            Order bean = new Order();
            bean.id = cursor.getInt(0);
            bean.customName = cursor.getString(1);
            bean.orderPrice = cursor.getInt(2);
            bean.country = cursor.getString(3);
            list.add(bean);
        }
        // 设置事务执行成功
        db.setTransactionSuccessful();
        db.endTransaction();
    }
    return list;
}
```

由上述代码可以看到，我们首先在“数据查询”按钮的单击事件里面调用了 SQLiteDatabase 的 query() 方法去查询数据。这里的 query() 方法非常简单，只使用了第一个参数指明去查询 Orders 表，后面的参数全部为 null，这就表示希望查询这张表中的所有数据。查询之后得到了一个 Cursor 对象，因为我们需要调用 Cursor 的 moveToNext() 方法遍历获取每行数据，为防止出现我们不希望的情况（比如突然断电导致数据丢失），我们可以调用 beginTransaction() 和 endTransaction() 方法保证读取的原子性。在遍历读取每行数据的过程中，可以通过 get××(index) 方法获取某列的结果及对应的类型。

以上便是我们的 CRUD 操作，虽然的确降低了开发难度，但是总有一些 SQL 语言学得非常棒的读者更习惯用 SQL 语言编程。考虑到个人的编程习惯，Android 系统提供了一系列的直接通过 SQL 来操作数据库的方法。

下面简单介绍一下如何直接使用 SQL 来完成我们前面学过的 CRUD 操作。

添加数据的方法如下：

```
db. execSQL("insert into Book (name, author, pages, price) values(?, ?, ?, ?)"new String[] { "The
Da Vinci Code", "Dan Brown", "454", "16.96" });
db. execSQL("insert into Book (name, author, pages, price) values(?, ?, ?, ?)",new String[] "The
Lost Symbol", "Dan Brown", "510", "19.95" });
```

更新数据的方法如下：

```
db. execSQL("update Book set price = ? where name = ?", new String[] {"10.99", "The Da Vinci Code" });
```

删除数据的方法如下：

```
db. execSQL( "delete from Book where pages > ?", new String[] {"500" });
```

查询数据的方法如下：

```
db. rawQuery( "select * from Book", null);
```

可以看到，查询数据的时候调用的是 SQLiteDatabase 的 rawQuery() 方法，其他几个操作调用的是 execSQL() 方法。以上演示的几种 SQL 的操作方式，其执行结果与我们前面学习的 CRUD 操作方式的结果完全相同。选择使用何种方式完全根据读者个人的喜好。

这里我们做一个综合例程（代码略），用 ListView 把增、删、改、查全部整合在一起，功能如下所述。

主界面与前述一样，首先我们单击“数据查询”按钮，数据库里已存储的三条数据将在列表上同时显示，查询结果如图 8-18 所示。

接着单击“新增”按钮，界面显示出对应的列表，每增加一条数据，界面都能实时刷新出一条数据（增、删、改操作后调用一次查询方法以达到实时刷新界面的目的）。单击“修改”按钮后效果如图 8-19 所示。

图 8-18　单击“数据查询”按钮的运行结果

图 8-19　单击“修改”按钮的运行结果

然后我们单击“删除”按钮，可以看到删除的是第一条数据而不是 ID 为 1 的数据。同样，每删除一条数据，界面也实时去掉一条数据。单击“删除”按钮后效果如图 8-20 所示。

最后我们单击“修改”按钮，可以看到我们将所有的 Peter 都替换成了 John，效果如图 8-21 所示。

SQLite数据库

新增 删除 修改

数据查询

3	Peter	China	700
4	Peter	China	700
5	Peter	China	700

图 8-20 单击“删除”按钮的运行结果

SQLite数据库

新增 删除 修改

数据查询

3	John	China	700
4	John	China	700
5	John	China	700

图 8-21 单击“修改”按钮的运行结果

8.1.4 Android 的 Room 框架

Android 的 Room
框架数据库存储

在 Google 发布一个和 SQLite 相关的数据库（Room）之前，它一直都是使用 SQLite、XUtils、greenDao、Realm、LitePal 等数据库。Google 发布的这款与 SQLite 相关的数据库似乎是一个更“正统”的数据库。

Room 是一个持久性的数据库，它提供了一个覆盖 SQLite 的抽象层，可以在利用 SQLite 的全部功能的同时进行流畅的数据库访问。

由于现在的 Android 系统开发环境越来越好，网上有不少开源的数据库给大家使用，那么我们为什么还要学习 Room 这个数据库呢？这是因为 Room 数据库有以下几项优点：

- 查询语句在编译时就会进行验证——在编译时检查每个 @Query 和 @Entity（不仅检查语法问题，还会检查数据表是否存在），这就意味着没有任何可能会导致应用程序崩溃的风险存在。
- 较少的模板代码，使代码更优雅、更简洁。
- 原生支持 LiveData、RxJava 集成，给各个开源框架间上了一层顺滑油，对涉及数据库的 APP 开发帮助很大。

我们在使用 Room 之前需要在 build.gradle 中添加以下代码：

```
dependencies {
   ...
   implementation 'android.arch.persistence.room:runtime:1.0.0'
   annotationProcessor 'android.arch.persistence.room:compiler:1.0.0'
}
```

读者可以复制以下链接去官网查看 Room 最新的版本号：https://developer.android.google.cn/topic/libraries/architecture/adding-components#room。

接下来，我们就开始学习 Room 的使用方法。Room 也是由 Database（数据库）、Entity（实体）和 DAO（Data Access Objects）三个部分组成的。

Database：包含数据库持有者。注释的类 @Database 应满足以下条件：

- 是一个扩展的抽象类 RoomDatabase。
- 在注释中包括与数据库关联的实体列表。
- 包含一个无参数的抽象方法，并返回带注释的类 @Dao。

运行时，可以通过调用 Room.databaseBuilder() 或 Room.inMemoryDatabaseBuilder() 获取 Database 实例。

Entity：表示数据库中的表。

DAO：包含用于访问数据库的方法。

这些组件以及它们与应用程序其余部分的关系如图 8-22 所示。

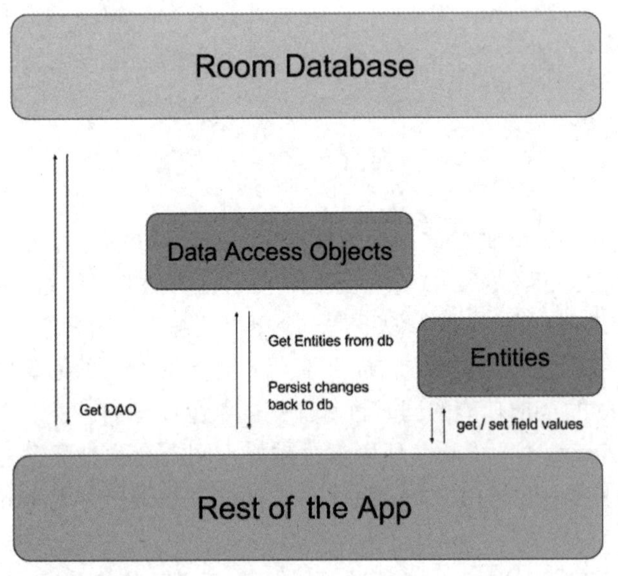

图 8-22　Room 框架组件与应用程序之间的关系

下面我们进行具体操作。

（1）创建实体类。创建 User 实体类的代码如下：

```
@Entity
public class User {

    @PrimaryKey(autoGenerate = true)    // 主键是否自动增长，默认为 false
    private int id;
    private String name;
    private int age;

    public int getId() {
        return id;
    }

    public void setId(int id) {
        this.id = id;
```

```
    }

    public String getName() {
        return name;
    }

    public void setName(String name) {
        this.name = name;
    }

    public int getAge() {
        return age;
    }

    public void setAge(int age) {
        this.age = age;
    }
}
```

可以看到，我们可以在实体类里面添加约束条件。这里要着重强调一点，代码必须要规范地生成 get() 和 set() 方法。通常，在实体类的外部通过“. 属性名”就能直接调用我们创建的实体类，如我们上一节所创建的 Order 实体类。为了简化代码，我们通常用构造函数去替代 set() 方法，用 order.×× 替代 get() 方法。

（2）创建 DAO。DAO 代表数据访问对象，它提供我们数据库如何操作实体类的一种方式。创建 UserDao 对象的代码如下：

```
@Dao
public interface UserDao {
    @Query("SELECT * FROM user")
    List<User> getAllUsers();

    @Insert
    void insert(User... users);

    @Update
    void update(User... users);

    @Delete
    void delete(User... users);

}
```

可以看到，我们使用注解 @Dao 注册该接口，完成对其方法的绑定。其中，@Insert、@Update、@Delete、@Query 代表我们常用的插入、更新、删除、查询数据库操作。除了上述代码所示的形参形式外，@Insert、@Update、@Delete 还可以有其他多种不同形式的形参，例如：

```
@Insert
void insert(User user);
```

```
@Insert
void insert(List<User> userLists);
```

同理，@query 也可以返回不同的参数类型，例如：

```
@Query("SELECT * FROM user WHERE id=:id")
User getUser(int id);

@Query("SELECT * FROM user")
Cursor getUserCursor();
```

当然，我们还可以传入一些限制符，例如：

```
@Query("SELECT * FROM user WHERE age=:age")
List<User> getUsersByAge(int age);

@Query("SELECT * FROM user WHERE age=:age LIMIT :max")
List<User> getUsersByAge(int max, int... age);
```

可以看到，DAO 方法与 SQLite 的 CRUD 操作方法基本类似，只是代码更加简洁。

（3）创建数据库。在创建数据库的过程中，除了必须创建数据库和表，还可以实例化我们的操作对象。创建数据库 UserDatabase 的代码如下：

```
@Database(entities = { User.class }, version = 1,exportSchema = false)
public abstract class UserDatabase extends RoomDatabase {

    private static final String DB_NAME = "UserDatabase.db";
    private static volatile UserDatabase instance;

    static synchronized UserDatabase getInstance(Context context) {
        if (instance == null) {
            instance = create(context);
        }
        return instance;
    }

    private static UserDatabase create(final Context context) {
        return Room.databaseBuilder(
                context,
                UserDatabase.class,
                DB_NAME).build();
    }

    public abstract UserDao getUserDao();
}
```

因为在上述代码里使用 @Database 注解该类并添加了表名、数据库版本（每当我们改变数据库中的内容时它都会增加），所以这里需要添加 exportSchema = false，否则系统会发出警告。警告信息如下：

```
Error:(10, 17) 警告：Schema export directory is not provided to the annotation processor so we
cannot export the schema. You can either provide room.schemaLocation annotation processor
argument or set exportSchema to false.
```

在创建数据库的过程中还有一点需要注意，Android 系统提示我们在实例化

AppDatabase对象时应遵循单例设计模式，这是因为每个RoomDatabase实例都相当昂贵，并且你很少需要访问多个实例。

（4）使用数据库。在完成上述三个过程之后，就可以进行数据库的使用操作了。通过如下方法实现插入数据。

```
User user = new User();
user.setName("name1");
user.setAge(18);
UserDatabase.getInstance(MainActivity.this).getUserDao().insert(user);
```

通过以下方法实现查询数据。

```
queryResult = (ArrayList<User>) UserDatabase
        .getInstance(MainActivity.this)
        .getUserDao()
        .getAllUsers();
```

读者应注意，运行上述代码时，系统可能会报以下的错误：

```
Caused by: java.lang.IllegalStateException: Cannot access database on the main thread since it
may potentially lock the UI for a long period of time.
```

造成上述错误的原因就是我们在主线程进行了长时间的工作。是不是很熟悉？没错，我们在第5章讲述“异步工作”时涉及此内容。之前我们是单方面坚守异步工作原则避免该类问题的发生，换个意思就是只要在主线程工作直到ANR发生前，都是没有任何问题的。但采用Room框架之后，程序会自动维护主线程的安全，将ANR崩溃演变成Exception异常崩溃，极大地降低了我们出错的可能性。

至此，数据存储内容就全部讲解完了。如果读者对如何提升存储效率感兴趣，可以访问GitHub开源网站，那里有优秀程序员写的存储框架，例如，LitePal、GreenDao等开源库，在实际开发中我们会经常去使用它们以提高效率。

8.2 内容提供者和内容解析者

ContentProvider
内容提供者

前面我们学了Android数据持久化的技术，包括文件存储、SharedPreferences存储以及数据库存储。不知读者是否发现，使用这些持久化技术所保存的数据都只能在当前应用程序中访问。虽然在文件存储和SharedPreferences存储中提供了MODE_WORLD_READABLE和MODE_WORLD_WRITEABLE这两种操作模式，用于供其他的应用程序访问当前应用的数据，但这两种模式在Android 4.2版本中都已被废弃了。为什么呢？因为Android官方已经不再推荐使用这种方式来实现跨程序数据共享，而是建议使用更加安全可靠的内容提供者技术。

我们生活中有很多数据共享的例子，例如系统的电话簿程序，它的数据库中保存了很多的联系人信息，如果这些数据都不允许第三方程序对其进行访问，恐怕很多应用的功能就要大打折扣了。除了电话簿之外，还有短信、媒体库等程序都实现了跨程序数据共享的功能，它们使用的技术就是内容提供者。下面我们就来对这一技术进行深入的探讨。

8.2.1 内容提供者（ContentProvider）

ContentProvider 主要用于在不同的应用程序之间实现数据共享。它提供了一套完整的机制，允许一个程序（ContentResolver，内容解析者）访问另一个程序（ContentProvider，内容提供者）中的数据，同时还能保证被访问数据的安全性。目前，使用内容提供者是 Android 实现跨程序共享数据的标准方式。

ContentProvider 可以理解为一个 Android 应用对外开放的接口，只要是符合它所定义的 URI 格式的请求，均可以正常执行访问操作。不同于文件存储和 SharedPreferences 存储中的两种全局可读写操作模式，内容提供者可以选择只对哪一部分数据进行共享，从而保证我们程序中的隐私数据无泄漏的风险。ContentProvider 提供了很多使外部可以访问其数据的方法，在 ContentResolver 中均有同名的方法，它们是一一对应的，其关系如图 8-23 所示。

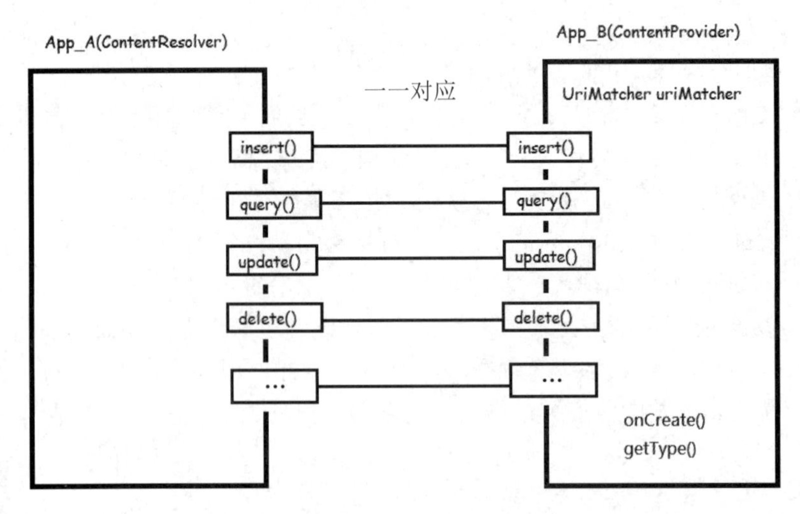

图 8-23　内容提供者与内容解析者的对应关系

内容提供者的用法一般有两种：一种是使用现有的内容提供者来读取和操作相应程序中的数据；另一种是创建自己的内容提供者给我们程序的数据提供外部访问接口。

8.2.2 内容解析者（ContentResolver）

对于每一个应用程序来说，如果想要访问内容提供者共享的数据，就一定要借助 ContentResolver 类。可以通过 Context 中的 getContentResolver() 方法获取到该类的实例。ContentResolver 中提供了一系列用于对数据进行 CRUD 操作的方法。这些方法的使用方式与 SQLiteDatabase 类似，不过在参数上有些区别。ContentResolver 中的增、删、改、查方法不接收表名参数，而是使用一个 URI 参数代替，这个参数被称为内容 URI。

内容 URI 由 authority 和 path 两部分组成。不过为了和其他 URI 参数区分开来，我们需要在头部加上协议声明。内容 URI 的标准写法如下：

```
content://com.bkrc.provider/table1
```

只需要调用 Uri.parse() 方法就可以将内容 URI 字符串解析成 URI 对象。现在我们就可以使用这个 URI 对象来查询表中的数据了，代码如下：

```
Cursor cursor = getContentResolver().query(Uri uri,String[] projection, String selection,
    String[] selectionArgs, String sortOrder
```

上述代码中的参数与 SOLiteDatabase 中 query() 方法里的参数很像，但总体来说要简单一些，毕竟这是在访问其他程序中的数据，没必要构建过于复杂的查询语句。表 8-2 对 query() 方法使用到的参数进行了详细的解释。

表 8-2 查询语句参数

参数	对应 SQL 部分	描述
uri	from table_name	指定查询某个应用程序下的某一张表
projection	select column1, column2	指定查询的列名
selection	where column = value	指定 where 的约束条件
selectionArgs	替换 selection 句中的占位符？	为 where 中的占位符提供具体的值
sortOrder	order by column1, column2	指定查询结果的排序方式

下面我们以获取通信录内容为例，对前面学习的基础知识进行实践。首先我们在通信录内添加几个联系人，如图 8-24 所示。

虽然 Android 是以 ContentProvider 接口去调用系统数据的，但其本质还是对数据库进行操作。我们打开文件查看器，可以在根目录下的 \data\data\com.android.providers.contacts\databases\ 联系人目录下找到如图 8-25 所示的文件 contacts2.db。

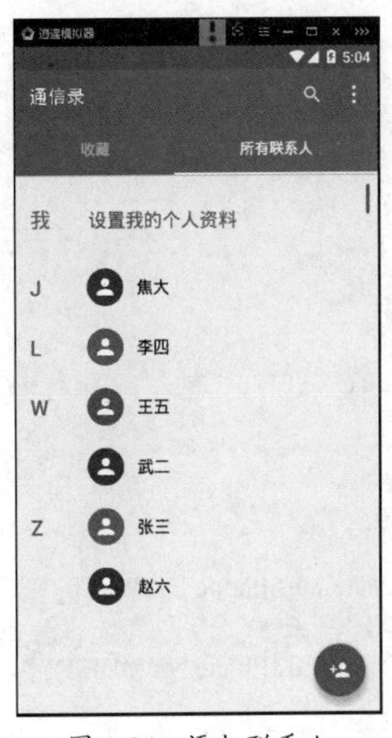

图 8-24 添加联系人

图 8-25 数据库目录

其实，看到这里我们已经可以会心一笑了，目录和扩展名都已经证明联系人确实存储在数据库中。我们导出 contacts2.db 并用 SQLite Expert Personal 进行查看。可以看到，数据库的表有很多，我们找到 view_contacts 后单击，然后选择 Data 标签，界面如图 8-26 所示。可以发现，上面的数据和我们的联系人界面 UI 呈现的数据是一一对应的。

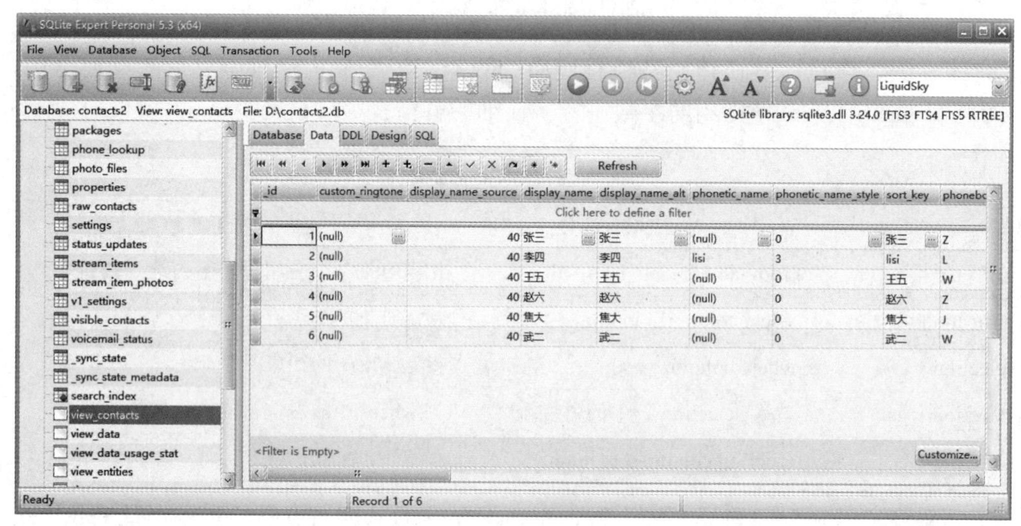

图 8-26　数据库联系人信息

我们的目的是通过系统提供的 ContentProvider 来查找联系人数据库里面的内容，具体代码如下：

```
public class MainActivity extends AppCompatActivity {

    @Override
    protected void onCreate(Bundle savedInstanceState) {
        super.onCreate(savedInstanceState);
        setContentView(R.layout.activity_main);
    }

    public List<String> onReadPhone(View view) {
        List<String> contactsList = new ArrayList<>();
        Cursor cursor = getContentResolver()
                .query(ContactsContract.CommonDataKinds.Phone.CONTENT_URI,
                null,null,null,null);
        if (cursor != null){
            while (cursor.moveToNext()){
                String name = cursor.getString(cursor
                        .getColumnIndex(ContactsContract.CommonDataKinds.Phone.DISPLAY_NAME));
                String number = cursor.getString(cursor
                        .getColumnIndex(ContactsContract.CommonDataKinds.Phone.NUMBER));
                contactsList.add(name + " ： " + number);
                Log.e(contactsList.size()+"", name + " ： " + number);
            }
            cursor.close();
        }
```

```
        return contactsList;
    }
}
```

上述代码的功能很简单，首先在界面创建一个读取联系人的按钮。下面重点讲解onReadPhone() 方法。我们使用了 ContentResolver 的 query () 方法来查询系统的联系人数据。因为联系人是系统级别的 ContentProvider，我们传入的 URI 在 ContactsContract.CommonDataKinds.Phone 类中，系统已经帮我们做好了封装。该类提供了一个 CONTENT_URI 常量，这个常量就是使用 Uri.parse() 方法解析出来的结果。接着我们对 Cursor 对象进行遍历，将联系人姓名和手机号这些数据逐个取出。联系人姓名这一列对应的常量是 ContactsContract.CommonDataKinds.Phone.DISPLAY_NAME；联系人手机号这一列对应的常量是 ContactsContract.CommonDataKinds.Phone.NUMBER。两个数据取出之后，加上分隔符，打印出我们最终的结果。最后千万不要忘记将 Cursor 对象关闭掉。

这样就结束了吗？还差一项工作，即千万不能忘记声明读取系统联系人的权限。修改 AndroidManifest.xml 中的代码，如下所示：

```
<manifest xmlns:android="http://schemas.android.com/apk/res/android"
  package="com.bkrc.contentresolverdemo">

  <uses-permission android:name="android.permission.READ_CONTACTS"/>
  ...
</manifest>
```

运行程序，单击界面上的按键，日志打印结果如图 8-27 所示。

```
E/1: 张三  :  131 4151 6171
E/2: 李四  :  131 4151 6172
E/3: 王五  :  131 4151 6173
E/4: 赵六  :  131 4151 6174
E/5: 焦大  :  131 4151 6175
E/6: 武二  :  131 4151 6176
```

图 8-27 Log 打印信息

由打印结果可以看出，我们前述添加的联系人的数据都成功读取出来了。这说明跨程序访问数据的功能确实是实现了。

第9章
丰富程序——多媒体

过去的手机功能都比较单调，仅仅是用来打电话和发短信。而如今，手机在我们的生活中正扮演着越来越重要的角色，各种娱乐活动都可以在手机上进行，比如看电影、听音乐、拍照、录像等。

众多方式的娱乐离不开强大的多媒体功能的支持，Android 系统在这方面做得非常出色。它提供了一系列的 API，使得我们可以在程序中调用很多手机的多媒体资源，从而编写出更加丰富多彩的应用程序。本章我们将对 Android 系统中一些常用的多媒体功能的使用技巧进行学习。

二维图形图像处理

9.1 二维图形图像处理

在 Android 系统的多媒体应用领域中，图像处理是永恒的话题之一，因为我们的生活已经越来越离不开对图片的修饰了。无论是二维图像还是三维图像，都能通过绚丽的色彩和视觉的冲击给用户带来丰富的体验。接下来我们将学习如何在 Android 系统中对二维图像进行处理。

9.1.1 常用绘图类

Android 中使用的图形处理引擎：2D 部分是 Android SDK 内部自己提供的；3D 部分则是由 Open GL ES 1.0 提供的。大部分 2D 使用的 API 都在 android.graphics 和 android.graphics.drawable 包中，它们提供了图形处理的相关方法，如 Canvas、ColorFilter、Point（点）和 RetcF（矩形）等。如果要创建一些自定义的绘图，可以通过扩展 Drawable 类（或其任何子类）来实现。最重要的实现方法是 draw(Canvas)，它提供了 Canvas 用于绘图的指令对象。

下面我们学习一些常用的绘图类。

1. Canvas

Canvas 的原意是画布的意思，但将它理解为绘制工具也一点儿不为过。除了使用已有的图片之外，Android 应用常常需要在运行时根据场景动态生成 2D 图片。比如，手机游戏就需要借助于 Android 2D 对绘图的支持。在 Android 下进行 2D 绘图需要 Canvas 类的支持，该类位于 android.graphics.Canvas 包内，用于完成在 View 上的绘图。通过 Canvas 提供的 API，你可以在画布上绘制出绝大部分图形，再配合一些操作画布的 API（比如旋转、剪裁等变换画布的操作），就能够巧妙地画出更加复杂的图形。

2. Paint

可以把 Paint 理解为一个“画笔”。通过这个画笔，可以在 Canvas 这张画布上做画。Paint 位于 android.graphics.Paint 包内，主要用于设置绘图风格，包括画笔颜色、画笔粗细、填充风格等。

3. Drawable

Drawable 表示一个可画的对象，其可能是一张位图（BitmapDrawable），也可能是一个图形（ShapeDrawable），还有可能是一个图层（LayerDrawable）。我们可根据实际需求，创建相应的可画对象。

Android 内置了如下几种 Drawable 类型：ColorDrawable、GradientDrawable、BitmapDrawable、NinePatchDrawable、InsetDrawable、ClipDrawable、ScaleDrawable、RotateDrawable、AnimationDrawable、LayerDrawable、LevelListDrawable、StateListDrawable、TransitionDrawable。

除了这些预置的 Drawable 实现类以外，也可以自定义 Drawable 的实现类型。其实系统提供的这些 Drawable 实现类型已经覆盖了很多情况，所以大部分情况都不需要自定义 Drawable 类型。下面介绍几种 Drawable 类型。

（1）ColorDrawable。ColorDrawable 是最简单的 Drawable，代表单色可绘制区域。它包装了一种固定的颜色，当 ColorDrawable 被绘制到画布上的时候会使用颜色填充 Paint 在画布上绘制一块单色的区域。

在 XML 文件中使用 color 作为根节点来创建 ColorDrawable，它只有一个 android:color 属性，通过它来决定 ColorDrawable 的颜色，Android 并没有提供修改这个颜色值的 API，所以这个颜色一旦设置之后，就不能直接修改了。

下面的 XML 文件定义了一个颜色为红色的 ColorDrawable。XML 文件的代码如下：

```
<?xmlversion="1.0"encoding="utf-8"?>
<colorxmlns:android="http://schemas.android.com/apk/res/android"
android:color="#FF0000"/>
```

当然也可以使用 Java 代码创建 ColorDrawable。需要注意的是 Android 中使用一个 int 类型的数据表示颜色值，通常习惯使用十六进制格式的数据表示颜色值。一个 int 类型包含四个字节，分别代表颜色的 4 个组成部分：透明度（Alpha）、红（RED）、绿（GREEN）、蓝（BLUE）。每个部分由一个字节（8 个 bit）表示，取值范围为 0 ～ 255。在 XML 中使用颜色时可以省略透明度（Alpha）部分，如 #ff0000 表示红色。但是在代码中必须要明确指出代表透明度（Alpha）的数据，如果省略了该数据就表示是完全透明的。例如 0xFFFF0000 表示红色，而 0xFF0000 虽然也表示红色，但它却是完全透明的，也就是说当绘制到画布上时，看不出有任何效果。

使用 Java 代码创建 ColorDrawable 的代码如下：

```
ColorDrawable drawable=newColorDrawable(0xffff0000);
```

（2）BitmapDrawable。BitmapDrawable 是对 bitmap 的一种包装，可以设置它包装的 bitmap 在 BitmapDrawable 区域内绘图的绘制方式，如平铺填充、拉伸填充或者保持图片原始大小，也可以在 BitmapDrawable 区域内部使用 gravity 指定的对齐方式。

在 XML 文件中使用 bitmap 作为根节点来定义 BitmapDrawable。

下面的 XML 文件定义了一个 BitmapDrawable，同时设置了 BitmapDrawable 的 tileMode 属性为 mirror（将平铺模式设置为镜子模式），通过这样的设置可以使小图片在水平和垂直方向显示镜面平铺效果。XML 代码如下：

```
<?xml version="1.0" encoding="utf-8"?>
<bitmap xmlns:android="http://schemas.android.com/apk/res/android"
    android:src="@drawable/png_icon_416"
    android:tileMode="mirror"
    android:antialias="true"
    android:dither="true">
</bitmap>
```

也可以使用 Java 代码实现相同的效果。与上述代码等价的 Java 代码如下：

```
// 获取图片资源
Bitmap mBitmap = BitmapFactory.decodeResource(getResources(), R.drawable.hello);
BitmapDrawable mBitmapDrawable = new BitmapDrawable(mBitmap);
// 设置平铺模式在 x、y 方向都为镜子模式
mBitmapDrawable.setTileModeXY(TileMode.MIRROR, TileMode.MIRROR);
// 设置为抗锯齿模式
mBitmapDrawable.setAntiAlias(true);
// 设置为抖动处理模式
mBitmapDrawable.setDither(true);
```

（3）NinePatchDrawable。NinePatchDrawable（“点九”图）是 Andriod 平台的一种特殊的图片格式，图片文件的扩展名为“.9.png”。支持 Android 平台的手机类型很多，有多种不同的分辨率，很多控件的切图在被放大拉伸后，边角会模糊失真。在 Android 平台下使用“点九”图片处理技术，可以将图片横向和纵向同时进行拉伸，以实现在不同分辨率下的完美显示效果。“点九”图片在拉伸时仍能保留图像的渐变质感和圆角的精细度。

Android Studio 提供了处理“点九”图片的工具，通过这个工具可以很容易地把普通的 PNG 图片处理成“点九”图片。从“点九”图的名字很容易理解它的含义，相当于把一张 PNG 图分成了 9 个部分（九宫格），分别为 4 个角，4 条边，以及一个中间区域。4 个角是不进行拉伸的，所以能一直保持圆角的清晰状态，而 2 条水平边和 2 条垂直边分别只进行水平和垂直拉伸，所以不会出现边框被拉粗的情况，只有中间用黑线指定的区域进行拉伸，通过这种处理方式，图片不会失真。

使用了 *.9.png 图片技术后，只需要采用一套切图去适配不同的分辨率即可，大幅减小了安装包的大小。Android Framework 在显示“点九”图片时使用了高效的优化算法，所以应用程序不需要专门做处理就可以实现图片拉伸自适应，减少了代码量和实际开发的工作量。

在 XML 文件中使用“nine-patch”作为根节点创建 NinePatchDrawable，可以使用 bitmap 包装“点九”图片，Android Framework 会根据 android:src 属性设置的图片类型来生成对应的 drawable。XML 代码如下：

```
<?xml version="1.0" encoding="utf-8"?>
<nine-patch
    xmlns:android="http://schemas.android.com/apk/res/android"
    android:src="@drawable/droid_logo"
    android:dither="true" />
```

最后需要指出的是，Android 虽然可以使用 Java 代码创建 NinePatchDrawable，但是极少有开发者会那么做，主要是由于 Android SDK 会在编译工程时对“点九”图片

进行编译，形成特殊格式的图片。使用代码创建 NinePatchDrawable 时只能针对编译过的“点九”图片资源，对于没有编译过的“点九”图片资源都当作 BitmapDrawable 对待。在使用“点九”图片时需要注意的是，“点九”图只适用于拉伸的情况，对于压缩的情况并不适用，如果需要适配多种分辨率的屏幕，需要把“点九”图做得小一点。

9.1.2 为图片添加特效

在上节中，我们提到了资源文件 drawable 的绘制，但在日常生活中，我们不会把一张图片单纯地显示出来，还需要对图片进行处理。不同的处理方式会使图片的显示效果有天壤之别。使用过美图秀秀、美颜相机等 APP 的读者，或者看见过别人拍出过颜值逆天的照片的读者想必会有这样的经历：这么黑的人怎么拍出来的照片却那么的白？怎么她拍出来的照片这么漂亮？处理图片是一门艺术，它所涵盖的领域非常广，除了处理技术之外还有视觉艺术、心理学、人体学等。但如果我们只从技术角度去看，其实图像处理就有两种方式：改变像素点颜色（变色）和改变像素点分布（变形）。变色比较好理解，改变图片的颜色值就称为变色，而通常屏幕显示出的颜色通道为四通道（即 RGBA，红色、绿色、蓝色、透明度），变色的原理就是改变代表颜色的 RGBA 的值。通常而言，颜色处理会从色调、饱和度、亮度三个角度来改变 RGBA 的值。而变形就复杂了，它可以处理的角度非常多，例如缩放、拉伸、裁剪、凹凸、旋转等。并且，每个变形处理的角度都会有一套固定的算法将像素点分配到固定的位置，从而展现出特效，这里我们就不做展开讲解了。接下来我们对相对容易的变色进行讲解。

要想对图片的颜色进行处理，我们必须要理解一个概念——ColorMatrix 颜色矩阵。

颜色矩阵 M 对颜色分量矩阵 C 进行处理的过程如图 9-1 所示。

$$C1 = M * C = \begin{bmatrix} a & b & c & d & e \\ f & g & h & i & j \\ k & l & m & n & o \\ p & q & r & s & t \end{bmatrix} * \begin{bmatrix} R \\ G \\ B \\ A \\ 1 \end{bmatrix} = \begin{bmatrix} aR+bG+cB+dA+e \\ fR+gG+hB+iA+j \\ kR+lG+mB+nA+o \\ pR+qG+rB+sA+t \end{bmatrix} = \begin{bmatrix} R1 \\ G1 \\ B1 \\ A1 \end{bmatrix}$$

图 9-1 颜色矩阵处理过程

图 9-1 中，矩阵 M 是一个 4×5 的颜色矩阵，在 Android 中，它会以一维数组的形式来存储，而 C 则是一个颜色矩阵分量。

根据线性代数中的矩阵乘法运算法则，我们可以发现，颜色矩阵是按以下方式划分的：

第一行的 a、b、c、d、e 值用来决定新的颜色值中的 R——红色。

第二行的 f、g、h、i、j 值用来决定新的颜色值中的 G——绿色。

第三行的 k、l、m、n、o 值用来决定新的颜色值中的 B——蓝色。

第四行的 p、q、r、s、t 值用来决定新的颜色值中的 A——透明度。

矩阵 M 中的第五列的 e、j、o、t 值分别用来决定每个分量中的 Offset，即偏移量。

我们以 R 分量的计算过程为例：

$$R1=a*R+b*G+c*B+d*A+e$$

令 a=1，b、c、d、e 都等于 0，那么计算结果为 $R1 = R$。同理，分别令 g、m、s 三个值为 1 来分别计算其他三个分量，其他值为 0 的颜色矩阵的分量不会改变相应的原有颜色值。

如果需要改变原有颜色值的矩阵分量，有两种方法：

（1）改变 a、g、m、s 这四个值，即可使原有颜色值产生相应系数的变化。

（2）改变偏移量的值，即颜色矩阵中第五列的值。

在 Android 中我们是使用 ColorMatrix 矩阵来处理图片的色彩效果，颜色矩阵是一个 4×5 的数字矩阵，通过修改该颜色矩阵就能改变 RGBA 四个通道。想必大家会有一个疑问，在 Android 中 RGBA 就是一个 int 变量，那么为什么不直接修改 RGBA 的值来调整颜色呢？下面我们通过 Photoshop（PS）这款强大的修图软件进行解释。PS 色彩效果调整的相应界面如图 9-2 所示。

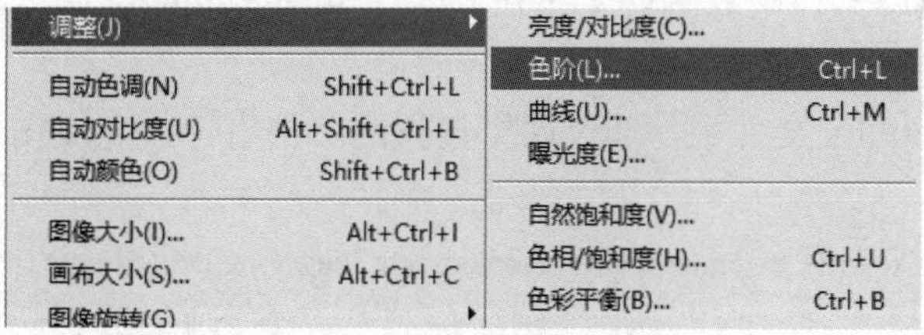

图 9-2　PS 色彩效果调整界面

我们可以发现，PS 从未出现直接调节 RGB 三通道的方法，而是从亮度、色调、饱和度、曲线等多个角度变相调节 RGB 的值。同样，Android 也采取了类似的方法，即采用了颜色矩阵的方式，并且在此基础上，还给出一些调整图片相关属性的封装的 API 来修改色调（setRotate）、饱和度（setSaturation）、亮度（setScale）。但特殊效果不能通过改变色调（setRotate）、饱和度（setSaturation）、亮度（setScale）三个值来完成。如果要实现特殊效果（例如，浮雕、老旧、灰度等），就需要我们自定义矩阵。下面分享几个矩阵数组。

怀旧效果：

```
private float[] retro_colorArray=new float[]{
        0.393f,0.769f,0.189f,0,0,
        0.349f,0.686f,0.168f,0,0,
        0.272f,0.543f,0.131f,0,0,
        0,0,0,1,0
};
```

去色效果：

```
private float[] discolor_colorArray=new float[]{
        1.5f,1.5f,1.5f,0,-1,
        1.5f,1.5f,1.5f,0,-1,
        1.5f,1.5f,1.5f,0,-1,
        0,0,0,1,0
};
```

灰度效果：

```
private float[] gray_colorArray=new float[]{
        0.33f,0.59f,0.11f,0,0,
        0.33f,0.59f,0.11f,0,0,
        0.33f,0.59f,0.11f,0,0,
        0,0,0,1,0
};
```

图片反转效果：

```
private float[] reversal_colorArray=new float[]{
        -1,0,0,1,1,
        0,-1,0,1,1,
        0,0,-1,1,1,
        0,0,0,1,0
};
```

下面写一个简单的例程，完成上面的实现效果。

第一步：在布局文件中设置四个按钮和一个 ImageView 控件，四个按钮分别控制怀旧效果、去色效果、灰度效果、图片反转效果。

第二步：在 activity 文件中，通过四个按钮的单击事件，完成图片的特效效果。

代码如下：

```
public class MainActivity extends Activity implements View.OnClickListener{

    @Override
    protected void onCreate(Bundle savedInstanceState) {
        super.onCreate(savedInstanceState);
        setContentView(R.layout.activity_main);
        initView();                         // 初始化控件
    }
    private void initView() {
        ...
}

    @Override
    public void onClick(View v) {
        switch (v.getId())
        {
          case R.id.retro:                  // 怀旧效果
              colorArray_use =retro_colorArray;
              break;
          case R.id.discolor:               // 去色效果
              colorArray_use =discolor_colorArray;
              break;
          case R.id.gray:                   // 灰度效果
              colorArray_use =gray_colorArray;
              break;
          case R.id.reversal:               // 图片反转效果
              colorArray_use =reversal_colorArray;
              break;
```

```
            default:
                break;
        }
        initBitmap();
    }

    private void initBitmap() {

        // 先加载一张原图（baseBitmap），然后复制出来新的图片（copyBitmap）来，
        // 因为 Andorid 不允许对原图进行修改
        baseBitmap=BitmapFactory.decodeResource(getResources(), R.mipmap.sights);
        // 既然是复制一张与原图一模一样的图片，那么这张复制图片的画纸的宽度和高度以及
        // 分辨率都要与原图一样，copyBitmap 就是一张与原图具有相同尺寸和分辨率的空白画纸
        copyBitmap=Bitmap.createBitmap(baseBitmap.getWidth(), baseBitmap.getHeight(),
            baseBitmap.getConfig());
        canvas=new Canvas(copyBitmap);   // 将画纸固定在画布上

        paint=new Paint();   // 实例画笔对象
        ColorMatrix colorMatrix=new ColorMatrix(colorArray_use);
        // 将保存的颜色矩阵的数组作为参数传入
        ColorMatrixColorFilter colorFilter=new ColorMatrixColorFilter(colorMatrix);
        // 把该 colorMatrix 作为参数传入来实例化 ColorMatrixColorFilter
        paint.setColorFilter(colorFilter);   // 把该过滤器设置给画笔

        canvas.drawBitmap(baseBitmap, new Matrix(), paint);
        // 传入 baseBitmap 表示按照原图样式开始绘制，将得到复制后的图片
        iv.setImageBitmap(copyBitmap);
    }
}
```

上述代码的运行结果如图 9-3 所示。

图 9-3　运行结果

9.2　二维动画处理

与简单的图像相比，动画肯定是更具有冲击力，而且更容易让人接受。就一般推销产品而言，商业公司会将目光聚焦在广告宣传上，对单纯的文字推送或者简单的海

报则不会投入很大的精力。

Android 系统提供了很多丰富的 API 去实现 2D 动画和 3D 动画，其主要分为以下三个基础大类。

- View Animation：视图动画又被称为补间动画。它在较早的 Android 版本系统中就已经被提供了，只能用来设置 View 的动画。
- Frame Animation：逐帧动画。其实逐帧动画也可以归类到补间动画中，其特性是逐帧播放，就像放动画片一样。
- Property Animation：属性动画。属性动画只对 Android 3.0（API 11）以上的版本才有效。这种动画可以设置给任何对象，包括那些还没有渲染到屏幕上的对象。这种动画是可扩展的，即可以让你自定义任何类型和属性的动画。

现在应用程序开发涉及的动画基本仅限以上三大类。其中，视图动画（补间动画）属于 2D 动画基础，这也是我们本小节要讲解的内容；属性动画在 2D 动画中虽然有被涉及，但它属于 3D 动画的基础，一般我们开发的小游戏就会用到属性动画的相关知识，在此就不展开介绍了。接下来我们就学习 2D 动画是如何实现的。

9.2.1 逐帧动画

逐帧动画的动画原理与放电影的原理完全一样，每一张图片就是一帧。逐帧动画需要搜集动画过程涉及的每张静态图片，按序预先定义好一组图片，然后由 Android 系统来控制依次显示这些静态图片，利用人眼视觉暂留的原理，给用户造成“动画”的错觉。通过逐帧动画就能让我们的图片“动起来”。实现逐帧动画的步骤如下所述。

（1）将动画资源（即每张图片资源）放到 mipmap 文件夹里，如图 9-4 所示。

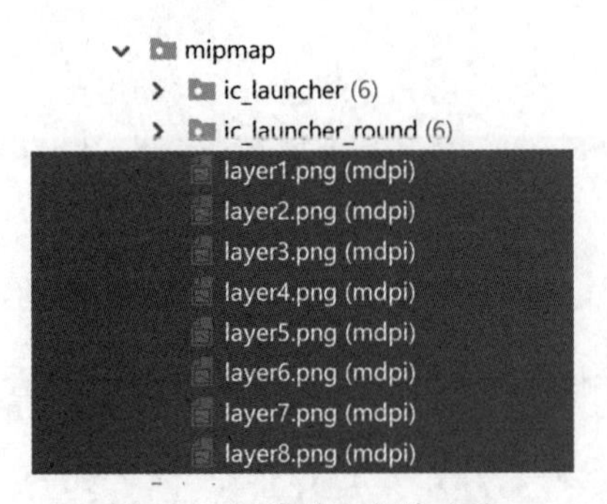

图 9-4　逐帧动画文件目录

如果只有 gif 图片，我们可以用 gif 分解软件（如 GifSplitter、PS）将 gif 图片分解成一张张的图片。

（2）设置逐帧动画。设置逐帧动画有两种方式：XML 文件和 Java 代码。XML 方便清晰，更常用一些，这里使用此方式。我们需要在 res/drawable 文件夹下定义一个逐帧动画的资源文件。创建 anim_frame.xml 文件，代码如下：

```
<?xml version="1.0" encoding="utf-8"?>
    // 使用 animation-list 标签包裹所有组成这个动画的图片文件
```

```
<animation-list xmlns:android="http://schemas.android.com/apk/res/android"
    android:oneshot ="false">  // 设置是否只播放一次，默认为 false
// drawable：动画图片资源，duration：设置这一帧持续的时间（ms）
    <item android:drawable="@mipmap/layer1"
        android:duration="200"/>
    <item android:drawable="@mipmap/layer2"
        android:duration="200"/>
    ...
</animation-list>
```

这里我们一共设置了 8 张图片循环播放，每张图片的持续时间为 200ms。

（3）在布局文件中添加两个按钮：一个用来控制逐帧动画的播放；一个用来控制逐帧动画的暂停。最后再添加一个 ImageView 用来显示每一帧图像。

```
<?xml version="1.0" encoding="utf-8"?>
<LinearLayout ...>

    <TextView .../>

    <ImageView ...
        android:src="@drawable/anim_frame"/>

<LinearLayout ...>
    ...
</LinearLayout>
</LinearLayout>
```

可以看到，我们在 <ImageView> 标签中通过设置 src 属性来引入逐帧动画的资源文件。

（4）在 activity 文件的 Java 代码中实现载入、启动动画，控制逐帧动画的播放、暂停。部分关键代码如下：

```
public class MainActivity extends AppCompatActivity {

    @Override
    protected void onCreate(Bundle savedInstanceState) {
        super.onCreate(savedInstanceState);
        setContentView(R.layout.activity_main);
        initview();
    }

    void initview() {
        ...
        animationdrawable = (AnimationDrawable) imageview.getDrawable();    // 获取逐帧动画
        startbt.setOnClickListener(() {
            animationdrawable.start(); // 启动逐帧动画
        });
        startbt.setOnClickListener(() {
```

```
            animationdrawable.stop(); // 启动逐帧动画
        });

    }
}
```

可以看到，我们通过 imageview.getDrawable() 方法获取 AnimationDrawable 实例，然后就可以通过实例下的 start() 和 stop() 方法来启动和停止动画。

运行上述程序，主界面效果如图 9-5 所示。

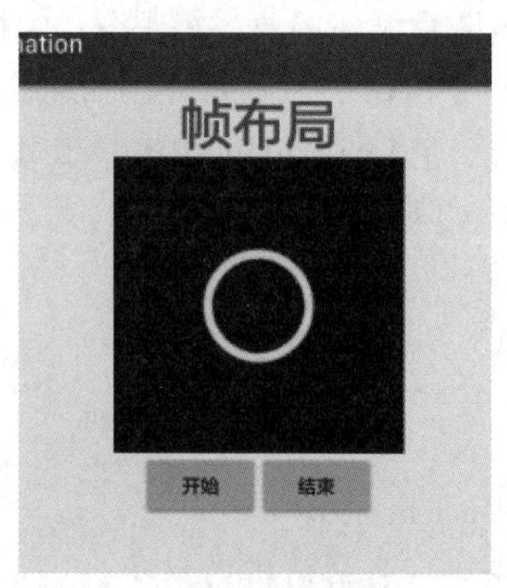

图 9-5 运行结果

单击“开始”按钮，图片将会循环播放起来。由上可见，逐帧动画使用起来还是非常简单方便的。但要注意，在使用逐帧动画时应避免使用大量或尺寸较大的图片资源，因为这样很可能导致系统报出内存不足（OutOfMemoryError）的异常。

9.2.2 补间动画

逐帧动画是通过连续播放图片来模拟动画效果；而补间动画只需指定动画开始以及动画结束的“关键帧”，动画变化的“中间帧”则由系统进行计算并补齐。

Android 所支持的补间动画效果有如下五种：

- AlphaAnimation（透明度动画）：透明度渐变效果，创建时指定开始与结束的透明度，以及动画的持续时间；透明度的变化范围为 (0,1)，0 是完全透明，1 是完全不透明；对应 <alpha/> 标签。
- ScaleAnimation（缩放动画）：缩放渐变效果，创建时指定开始与结束的缩放比，以及缩放参考点，还有动画的持续时间；对应 <scale/> 标签。
- TranslateAnimation（平移动画）：位移渐变效果，创建时指定起始与结束的位置，并指定动画的持续时间；对应 <translate/> 标签。
- RotateAnimation（旋转动画）：旋转渐变效果，创建时指定动画起始与结束的旋转角度，以及动画的持续时间和旋转的轴心；对应 <rotate/> 标签。
- AnimationSet（组合动画）：组合渐变，是前面多种渐变的组合；对应 <set/> 标签。

虽然上述为五种效果，但实际上就只有四种，第五种是前四种的组合。这些动画效果都是继承自同一个父类 Animation，具体见表 9-1。

表 9-1 四种补间动画

名称	原理	对应 Animation 的子类
透明度动画（Alpha）	改变视图的透明度	AlphaAnimation 类
缩放动画（Scale）	放大 / 缩小视图的大小	ScaleAnimation 类
平移动画（Translate）	移动视图的位置	TranslateAnimation 类
旋转动画（Rotate）	放置视图的角度	RotateAnimation 类

补间动画的使用方式分为两种：在 XML 代码里设置，或在 Java 代码里设置。前者的优点是描述动画的可读性更好；后者的优点是可动态创建动画效果。以下是几种补间动画的属性。

以下参数是四种补间动画效果的公共属性。

```
android:duration="3000"           // 动画持续时间（ms），必须设置该属性，动画才有效果
android:startOffset ="1000"       // 动画延迟开始时间（ms）
android:fillBefore = "true"       // 动画播放完后，视图是否会停留在动画开始的状态，默认为 true
android:fillAfter = "false"       // 动画播放完后，视图是否会停留在动画结束的状态，优先于
                                  // fillBefore 值，默认为 false
android:fillEnabled= "true"       // 是否应用 fillBefore 值，对 fillAfter 值无影响，默认为 true
android:repeatMode= "restart"     // 选择重复播放动画模式，restart 代表正序重放，reverse 代表
                                  // 倒序回放，默认为 restart
android:repeatCount = "0"         // 重放次数（所以动画的播放次数 = 重放次数 +1），为 infinite
                                  // 时则无限重复
android:interpolator = @[package:]anim/interpolator_resource   // 插值器，即影响动画的播放速度
```

以下参数是平移动画特有的属性。

```
android:fromXDelta="0"            // 视图在水平方向 x 移动的起始值
android:toXDelta="500"            // 视图在水平方向 x 移动的结束值
android:fromYDelta="0"            // 视图在垂直方向 y 移动的起始值
android:toYDelta="500"            // 视图在垂直方向 y 移动的结束值
```

以下参数是缩放动画特有的属性。

```
android:fromXScale="0.0"          // 动画在水平方向 x 的起始缩放倍数。0.0 表示收缩到没有；
                                  // 1.0 表示正常无伸缩；值小于 1.0 表示收缩；值大于 1.0 表示放大
android:toXScale="2"              // 动画在水平方向 x 的结束缩放倍数
android:fromYScale="0.0"          // 动画开始前在垂直方向 y 的起始缩放倍数
android:toYScale="2"              // 动画在垂直方向 y 的结束缩放倍数
android:pivotX="50%"              // 缩放轴点的 x 坐标
android:pivotY="50%"              // 缩放轴点的 y 坐标
```

在上述代码中，轴点 = 视图缩放的中心点，pivotX 和 pivotY 可取的值为数字、百分比或者百分比 p，意义如下：

- 设置为数字（如 50）时，轴点为 View 的左上角的原点在 x 方向和 y 方向分别加上 50px 的点。

- 设置为百分比（如 50%）时，轴点为 View 的左上角的原点在 x 方向加上自身宽度的 50% 和在 y 方向加上自身高度的 50% 的点。在 Java 代码里面设置这个参数的对应参数是 Animation.RELATIVE_TO_SELF。
- 设置为百分比 p（如 50%p）时，轴点为 View 的左上角的原点在 x 方向加上父控件宽度的 50% 和在 y 方向加上父控件高度的 50% 的点。

以下参数是旋转动画特有的属性。

```
android:fromDegrees="0"   // 动画开始时，视图的旋转角度 ( 正数为顺时针，负数为逆时针 )
android:toDegrees="270"   // 动画结束时，视图的旋转角度 ( 正数为顺时针，负数为逆时针 )
android:pivotX="50%"      // 旋转轴点的 x 坐标
android:pivotY="0"        // 旋转轴点的 y 坐标
```

轴点 = 视图缩放的中心点，pivotX 和 pivotY 可取的值为数字、百分比或者百分比 p，意义如下：

- 设置为数字（如 50）时，轴点为 View 的左上角的原点在 x 方向和 y 方向分别加上 50px 的点。在 Java 代码里面设置这个参数的对应参数是 Animation.ABSOLUTE。
- 设置为百分比（如 50%）时，轴点为 View 的左上角的原点在 x 方向加上自身宽度的 50% 和在 y 方向加上自身高度的 50% 的点。
- 设置为百分比 p（如 50%p）时，轴点为 View 的左上角的原点在 x 方向加上父控件宽度的 50% 和在 y 方向加上父控件高度的 50% 的点。

以下参数是透明度动画特有的属性。

```
android:fromAlpha="1.0"     // 动画开始时视图的透明度 ( 取值范围：-1 ～ 1)
android:toAlpha="0.0"       // 动画结束时视图的透明度 ( 取值范围：-1 ～ 1)
```

下面举例说明补间动画的具体使用步骤。

（1）在 ...\res\anim 文件夹下创建补间动画效果的 XML 文件，路径为 ...\res\anim\×××.xml，通过设置不同动画参数实现不同动画效果。

平移动画效果文件 translate_anim.xml 的设置具体如下：

```
<?xml version="1.0" encoding="utf-8"?>
<translate xmlns:android="http://schemas.android.com/apk/res/android"
    android:duration="2000"
    android:fromXDelta="0"
    android:toXDelta="300"
    android:fromYDelta="0"
    android:toYDelta="300"
    android:fillBefore ="true"
    android:fillAfter="false"
    android:fillEnabled="true"
    android:repeatMode="restart"
    android:repeatCount="1">
</translate>
```

缩放动画效果文件 scale_anim.xml 的设置具体如下：

```
<?xml version="1.0" encoding="utf-8"?>
<scale xmlns:android="http://schemas.android.com/apk/res/android"
```

```
    android:duration="3000"
    android:fromXScale="0.0"
    android:toXScale="1.5"
    android:toYScale="1.5"
    android:pivotX="50%"
    android:pivotY="50%"
    android:fillBefore="true"
    android:fillAfter="false"
    android:fillEnabled="true"
    android:repeatMode="restart"
    android:repeatCount="0">
</scale>
```

旋转动画效果文件 rotate_anim.xml 的设置具体如下：

```
<?xml version="1.0" encoding="utf-8"?>
<rotate xmlns:android="http://schemas.android.com/apk/res/android"
    android:duration="2000"
    android:startOffset ="1000"
    android:fillBefore = "true"
    android:fillAfter = "false"
    android:fillEnabled= "true"
    android:repeatMode= "restart"
    android:repeatCount = "0"
    android:fromDegrees="0"
    android:toDegrees="270"
    android:pivotX="50%"
    android:pivotY="50%">
</rotate>
```

透明度动画效果文件 alpha_anim.xml 的设置具体如下：

```
<?xml version="1.0" encoding="utf-8"?>
<alpha xmlns:android="http://schemas.android.com/apk/res/android"
    android:duration="2000"
    android:startOffset ="500"
    android:fillBefore = "true"
    android:fillAfter = "false"
    android:fillEnabled= "true"
    android:repeatMode= "restart"
    android:repeatCount = "0"
    android:fromAlpha="0.0"
    android:toAlpha="1.0">
</alpha>
```

组合动画效果文件 set_anim.xml 的设置具体如下：

```
<?xml version="1.0" encoding="utf-8"?>
<set xmlns:android="http://schemas.android.com/apk/res/android">
    <rotate
        android:duration="2000"
        android:startOffset ="0"
```

```
        android:fillBefore = "true"
        android:fillAfter = "false"
        android:fillEnabled= "true"
        android:repeatMode= "restart"
        android:repeatCount = "0"
        android:fromDegrees="0"
        android:toDegrees="270"
        android:pivotX="50%"
        android:pivotY="50%"/>
    <alpha
        android:duration="2000"
        android:startOffset ="0"
        android:fillBefore = "true"
        android:fillAfter = "false"
        android:fillEnabled= "true"
        android:repeatMode= "restart"
        android:repeatCount = "0"
        android:fromAlpha="0.0"
        android:toAlpha="1.0"/>

    <scale
        android:duration="2000"
        android:fromXScale="0.0"
        android:toXScale="1.5"
        android:toYScale="1.5"
        android:pivotX="50%"
        android:pivotY="50%"
        android:fillBefore="true"
        android:fillAfter="false"
        android:fillEnabled="true"
        android:repeatMode="restart"
        android:repeatCount="0"/>

    <translate
        android:duration="2000"
        android:fromXDelta="0"
        android:toXDelta="300"
        android:fromYDelta="0"
        android:toYDelta="300"
        android:fillBefore ="true"
        android:fillAfter="false"
        android:fillEnabled="true"
        android:repeatMode="restart"
        android:repeatCount="0"/>

</set>
```

（2）在布局文件中添加五个按钮，分别用来控制五种补间动画的播放；添加一个ImageView来显示图片，实现动画的效果。

```
<?xml version="1.0" encoding="utf-8"?>
<LinearLayout xmlns:android="http://schemas.android.com/apk/res/android"
  android:layout_width="match_parent"
  android:layout_height="match_parent"
  android:gravity="center_horizontal"
  android:orientation="vertical">
  <TextView
    android:layout_width="match_parent"
    android:layout_height="wrap_content"
    android:text="@string/tween"
    android:textSize="@dimen/sp40"
    android:gravity="center_horizontal"/>

  <ImageView
    android:id="@+id/image"
    android:layout_width="wrap_content"
    android:layout_height="wrap_content"
    android:layout_gravity="center_horizontal"
    android:src="@mipmap/robot"/>

  <LinearLayout
    android:layout_gravity="center_horizontal"
    android:orientation="horizontal"
    android:layout_width="match_parent"
    android:layout_height="wrap_content">
    <Button
      android:id="@+id/translate"
      android:layout_width="wrap_content"
      android:layout_height="wrap_content"
      android:text="@string/translate"/>
    <Button
      android:id="@+id/scale"
      android:layout_width="wrap_content"
      android:layout_height="wrap_content"
      android:text="@string/scale"/>
    <Button
      android:id="@+id/rotate"
      android:layout_width="wrap_content"
      android:layout_height="wrap_content"
      android:text="@string/rotate"/>
    <Button
      android:id="@+id/alpha"
      android:layout_width="wrap_content"
      android:layout_height="wrap_content"
      android:text="@string/alpha"/>
```

```
        <Button
            android:id="@+id/set"
            android:layout_width="wrap_content"
            android:layout_height="wrap_content"
            android:text="@string/set"/>
    </LinearLayout>
</LinearLayout>
```

（3）在 Java 代码中载入、启动动画，编写 activity 文件，在 activity 中控制逐帧动画的播放、暂停。

```
public class MainActivity extends AppCompatActivity {

    @Override
    protected void onCreate(Bundle savedInstanceState) {
        super.onCreate(savedInstanceState);
        setContentView(R.layout.activity_main);
        init_view();
    }

    void init_view()
    {
        // 加载动画资源，生成类型的动画
        final Animation scaleAnimation =AnimationUtils.loadAnimation(this,R.anim.scale_anim);
        final Animation translateAnimation = AnimationUtils.loadAnimation(this,R.anim.translate_anim);
        final Animation rotateAnimation =AnimationUtils.loadAnimation(this,R.anim.rotate_anim);
        final Animation alphaAnimation =AnimationUtils.loadAnimation(this,R.anim.alpha_anim);
        final Animation setAnimation  =AnimationUtils.loadAnimation(this,R.anim.set_anim);

        translatebt.setOnClickListener(new View.OnClickListener() {
            @Override
            public void onClick(View v) {

                imagev.startAnimation(translateAnimation);    // 启动平移动画
            }
        });
        scalebt.setOnClickListener(new View.OnClickListener() {
            @Override
            public void onClick(View v) {

                imagev.startAnimation(scaleAnimation);        // 启动缩放动画
            }
        });
        rotatebt.setOnClickListener(new View.OnClickListener() {
            @Override
            public void onClick(View v) {
                imagev.startAnimation(rotateAnimation);       // 启动旋转动画
            }
        });
        alphabt.setOnClickListener(new View.OnClickListener() {
```

```
        @Override
        public void onClick(View v) {
            imagev.startAnimation(alphaAnimation);          // 启动透明度动画
        }
    });

    setbt.setOnClickListener(new View.OnClickListener() {
        @Override
        public void onClick(View v) {
            imagev.startAnimation(setAnimation);            // 启动组合动画
        }
    });

    translateAnimation.setAnimationListener(new Animation.AnimationListener() {
        @Override
        public void onAnimationStart(Animation animation) {
            Log.e("TAG","onAnimationStart");                // 平移动画启动时回调
        }

        @Override
        public void onAnimationEnd(Animation animation) {
            Log.e("TAG","onAnimationEnd");                  // 平移动画结束时回调
        }

        @Override
        public void onAnimationRepeat(Animation animation) {
            Log.e("TAG","onAnimationRepeat");               // 平移动画重复时回调
        }
    });
  }
}
```

在上面的代码中，先通过 AnimationUtils.loadAnimation() 方法加载动画资源；然后通过 imagev.startAnimation() 方法启动动画；在动画启动、结束、重复时可以回调相应的方法。运行效果如图 9-6 所示。

图 9-6 运行效果

9.3 播放多媒体文件

9.3.1 MediaPlayer 播放音频

Android 的多媒体框架支持各种常见的多媒体类型，这样在程序中可以很容易地集成音频、视频或者图片。Android 对于音频或者视频的支持均需要使用 MediaPlayer 类。

首先介绍一下 MediaPlayer 的状态变换。使用 MediaPlayer 播放音频，主要是使用 start()、pause()、stop() 等方法进行操作。除了开始、暂停、停止等，MediaPlayer 还涉及一些其他的状态切换。有些状态是可以双向转换的，有些只能单向环形转换。如果在某状态下强行进行状态转换，可能会引发程序错误。例如，在 Preparing（准备）状态下切换到 Start（开始）状态，是在“准备”中强行“开始”播放，此时则会出错。图 9-7 是官方文档上的图例，该图例很清晰地表明了 MediaPlayer 各个状态的转换情况。

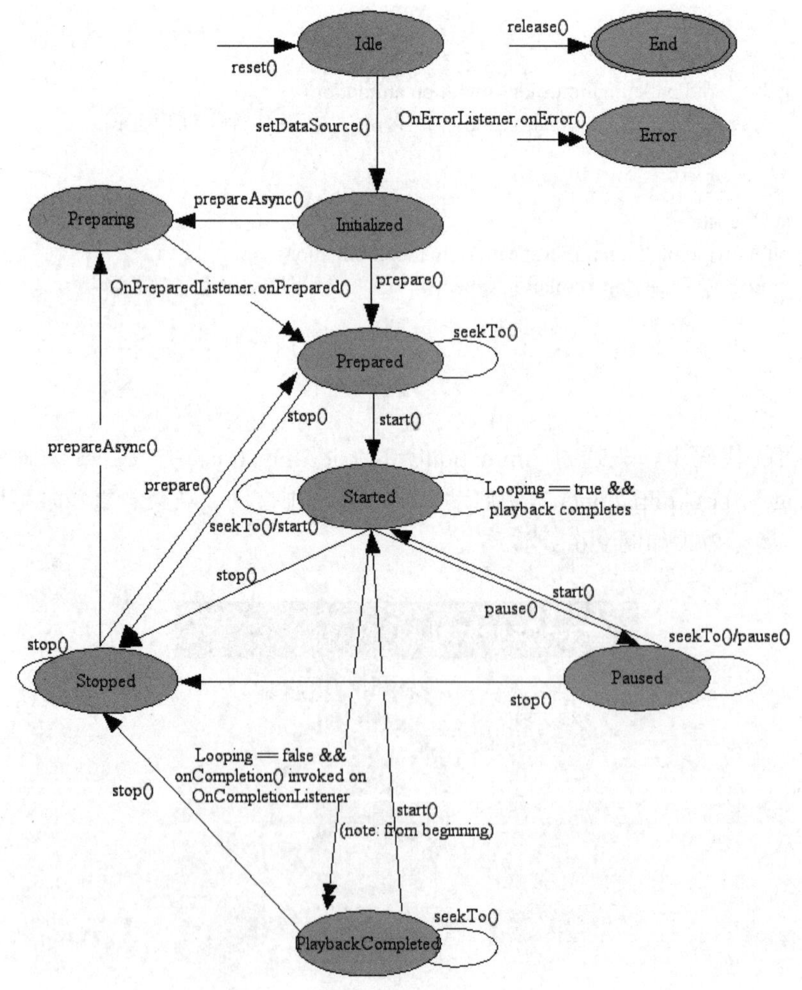

图 9-7　MediaPlayer 官方文档图例

MediaPlayer 常用的方法如下：

```
int getCurrentPosition();                          // 得到当前播放位置（ms）
int getDuration();                                 // 得到文件播放的时间（ms）
void setLooping(boolean var1);                     // 设置是否循环播放
boolean isLooping();                               // 是否循环播放
boolean isPlaying();                               // 是否正在播放
void pause();                                      // 暂停
void prepare();                                    // 同步准备
void prepareAsync();                               // 异步准备
void release();                                    // 释放 MediaPlayer 对象
void reset();                                      // 重置 MediaPlayer 对象
void seekTo(int msec);                             // 指定播放位置（ms）
void setDataSource(String path);                   // 设置播放资源
void setScreenOnWhilePlaying(boolean screenOn);    // 设置播放的时候一直让屏幕处于亮的状态
void setWakeMode(Context context, int mode);       // 设置唤醒模式
void setVolume(float leftVolume, float rightVolume); // 设置音量，参数分别表示左、右声道的
                                                   // 音量大小，取值范围为 0 ～ 1
void start();                                      // 开始播放
void stop();                                       // 停止播放
```

MediaPlayer 常用的事件监听如下所述。

播放出错监听：

```
MediaPlayer.setOnErrorListener(new MediaPlayer.OnErrorListener() {
  @Override
  public boolean onError(MediaPlayer mediaPlayer, int i, int i1) {
    return false;
  }
});
```

播放完成监听：

```
MediaPlayer.setOnCompletionListener(new MediaPlayer.OnCompletionListener() {
  @Override
  public void onCompletion(MediaPlayer mediaPlayer) {
    // todo
  }
});
```

网络流媒体缓冲监听：

```
MediaPlayer.setOnBufferingUpdateListener(new MediaPlayer.OnBufferingUpdateListener() {
  @Override
  public void onBufferingUpdate(MediaPlayer mediaPlayer, int i) {
    // i 0~100
    Log.d("Progress:", " 缓存进度 " + i + "%");
  }
});
```

准备（Prepared）完成监听：

```
MediaPlayer.setOnPreparedListener(new MediaPlayer.OnPreparedListener() {
  @Override
  public void onPrepared(MediaPlayer mediaPlayer) {
    // todo
  }
});
```

进度调整完成（SeekComplete）监听，主要是配合 seekTo(int) 方法：

```
MediaPlayer.setOnSeekCompleteListener(new MediaPlayer.OnSeekCompleteListener() {
    @Override
    public void onSeekComplete(MediaPlayer mediaPlayer) {
        // todo
    }
});
```

下面通过一个简单的具体案例来理解上述知识点。

（1）在布局文件中添加三个按钮，分别用来控制音频的播放、暂停、停止；添加一个 switch 控件，用来确定是否循环播放；添加一个 seekbar 控件，用来控制播放进度；添加一个 ImageView 控件，用来显示一张图片。

（2）在 Java 代码中控制音频的播放。写 activity 文件，实现音频的播放、暂停、停止；判断是否循环播放音频；实现音频播放的进度显示和改变播放进度。控制音频部分的关键代码如下：

```
public class MainActivity extends Activity {
    ...
    // 通过 Handler 实现 seekbar 控件的实时更新，1500ms 更新一次
    private Handler handler = new Handler(){
        ...
    };

    @Override
    protected void onCreate(Bundle savedInstanceState) {
        super.onCreate(savedInstanceState);
        setContentView(R.layout.activity_main);
        init();
    }

    private void init() {
        ...
        loopswitch.setOnCheckedChangeListener(new CompoundButton.OnCheckedChangeListener() {
            @Override
            public void onCheckedChanged(CompoundButton buttonView, boolean isChecked) {
                if(isChecked)
                    islooping =true;                // 是否循环播放的标志位
                else
                    islooping =false;
            }
        });

        seekbar.setOnSeekBarChangeListener(new SeekBar.OnSeekBarChangeListener() {
            @Override
            public void onProgressChanged(SeekBar seekBar, int progress, boolean fromUser) {

                if(!stopflag && fromUser) {
                    mPlay.seekTo(progress);         // 更改播放进度
                }
            }
        });
        init_media();
```

```
}

void init_media() {                               // 加载音频数据
    mPlay = MediaPlayer.create(MainActivity.this, R.raw.guanghuisuiyue);
    duration = mPlay.getDuration();               // 获取音频总长度
    seekbar.setMax(duration);                     // 设置进度条的音频总长度
    mPlay.setOnCompletionListener(new MediaPlayer.OnCompletionListener() {
        @Override
        public void onCompletion(MediaPlayer mp) {
            if(islooping) {
                mp.start();                       // 如果循环播放，那么就重新开始
            }
        }
    });
    mPlay.setOnErrorListener(new MediaPlayer.OnErrorListener() {
        @Override
        public boolean onError(MediaPlayer mp, int what, int extra) {
            init_media();
            return false;
        }
    });
}

public class MyOnClickListener implements OnClickListener{

@Override
public void onClick(View v) {
  switch(v.getId())
  {
  case R.id.bt_play:                 // 开始播放
    try {
       if(stopflag) {
            mPlay.prepare();
            stopflag =false;
        }
       mPlay.start();
       song.setText(" 正在播放 ");
       isstop_seekbar = false;
       handler.sendEmptyMessageDelayed(22,1000);              // 启动 seekbar 的实时更新
    } catch (Exception e) {
       e.printStackTrace();
    }
    break;
  case R.id.bt_pause:                // 暂停播放
     isstop_seekbar = true;
     mPlay.pause();
     song.setText(" 暂停播放 ");
    break;
  case R.id.bt_stop:                 // 停止播放
    isstop_seekbar = true;
    mPlay.stop();
    song.setText(" 停止播放 ");
    stopflag =true;
    break;
```

```
        default:
            break;
        }
    }
}
    @Override
    protected void onRestart() {      //退出界面后，重新回到界面，重新播放
        ...
    }

    @Override
    protected void onStop() {         //退出界面，暂停播放
        ...
        mPlay.pause();
    }
}
```

上述程序的运行效果如图 9-8 所示。

图 9-8　运行效果

9.3.2　VideoView 播放视频

VideoView 是一个视频控件，用于播放视频媒体。既然是用来播放视频媒体，那么就要涉及一些开始、暂停、停止等操作。VideoView 为开发人员提供了相应的方法，下面简单介绍一些常用的方法。

- int getCurrentPosition()：获取当前播放的位置。
- int getDuration()：获取当前播放视频的总长度。
- isPlaying()：当前 VideoView 是否在播放视频。
- void pause()：暂停播放。
- void seekTo(int msec)：设置从第几毫秒开始播放。
- void resume()：重新播放。
- void setVideoPath(String path)：以文件路径的方式设置 VideoView 播放的视频源。

- void setVideoURI(Uri uri)：以 URI 的方式设置 VideoView 播放的视频源，可以是网络 URI 或本地 URI。
- void start()：开始播放。
- void stopPlayback()：停止播放。
- setMediaController(MediaController controller)：设置 MediaController 控制器。
- setOnCompletionListener(MediaPlayer.onCompletionListener l)：监听播放完成的事件。
- setOnErrorListener(MediaPlayer.OnErrorListener l)：监听播放发生错误的事件。
- setOnPreparedListener(MediaPlayer.OnPreparedListener l)：监听视频装载完成的事件。

上面的一些方法通过方法名就可以了解其用途。VideoView 在播放之前无需编码装载视频，它会在 start() 开始播放的时候自动装载视频。并且 VideoView 在使用完之后，无需编码回收资源。

下面通过一个简单的例程（Demo）演示 VideoView 如何播放一段外部存储中的视频文件（视频文件放在外部存储器的根目录）。在 Demo 中提供了四个按钮（Button），分别执行播放、暂停、重新播放、停止操作。具体步骤如下所述。

（1）创建布局文件。在布局文件中声明 VideoView 控件，并添加播放、暂停、重新播放、停止四个控制按键。

布局文件如下：

```
<?xml version="1.0" encoding="utf-8"?>
<LinearLayout xmlns:android="http://schemas.android.com/apk/res/android"
    android:layout_width="match_parent"
    android:layout_height="match_parent"
    android:orientation="vertical"
    android:background="@android:color/holo_blue_dark">

    <TextView
        android:layout_width="fill_parent"
        android:layout_height="wrap_content"
        android:gravity="center_horizontal"
        android:textSize="26dp"
        android:text="MyVideoPlayer" />

    <VideoView
        android:layout_gravity="center_horizontal"
        android:id="@+id/videoView"
        android:layout_width="300dp"
        android:layout_height="200dp" />

    <LinearLayout
        android:layout_width="fill_parent"
        android:layout_height="wrap_content"
        android:orientation="horizontal"
        android:gravity="center_horizontal"
        android:layout_marginTop="30dp"
```

```
    android:layout_margin="10dp">

    <Button
        android:id="@+id/bt_play"
        android:layout_width="wrap_content"
        android:layout_height="wrap_content"
        android:text=" 播放 "
        android:textSize="@dimen/button_size"
        android:layout_weight="1"/>

    <Button
        android:id="@+id/bt_pause"
        android:layout_width="wrap_content"
        android:layout_height="wrap_content"
        android:text=" 暂停 "
        android:textSize="@dimen/button_size"
        android:layout_weight="1"/>

    <Button
        android:id="@+id/bt_stop"
        android:layout_width="wrap_content"
        android:layout_height="wrap_content"
        android:text=" 停止 "
        android:textSize="@dimen/button_size"
        android:layout_weight="1"/>

    <Button
        android:id="@+id/btn_replay"
        android:layout_width="wrap_content"
        android:layout_height="wrap_content"
        android:text=" 重新播放 "
        android:textSize="@dimen/button_size"
        android:layout_weight="1"/>

  </LinearLayout>
</LinearLayout>
```

（2）在 activity 程序中实现视频的播放、暂停、重新播放、停止的功能。同样，我们只看与播放视频相关的关键代码。

```
public class MainActivity extends Activity {
  ...
  @Override
  protected void onCreate(Bundle savedInstanceState) {
    ...
    vv_video = (VideoView) findViewById(R.id.videoView);
    // 权限申请，可直接复制到工程目录下
    ...
  }

  // 权限申请，可直接复制到工程目录下
  @Override
  public void onRequestPermissionsResult(int requestCode, @NonNull String[] permissions,
        @NonNull int[] grantResults) {
```

```
}

// 检查视频文件是否存在
void load_data()
{
  // 本地的视频
   videoUrl1 = Environment.getExternalStorageDirectory().getPath()+"u-boot.mp4" ;
  File file = new File(videoUrl1);
  if (!file.exists()) {
    Toast.makeText(this, " 视频文件路径错误 ", Toast.LENGTH_SHORT).show();
    return;
  }
}

private View.OnClickListener click = new View.OnClickListener() {

  @Override
  public void onClick(View v) {
    if( v == bt_play){
      play(0);          // 播放
    } if else (bt_pause){
      pause();          // 暂停
    } if clsc (btn_rcplay){
        replay();     // 重新播放
    } if else (bt_stop){
      stop();           // 停止
    }
  }
};
// 播放
protected void play(int msec) {
  vv_video.setVideoPath(videoUrl1);
  vv_video.start();
  // 按照初始位置播放
  vv_video.seekTo(msec);
  // 播放之后设置播放按钮不可用
  btn_play.setEnabled(false);

  vv_video.setOnCompletionListener(new OnCompletionListener() {
    @Override
    public void onCompletion(MediaPlayer mp) {
      // 播放完毕被回调
      btn_play.setEnabled(true);
    }
  });

  vv_video.setOnErrorListener(new OnErrorListener() {

    @Override
    public boolean onError(MediaPlayer mp, int what, int extra) {
      // 发生错误重新播放
      play(0);
      isPlaying = false;
      return false;
```

```
            }
        });
    }
    // 重播
    protected void replay() {
        if (vv_video != null && vv_video.isPlaying()) {
            vv_video.seekTo(0);
            Toast.makeText(this, " 重新播放 ", Toast.LENGTH_SHORT).show();
            btn_pause.setText(" 暂停 ");
            return;
        }
        isPlaying = false;
        play(0);
    }
    // 暂停 / 继续
    protected void pause() {
        if (btn_pause.getText().toString().trim().equals(" 继续 ")) {
            btn_pause.setText(" 暂停 ");
            vv_video.start();
            Toast.makeText(this, " 继续播放 ", Toast.LENGTH_SHORT).show();
            return;
        }
        if (vv_video != null && vv_video.isPlaying()) {
            vv_video.pause();
            btn_pause.setText(" 继续 ");
            Toast.makeText(this, " 暂停播放 ", Toast.LENGTH_SHORT).show();
        }
    }
    // 停止
    protected void stop() {
        if (vv_video != null && vv_video.isPlaying()) {
            vv_video.stopPlayback();
            btn_play.setEnabled(true);
            isPlaying = false;
        }
    }
}
```

（3）在 AndroidManifest.xml 中，加入写外部存储器的权限，代码如下：

```
<uses-permission android:name="android.permission.WRITE_EXTERNAL_STORAGE"/>
```

运行上述程序，运行效果如图 9-9 所示。

图 9-9　运行效果

讲到 VideoView，我们必须要提到 MediaController。虽然 VideoView 为我们提供

了方便的API用于播放、暂停、停止等操作，但是这些功能的具体实现还是需要我们通过编码来完成。如果使用MediaController，那么上述这些操作都可以省去，并且这些操作可以集成在VideoView中进行，十分简便。

MediaController可以用来配合VideoView播放一段视频。它为VideoView提供一个悬浮的操作栏，在该操作栏中可以对VideoView播放的视频进行控制。默认情况下，操作栏会悬浮显示三秒。通过MediaController.setMediaPlayer()方法指定需要控制的VideoView，但是仅仅这样是不够的，因为MediaController的控制需要类似于双向控制的方式。MediaController要指定控制的VideoView，VideoView需要指定是哪个MediaController来控制它，这需要使用VideoView.setMediaController()方法。

下面是MediaController的一些常用方法。

- boolean isShowing()：控制当前悬浮控制栏是否显示。
- void setMediaPlayer(MediaController.MediaPlayerControl player)：设置控制的组件。
- void setPrevNextListeners(View.OnClickListener next,View.OnClickListener prev)：设置上一个视频、下一个视频的切换事件。

可以看出，setMediaPlayer()指定的并不是一个VideoView，而是一个MediaPlayerControl接口。MediaPlayerControl接口内部定义了一些与播放相关的操作，如，播放、暂停、停止等，通过VideoView实现了MediaPlayerControl的功能。

默认情况下，如果不通过setPrevNextListeners()设置切换视频的监听器，MediaController是不会显示上一个视频和下一个视频这两个按钮的。

下面通过一个简单的例程，演示VideoView+MediaController如何播放一段存储在外部存储器中的视频文件（视频文件存储在外部存储器的根目录）。

（1）创建布局，布局中只有一个VideoView控件。

（2）在activity程序中实现视频的播放、暂停、快进的操作。关键代码如下：

```
public class MainActivity extends AppCompatActivity {

    private VideoView videoView ;

    protected void onCreate(Bundle savedInstanceState) {
        ...
        vv_video = (VideoView) findViewById(R.id.videoView);
        // 权限申请，可直接复制到工程目录下
        ...
    }

    // 权限申请，可直接复制到工程目录下
    @Override
    public void onRequestPermissionsResult(int requestCode, @NonNull String[] permissions,
            @NonNull int[] grantResults) {
    }

    private void initVideoView(){
```

```
        // 本地的视频
        String videoUrl1 = Environment.getExternalStorageDirectory().getPath()+"/u-boot.mp4" ;
        // 网络视频
         Uri uri = Uri.parse( videoUrl1 );
        videoView = (VideoView)this.findViewById(R.id.videoView );
        // 设置视频控制器
        videoView.setMediaController(new MediaController(this));
        // 播放完成回调
        videoView.setOnCompletionListener( new MyPlayerOnCompletionListener());
        // 设置视频路径
        videoView.setVideoURI(uri);
    }

    @Override
    protected void onStart() {
        super.onStart();
        // 启动视频播放
        videoView.start();
        // 设置获取焦点
        videoView.setFocusable(true);
    }
    class MyPlayerOnCompletionListener implements MediaPlayer.OnCompletionListener {
        @Override
        public void onCompletion(MediaPlayer mp) {
            Toast.makeText( MainActivity.this, " 播放完成了 ", Toast.LENGTH_SHORT).show();
        }
    }
}
```

在 AndroidManifest.xml 文件中加入写外部存储器权限，代码如下：

```
<!-- 往 sdcard 中写入数据的权限 -->
<uses-permission android:name="android.permission.WRITE_EXTERNAL_STORAGE" />
```

运行上述程序，运行效果如图 9-10 所示。

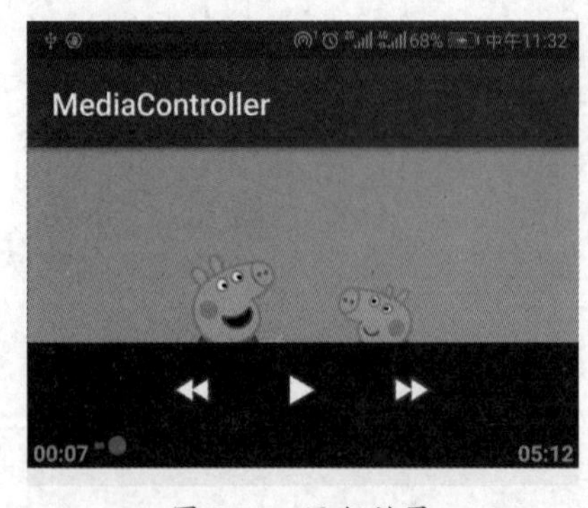

图 9-10　运行效果

第 10 章
Android 特色开发——位置和传感器

我们前面已经学习了很多的 Android 开发技能，相信读者已经可以通过这些技能编写出相当不错的应用程序了。我们将在本章学习一些 Android 的特色技术，这些技术区别于 PC 端和 Web 端的技术，是只有在移动端才能实现的功能。

说到移动端，我们很容易联想到地图定位和传感器这两大技术。这两门技术是近几年快速发展的物联网应用技术的基础。抛开网络这一层次，物联网在本地端的应用就是传感器的信息获取以及定位。学好这两大技术，即使对 Web 服务技术不是特别精通，相信你也能很好地从事 Android 系统的开发工作。

10.1 GPS 定位应用开发

GPS 定位应用开发

Google 地图是谷歌官方先推出的产品，而后为了加强定位服务功能才开发出了现在的 Android 系统。GPS 地图定位技术作为 Android 系统提供的服务功能之一，其功能的强大自然是毋庸置疑的，而且它本身的应用领域也非常广泛，例如旅游、交通、安全、社交等，包括现在很火的物联网的智能物流概念。智能物流涉及范围十分广泛，诸如人工智能、大数据、嵌入式智能硬件等，但显然促使智能物流这一行业迅猛发展的关键就是 GPS 定位技术，从这一技术出发我们能发展出很多有实用价值的业务。下面将针对这一技术进行学习——基于 GPS 的定位服务是如何实现的。

10.1.1 定位技术简介

基于位置的服务简称 LBS（Location Based Service），随着移动互联网的普及，这项技术在最近几年里发展迅速。它主要是通过无线电通信网络或 GPS 定位等方式来确定移动设备所在的位置（这种定位技术早在很多年前就已经出现了）。

为什么 LBS 技术直到最近几年才开始受到重视呢？这主要是因为，过去的移动设备的功能极其有限，虽然可以定位到设备所在的位置，但并不能在定位服务的基础上提供更好的增值服务。而现在就大大不同了，有了 Android 系统作为载体，我们可以利用定位功能开发出各种各样的应用。比如说健身应用可以记录跑步的路线；社交应用可以向朋友们晒自己的位置；外卖应用可以自动定位到你的当前位置以及获取周边商家等。

正式开始本章的学习之前，读者还需了解下述内容。基于位置的服务所围绕的核心就是要先确定出用户所在的位置，通常有两种方式可以实现该功能：一种是通过 GPS 定位，一种是通过运营商的基站网络定位。GPS 定位的工作原理是基于手机内置的 GPS 硬件直接与卫星交互来获取当前的经纬度信息，这种定位方式精确度非常高，但缺点是只能在室外使用，室内基本无法接收到卫星的信号。第二种基站定位方式是由提供手机通信服务的运营商在全国布基站，手机会扫到周边的基站，距离基站越远，信号越差，根据手机收到的信号强度可以大致估计手机距离基站的远近，每个基站的位置是确定的，当手机同时搜索到三个以上基站的信号时，就可以得到三个基站距离手机的距离，根据三点定位原理，只需要以基站为圆心，距离为半径多次画圆，这些圆的交点就是手机的位置，圆圈越多越精确。这种定位方式精确度一般，但优点是在室内室外都可以使用。

Android 系统对这两种定位方式都提供了相应的 API 支持。GPS 定位虽然不需要网络，但是必须要在室外才可以使用，因此你在室内开发应用的时候很有可能会遇到不管使用哪种定位方式都无法成功定位的情况。本书在讲解该部分内容时将使用一些国内第三方公司的地图 SDK（软件开发接口），目前国内在这一领域做得比较好的一个是百度，一个是高德。下面我们将学习百度在 LBS 方面提供的丰富多彩的功能。

10.1.2 GPS 位置定位

在 Android 设备中，我们可以通过 android.location 包实现 GPS 定位功能，表 10-1 列出了 GPS 定位属性 / 方法描述，即 loaction 下的接口。

表 10-1　GPS 定位属性 / 方法描述

属性 / 方法	描述
GpsStatus.Listener	用于在 GPS 状态发生变化时接收通知
GpsStatus.NmeaListener	用于从 GPS 接收 NMEA 语句
LocationListener	用于在位置发生更改时从 LocationManager 接收通知

表 10-2 列出了 GPS 定位常用类描述。

表 10-2　GPS 定位常用类描述

类	描述
Address	表示地址的类，即描述位置的一组字符串
Criteria	指示选择位置提供程序的标准的类，使得应用程序能够通过在 LocationProvider 中设置的属性来选择合适的定位提供者
Geocoder	用于处理地理编码和反向地理编码的类
GpsSatellite	此类表示 GPS 卫星的当前状态
GpsStatus	此类表示 GPS 引擎的当前状态
Location	表示地理位置的数据类
LocationManager	此类提供对系统位置服务的访问。另外，临近警报功能也可以借助该类实现
LocationProvider	位置提供者的抽象超类。定位提供者具备周期性报告设备地理位置的功能
SettingInjectorService	动态指定了在系统应用程序设置列表中插入的首选项的摘要和启用状态

表 10-1 和表 10-2 所介绍的 API 是辅助我们进行应用开发的。下面我们就通过一个 GPS 定位实例了解实现定位的基本流程。

首先创建一个新项目 GPSDemo。因为 GPS 是基于设备的硬件，所以别忘记在 AndroidManifest.xml 中加上权限声明，代码如下：

```
<manifest xmlns:android="http://schemas.android.com/apk/res/android"
    package="com.bkrc.gpsdemo">

    <uses-permission android:name="android.permission.INTERNET"/>
    <uses-permission android:name="android.permission.ACCESS_COARSE_LOCATION"/>
    <uses-permission android:name="android.permission.ACCESS_FINE_LOCATION"/>

    <application
        ...>
...
    </application>

</manifest>
```

虽然模拟器可以实现模拟定位的功能，但我们还是推荐使用真机去实验。

虽然权限概念已经不是第一次接触了，但这里还是有必要重提一次。之前在讨论网络定位的时候曾经提到过，Android 6.0 加入了以提高用户安全为目的的动态权限申请，目前的手机系统都已普遍在 Android 6.0 以上了，而 Android 6.0 及其以上系统涉及的权限，默认都是关闭的，想要启动相关权限，只能通过权限查询，由用户手动同意的方式来开启相关权限。所以这里也写一遍动态权限申请代码，以便应用能在真机上运行。修改 MainActivity 代码如下：

```
public class MainActivity extends AppCompatActivity {

    @Override
    protected void onCreate(Bundle savedInstanceState) {
        super.onCreate(savedInstanceState);
        setContentView(R.layout.activity_main);
        checkBluetoothPermission();
    }

    // 校验权限
    protected boolean checkBluetoothPermission() {
        if (Build.VERSION.SDK_INT >= 23) {
            // 校验是否已具有模糊定位权限
            if (ContextCompat.checkSelfPermission(this,
                    Manifest.permission.ACCESS_FINE_LOCATION)
                    != PackageManager.PERMISSION_GRANTED) {
                // 这里回调 onRequestPermissionsResult
                ActivityCompat.requestPermissions(MainActivity.this,
                        new String[]{Manifest.permission.ACCESS_FINE_LOCATION},
                        0);
            } else {
                // 具有权限
                return true;
            }
        } else if (!getPackageManager().hasSystemFeature(PackageManager.FEATURE_LOCATION_
                GPS)) {
            Toast.makeText(this, " 抱歉，您的手机不支持 GPS", Toast.LENGTH_SHORT).show();
```

```
        return false;
    }
    return true;
}
```

这里只有 Manifest.permission.ACCESS_FINE_LOCATION 这一权限需要动态检测。具体哪些权限需要动态检测，读者可用百度搜索自行寻找答案。

运行上述程序，真机上的运行效果如图 10-1 所示。

通过权限检测，我们就可以得到位置服务了。和其他系统服务一样，我们不需要直接实例化 LocationManager，而是通过调用 getSystemService(Context.LOCATION_SERVICE) 从系统中请求一个实例。以下是获取 LocationManager 的代码。

```
manager = (LocationManager) getSystemService(Context.LOCATION_SERVICE);
```

在获取 LocationManager 之后，我们就可以做如下三件事情了：

- 关闭 / 开启定位服务。
- 某个位置提供者注册 / 注销位置监听。
- 获取用户位置信息（通过条件或名称指定）。

理解上述步骤之后，接来下我们做一个有开 / 关定位并显示 GPS 参数的实例。因为 GPS 参数比较多，这里只展示界面效果，如图 10-2 所示。

图 10-1 运行效果

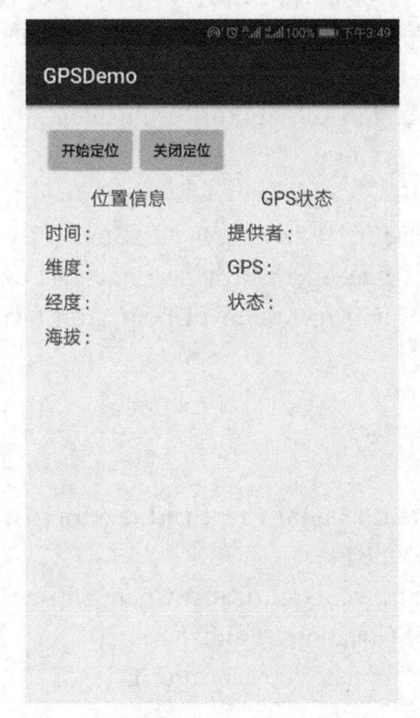

图 10-2 界面效果

我们按照上述步骤修改 MainActivity，代码如下（省略了部分与界面显示相关的代码）：

```
public class MainActivity extends AppCompatActivity implements View.OnClickListener {

    private static final String TAG = "MainActivity";

    ...
```

```
@Override
protected void onCreate(Bundle savedInstanceState) {
    super.onCreate(savedInstanceState);
    setContentView(R.layout.activity_main);
    checkBluetoothPermission();
    manager = (LocationManager) getSystemService(Context.LOCATION_SERVICE);
    findViews();
}

private void findViews() {
    ...
}

@SuppressLint("MissingPermission")
@Override
public void onClick(View v) {
    if ( v == dingweiOnBtn ) {
        // 判断 GPS 是否正常启动
        if (manager.isProviderEnabled(LocationManager.GPS_PROVIDER)){
            manager.requestLocationUpdates(LocationManager.GPS_PROVIDER,
                    1000,1,mLocationListener);
        } else {
            Toast.makeText(this, " 请开启 GPS 导航 ...", Toast.LENGTH_SHORT).show();
            // 返回开启 GPS 导航设置界面
            Intent intent = new Intent(Settings.ACTION_LOCATION_SOURCE_SETTINGS);
            startActivityForResult(intent, 0);
            return;
        }
    } else if ( v == dingweiOffBtn ) {
        if (manager.isProviderEnabled(LocationManager.GPS_PROVIDER)) {
            manager.removeUpdates(mLocationListener);
        }
    }
}

private LocationListener mLocationListener = new LocationListener() {
    @Override
    public void onLocationChanged(Location location) {
        if (location != null){
            updateView(location);
        }
    }

    @Override
    public void onStatusChanged(String provider, int status, Bundle extras) {
        gpsProviderNameTv.setText(" 提供者 ：" + provider);
        switch (status) {
            //GPS 状态为可见时
            case LocationProvider.AVAILABLE:
                gpsStatusTv.setText(" 状态 ：可见 ");
                break;
```

```
            //GPS 状态为服务区外时
            case LocationProvider.OUT_OF_SERVICE:
               gpsStatusTv.setText(" 状态：服务区外 ");
               break;
            //GPS 状态为暂停服务时
            case LocationProvider.TEMPORARILY_UNAVAILABLE:
               gpsStatusTv.setText(" 状态：暂停服务 ");
               break;
         }
      }

      @Override
      public void onProviderEnabled(String provider) {
         gpsProviderTv.setText("GPS：打开 ");
      }

      @Override
      public void onProviderDisabled(String provider) {
         gpsProviderTv.setText("GPS：关闭 ");
      }
   };

   private void updateView(Location location) {
      timeTv.setText(" 时间：" + location.getTime());
      double lat = location.getLatitude();      // 维度
      latitudeTv.setText(" 维度：" + lat);
      double lng = location.getLongitude();   // 经度
      longitudeTv.setText(" 经度：" + lng);
      altitudeTv.setText(" 海拔：" + location.getAltitude());
   }
}
```

虽然代码较长，其实拆分开来还是我们上述的三个步骤。

首先，通过 manager.isProviderEnabled() 方法来判断设备是否支持 GPS 功能，只有设备支持 GPS 功能才能进行下一步。

然后，执行 requestLocationUpdates() 方法。该方法有四个参数，第一个参数是设备，我们仍然填写常量 GPS_PROVIDER，除了 GPS_PROVIDER 常量我们还可以填写网络定位常量 NETWORK_PROVIDER；第二个参数是位置更新周期，单位为毫秒；第三个参数是位置变化的最小距离，当位置变化超过此值时就更新位置，单位为米；第四个参数最重要，我们就是通过它来监听并获取数据的。这里我们是通过 mLocationListener 监听 GPS 每秒或者最小位移变化超过 1 米时的变化情况。

最后是参数的提取，就是重写 mLocationListener 的方法。共有四个方法，分别是：onLocationChanged()——地理位置信息更新；onStatusChanged()——GPS 状态更新；onProviderEnabled()——GPS 打开；onProviderDisabled()——GPS 关闭。上述代码中已经对如何应用这四个方法来显示参数进行了注释。

下面我们重新运行程序，看一下效果。走到室外，在运行界面执行“开始定位”

命令，效果如图 10-3 所示。

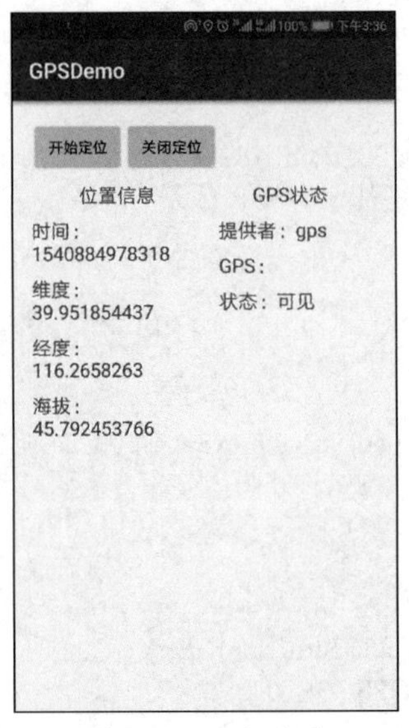

图 10-3　运行效果

获取定位数据是开发应用的基础，但若只提取经纬度则不能满足实际需要，所以一般我们会使用第三方软件（SDK）辅助我们获取有意义的数据。

下面我们就来学习如何调用百度的 SDK。

10.1.3　申请 API Key

要想在自己的应用程序里使用百度的 LBS 功能，首先必须申请一个 API Key（AK）。但请读者注意，必须拥有一个百度账号才能申请（如果你还没有的话，请去注册申请一个吧）。

有了百度账号之后，打开创建百度地图应用网址 http://lbsyun.baidu.com/apiconsole/key/create。如果你还不是一位已经注册了的百度开发者，系统会弹出“注册开发者”界面提示你注册为百度开发者，在该界面填写一些注册信息即可，如图 10-4 所示。

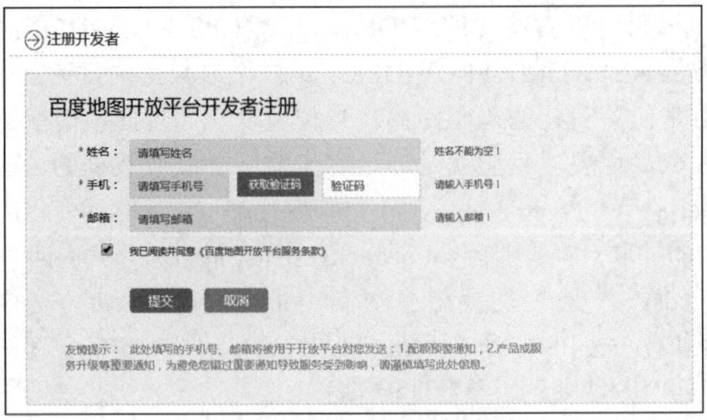

图 10-4　注册百度开发者

成功注册开发者后，界面就可以跳转到“创建应用”界面。接下来我们就在“创建应用”界面里申请 API Key。在“应用名称”项内填入创建的应用名；“应用类型”项选择 Android SDK；“启用服务”项选择默认选项即可，如图 10-5 所示。

创建应用

应用名称： BdLBS 输入正确

应用类型： Android SDK

启用服务： 云检索 正逆地理编码 Android地图SDK Android定位SDK Android导航离线SDK Android导航SDK 静态图 全景静态图 坐标转换 鹰眼轨迹 全景URL API Android导航 HUD SDK 云逆地理编码 云地理编码 推荐上车点

*发布版SHA1： 请输入发布版SHA1 请输入

开发版SHA1： 请输入开发版SHA1

*包名： 请输入包名 请输入

安全码： 输入sha1和包名后自动生成

Android SDK安全码组成：SHA1+包名。(查看详细配置方法) 新申请的Mobile与Browser类型的ak不再支持云存储接口的访问，如要使用云存储，请申请Server类型ak。

提交

图 10-5 “创建应用”界面

在图 10-5 中，“发布版 SHA1”和“开发版 SHAl”是我们申请 API Key 所必须填写的项。那么 SHA1 是什么呢？它指的是打包程序时所用签名文件的 SHA1 指纹，可以通过 Android Studio 查看到此参数。打开 Android Studio 中的任意一个项目，依次单击右侧工具栏中的 Gradle → 项目名 → :app → Tasks → android → signingReport 项，如图 10-6 所示。

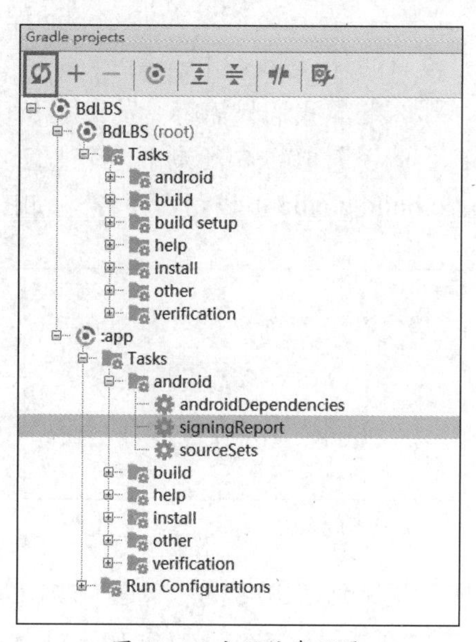

图 10-6 应用信息目录

如果 Gradle 的工具栏下为空，可以单击图 10-6 中框出来的刷新键对屏幕进行刷新。这里展示了一个 Android Studio 项目中所有内置的 Gradle Tasks，其中 signingReport 这个 Task 就可以用来查看签名文件信息。双击 signingReport 项，结果如图 10-7 所示。

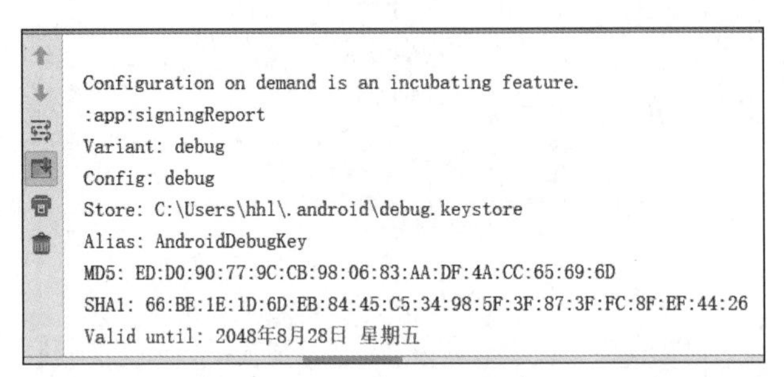

图 10-7 获取签名信息

图 10-7 中，66:BE:1E:1D:6D:EB:84:45:C5:34:98:5F:3F:87:3F:FC:8F:EF:44:26 就是我们所需的开发版 SHA1 指纹了，当然你的 Android Studio 中显示的指纹和我的肯定是不一样的。另外需要注意，目前我们使用的是 debug.keystore 文件所生成的指纹，这是 Android 自动生成的一个用于测试的签名文件。而当应用程序发布时还需要创建一个正式的签名文件。个人签名也可在 signingReport 中查阅，如图 10-8 所示。

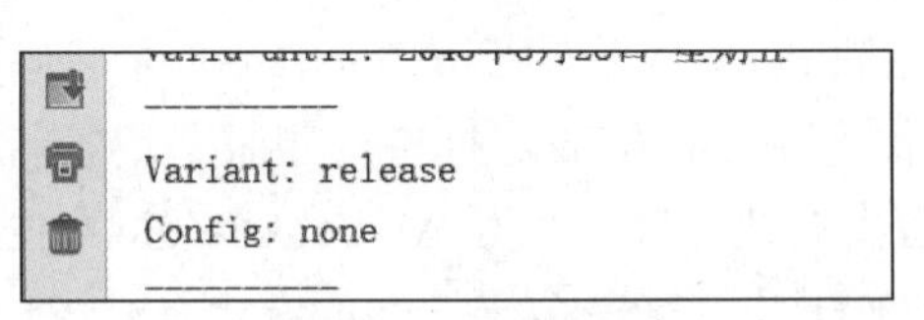

图 10-8 查阅个人签名

由图 10-8 可以看到正式签名（release 版本）的 Config 配置为空（none），所以我们发布版的 SHA1 指纹也是没有的，但是我们申请 API Key 的界面图 10-5 明确指出“发布版 SHA1”项必须填写，那么这里我们只需将“发布版 SHA1”和“开发版 SHA1”两项内容填成一样的即可。至此，图 10-5 中还剩下一个“包名”选项待填。我们先创建一个 BdLBS 项目，然后在 build.gradle 下找到“包名”，如图 10-9 所示。

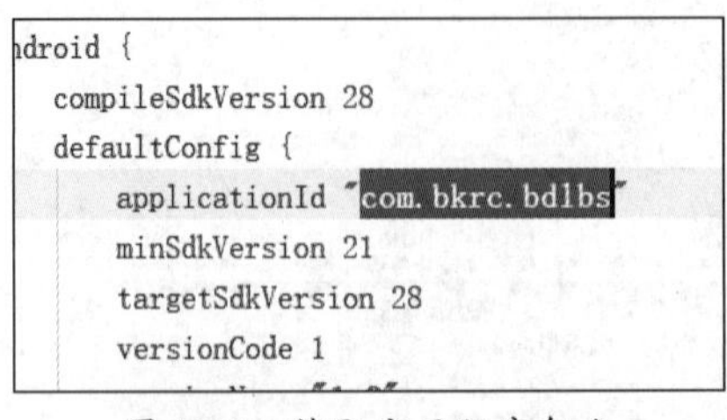

图 10-9 获取应用程序包名

建议大家直接将“包名”复制到图 10-5 的“包名”项，以免输入的时候出现错误。这样，图 10-5 中所有的内容就都填写完成了，如图 10-10 所示。

图 10-10　创建应用信息填写完成示例

单击“提交”按钮完成应用的创建。应用创建完成后跳转到“应用列表”界面，如图 10-11 所示。

应用列表

请输入AK　搜索

创建应用　回收站　每页显示30条

应用编号	应用名称	访问应用（AK）	应用类别	备注信息（双击更改）	应用配置
14642802	BdLBS	0FPylcbsh6fkyOQT69MTijbrwNQh	Android端		设置 删除

图 10-11　“应用列表”界面

这样我们的 AK 就申请成功了。目前，这个 AK 只能在我们创建好的项目中使用，因为这个 AK 与我们创建的应用程序包名是对应的。

10.1.4　熟悉百度定位

想要了解一款开源的产品，最好的方法就是下载其官方的示例（Demo），通过了解官方给出的示例写出自己想要的功能。在链接 http://lbsyun.baidu.com/index.php?title=androidsdk/sdkandev-download 中可以下载百度地图的示例。打开链接后界面如图 10-12 所示。

图 10-12 里有两个下载选项，我们选择第一个“开发包下载”项。第二个“源码 Demo 下载”项只提供定位、导航等覆盖物的图标，该选项下提供的例程是无法运行的。

在图 10-12 所示的界面中，单击“自定义下载”按钮，弹出如图 10-13 所示的界面。选择如图 10-13 所示的下载选项，单击“示例代码”按钮进行下载。

Android 地图 SDK V5.2.1

现SDK采用一体化包进行依赖，旧包无法与新包同时混用，请将之前所有旧包（so和jar）全部替换为新包。

开发包下载

进入百度LBS Android SDK下载平台，结合自身需求、自定义选择业务功能，打包下载所选功能开发包。

自定义下载

源码Demo下载

包括类参考、源码Demo（覆盖物源码）

下载

图 10-12　下载百度地图示例

图 10-13　下载“示例代码”

下载完成后，我们选择工程 BaiduLoc_AndroidSDK_v7.5_Demo.zip，如图 10-14 所示。

名称	修改日期	类型	大小
BaiduLBS_AndroidSDK_Sample.zip	2018/11/1 20:57	zip Archive	133,177 KB
BaiduLoc_AndroidSDK_v7.5_Demo.zip	2018/3/12 14:13	zip Archive	26,381 KB
BaiduMap_AndroidPanoramaSDK_v2....	2018/4/20 12:44	zip Archive	22,851 KB
BaiduMap_AndroidSDK_v5.2.0_Sampl...	2018/8/30 20:17	zip Archive	35,268 KB
BaiduNavi_AndroidSDK_v4.1.1_Sampl...	2018/7/16 16:14	zip Archive	50,181 KB

图 10-14　选择示例

一般我们在移植别人的示例（Demo）时，Android Studio 都会提示错误信息，这是因为每一个开发者的编译器环境配置都是不一样的。这时只需将环境配置设置成我们自己的即可，方法是依次执行 File → “Project Structure” 命令，在弹出的“Project Structure”界面修改 AS 环境配置，如图 10-15 所示。

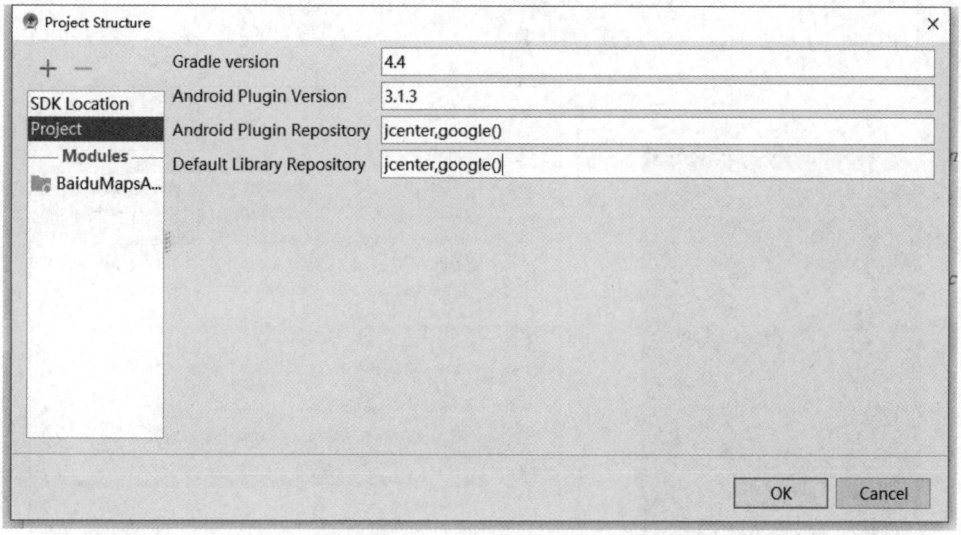

图 10-15　修改 AS 环境配置

在图 10-15 中单击 OK 按钮，项目会自动建立。至此，我们还需在 build.gradle 中对 SDK 版本进行修改，代码如下：

```
apply plugin: 'com.android.application'

android {

  compileSdkVersion 28

  defaultConfig {
    ...
    targetSdkVersion 28
    ...
  }
  ...
}

dependencies {
  ...
  implementation files('libs\BaiduLBS_Android.jar')
}
```

本书用的是 API 级别为 28 的 SDK，读者可以直接把代码复制到 build.gradle 文件中，然后单击 sycn 按钮重新构建一遍，这样，我们的项目就可以运行了。单击“运行”

按钮，项目运行后的结果如图 10-16 所示。

至此，例程成功运行。例程具有很多功能，且源代码里面也有详细的注释，在此我们就不一一介绍了，感兴趣的读者可以试一试每个功能。不过这里要提醒大家，如果要使用连续定位示例等带有百度 Map 控件的案例，目前我们是显示不出来的，因为此类例程的 AK 需要我们自己去申请，必须要按照申请 AK 的流程重新申请一遍，申请界面如图 10-17 所示，这里就不再重复了。

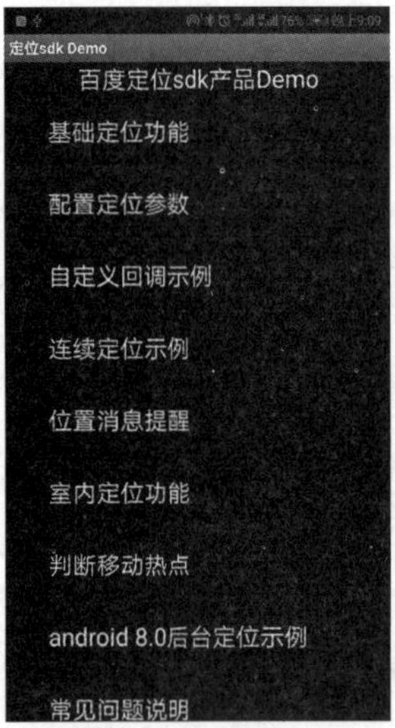

图 10-16　运行结果

图 10-17　申请界面

申请到 AK 之后，我们在 AndroidManifest.xml 中找到图 10-18 所示的配置语句，然后把“请输入 KEY”换成我们申请好的 AK。

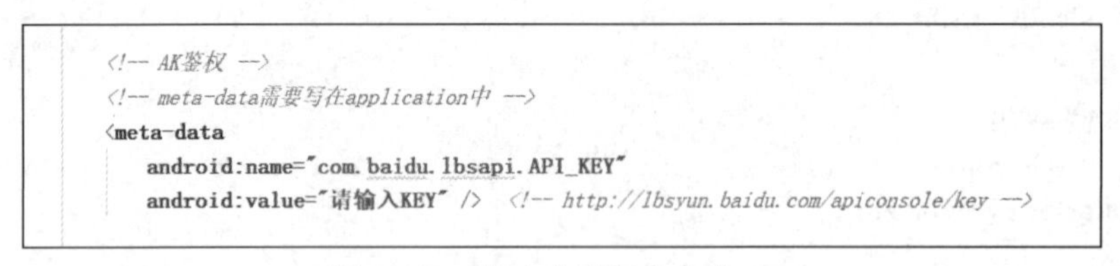

```
<!-- AK鉴权 -->
<!-- meta-data需要写在application中 -->
<meta-data
    android:name="com.baidu.lbsapi.API_KEY"
    android:value="请输入KEY" />  <!-- http://lbsyun.baidu.com/apiconsole/key -->
```

图 10-18　修改应用程序中的 AK

这样，我们的 Demo 就可以演示所有的功能了。

10.1.5　使用百度定位

上节我们已经介绍了如何使用官方的 Demo，下面我们介绍如何在自己的程序中使用百度 LBS。首先需要下载开发包，本节我们会用到“基础定位”和“基础地图”功能，在图 10-19 所示的下载开发包界面选择上述两项，然后单击“开发包”按钮进行下载。

图 10-19　下载开发包

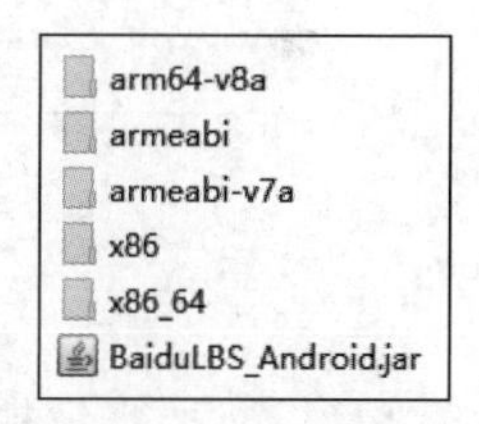

图 10-20　下载完成目录

下载完成之后，解压出一个 libs 目录，该目录里面包含我们导入的所有工程的文件。解压后的内容如图 10-20 所示。

libs 目录下的内容又分为两部分：BaiduLBS-Android.jar 文件是 Java 层要用到的；其他子目录下的 so 文件（图中未显示）是 Native 层要用到的。so 文件是用 C/C+ 语言进行编写，然后再用 NDK 编译出来的。当然这里我们并不需要去编写 C/C++ 的代码，因为百度都已经做好了封装，但是我们需要将 libs 目录下的每一个文件都放置到正确的位置。

首先，将我们上节已经创建好的 BdLBS 工程切换到 Project 模式，然后观察一下当前的项目结构，你会发现 app 目录下面有一个 libs 目录，这里就是用来存放所有的 Jar 包的。我们将 BaiduLBS-Android.jar 复制到这里，如图 10-21 所示。

接着，展开 ...\src\main 目录，右击该目录，在弹出的快捷菜单中选择 New → Directory 命令，再创建一个名为 jniLibs 的目录（大小写必须一样！），这里就是专门用来存放 so 文件的。然后把压缩包里的其他所有目录直接复制到这里，如图 10-22 所示。

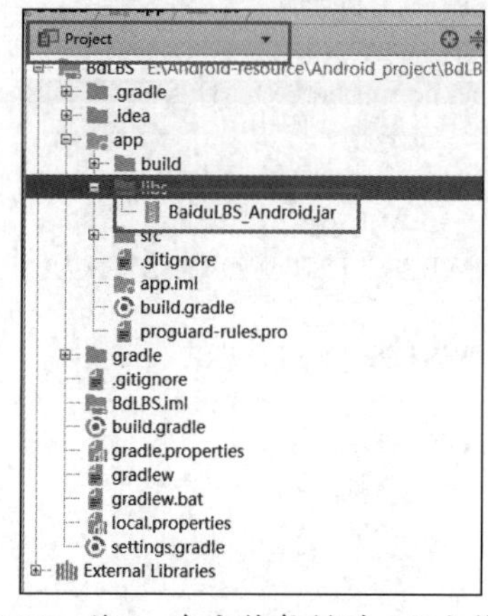

图 10-21　将 Jar 包文件复制到工程文件目录

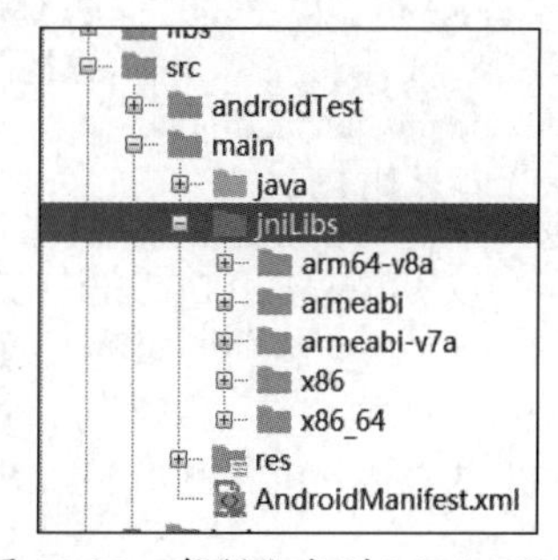

图 10-22　复制内容到 jniLibs 目录

另外，在所有创建的新项目中，...\app\build.gradle 文件都会默认配置以下这段声明：

```
dependencies {
    implementation fileTree(dir: 'libs', include: ['*.jar'])
    ...
}
```

上述代码表示会将 libs 目录下所有以 .jar 结尾的文件添加到当前项目的引用中。但是由于我们是直接将 Jar 包复制到 libs 目录下的，并没有修改 gradle 文件，因此不会弹出我们平时熟悉的 Sync Now 提示。这个时候必须手动单击 Android Studio 顶部工具栏中的 Sync 按钮，如图 10-23 所示，不然项目将无法引用 Jar 包中提供的任何接口。

单击 Sync 按钮之后，libs 目录下的 Jar 包文件名前多出一个 + 标识，单击 + 标识，可以看到 Jar 包内的文件，这就表示项目已经能引用这些 Jar 包了，如图 10-24 所示。

图 10-23　单击 Sync 按钮

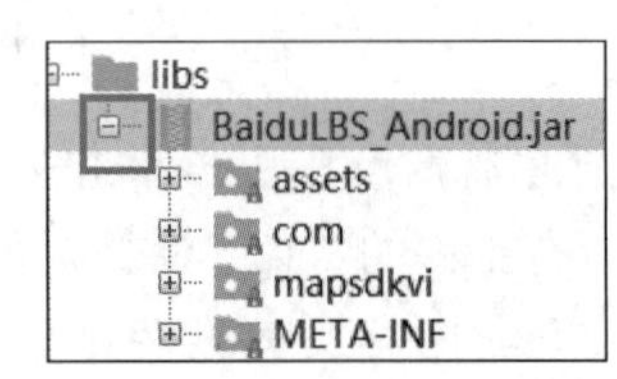

图 10-24　查看是否可以应用 Jar 包

然后，不要忘记加上我们在前面申请到的 AK，以及完成 AndroidManifest.xml 下的其他配置，代码如下：

```
<?xml version="1.0" encoding="utf-8"?>
<manifest xmlns:android="http://schemas.android.com/apk/res/android"
    package="com.bkrc.bdlbs">

    <!-- 6.0 以上系统还需要增加模糊定位权限：-->
    <uses-permission-sdk-23 android:name="android.permission.ACCESS_COARSE_LOCATION" />
    <!-- 获取设备网络状态，禁用后无法获取网络状态 -->
    <uses-permission android:name="android.permission.ACCESS_NETWORK_STATE" />
    <!-- 网络权限，当禁用后，无法进行检索等相关业务 -->
    <uses-permission android:name="android.permission.INTERNET" />
    <!-- 读取设备硬件信息，统计数据 -->
    <uses-permission android:name="android.permission.READ_PHONE_STATE" />
    <!-- 读取系统信息，包含系统版本等信息，用作统计 -->
    <uses-permission android:name="com.android.launcher.permission.READ_SETTINGS" />
    <!-- 获取设备的网络状态，鉴权所需网络代理 -->
    <uses-permission android:name="android.permission.ACCESS_WIFI_STATE" />
    <!-- 允许 sd 卡写权限，需写入地图数据，禁用后无法显示地图 -->
    <uses-permission android:name="android.permission.WRITE_EXTERNAL_STORAGE" />
    <!-- 获取统计数据 -->
    <uses-permission android:name="android.permission.WRITE_SETTINGS" />
    <!-- 鉴权所需该权限获取进程列表 -->
    <uses-permission android:name="android.permission.GET_TASKS" />

    <application
        ...>
        <activity android:name=".MainActivity">
```

```
        ...
    </activity>

    <!-- 声明百度 service 组件 -->
    <service
        android:name="com.baidu.location.f"
        android:enabled="true"
        android:process=":remote"></service>
    <!-- AK 鉴权 -->
    <!-- meta-data 需要写在 application 中 -->
    <meta-data
        android:name="com.baidu.lbsapi.API_KEY"
        android:value="GCUWgPHBQSzOfWnXGLLNyX6z7gT8IeHH" />
  </application>
</manifest>
```

除了 AK，我们还添加了权限和服务（service）组件，这些都是从 Demo 源码移植过来的。权限问题在代码的注释中已有详细说明。这里说一下 service 组件，我们可以看到 service 的类名十分奇怪，其实不用疑惑，因为百度提供的 SDK 代码都是经过代码混淆的，看不懂是正常的。

接下来，我们将借助百度定位 SDK 完成我们的网络定位功能。过程很简单，只需把 Demo 中我们需要的功能的相应代码移植出来即可。如果有读者不满足于仅仅是代码的搬运，也可以对着功能实现逻辑，借助开发文档一步一步地实现，避免在实现过程中走弯路。这其实就是开源产品的优势所在，能够大大减小我们的学习成本。打开百度定位 Demo，工程目录如图 10-25 所示。

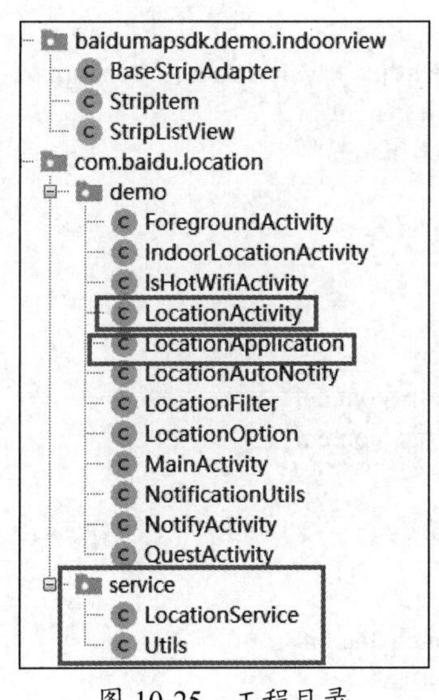

图 10-25 工程目录

虽然图 10-25 中包含很多的类，不过我们只是要实现基础定位功能，所以只要选取跟基础定位功能相关的文件即可。如图 10-25 所示，我们选取了四个类，它们的具体意义如下：

- LocationActivity：网络定位功能及界面显示类。
- LocationApplication：网络定位初始化配置类。
- LocationService：网络定位功能设置封装类。
- Utils：辅助 LocationService 类。

在将文件复制到工程内后，需要在程序中调用相关类，其中网络定位初始化配置类 LocationApplication 需要我们在 AndroidManifest.xml 文件中进行声明，关键代码如下：

```
<manifest xmlns:android="http://schemas.android.com/apk/res/android"
    package="com.bkrc.bdlbs">

    ...
    <application
        android:name=".LocationApplication"
        ...>
        ...
    </application>
</manifest>
```

可以看到，在 <application> 标签下声明 name 属性才能调用我们的 LocationApplication，为什么要这样做呢？观察 LocationApplication 代码后就能发现，其实它继承自 Application，而我们这样做就是为了声明 Application。与 Activity 类类似，Application 也有其固定的生命周期，并且它是在 Activity 启动前启动的，我们一般将初始化函数都放在该类里，比如我们这里的定位初始化函数。

初始化完成之后我们修改 activity_main.xml 界面代码，如下所示：

```
<?xml version="1.0" encoding="utf-8"?>
<LinearLayout xmlns:android="http://schemas.android.com/apk/res/android"
    android:layout_width="match_parent"
    android:layout_height="match_parent"
    android:background="#000"
    android:orientation="vertical" >

    <Button
        android:id="@+id/addfence"
        android:layout_width="wrap_content"
        android:layout_height="wrap_content"
        android:text=" 开始定位 " />

    <TextView
        android:id="@+id/textView1"
        android:layout_width="match_parent"
        android:layout_height="200dp"
        android:layout_weight="2.89"
        android:scrollbars="vertical"
        android:textColor="#ffffffff"
        android:text=" "/>
```

```
</LinearLayout>
```

上述代码很简单，一个用来启动定位的按钮和一个用来显示结果的文本。修改MainActivity代码，如下所示：

```
public class MainActivity extends AppCompatActivity {

    ...
    @Override
    protected void onCreate(Bundle savedInstanceState) {
        super.onCreate(savedInstanceState);
        setContentView(R.layout.activity_main);
        LocationResult = (TextView) findViewById(R.id.textView1);
        LocationResult.setMovementMethod(ScrollingMovementMethod.getInstance());
        startLocation = (Button) findViewById(R.id.addfence);

        getPersimmions();
    }

    // 权限申请，可直接复制到工程目录下
    @TargetApi(23)
    private void getPersimmions() {
    ...
      }
      // 权限申请，可直接复制到工程目录下
      @TargetApi(23)
      private boolean addPermission(ArrayList<String> permissionsList, String permission) {
        ....
      }

      @TargetApi(23)
      @Override
      public void onRequestPermissionsResult(int requestCode, String[] permissions, int[] grantResults) {
        // TODO Auto-generated method stub
        super.onRequestPermissionsResult(requestCode, permissions, grantResults);

      }
      // 字符串显示
      public void logMsg(String str) {
        final String s = str;
        try {
          if (LocationResult != null){
            LocationResult.post(new Runnable() {
              @Override
              public void run() {
                LocationResult.setText(s);
              }
            });
          }
        } catch (Exception e) {
          e.printStackTrace();
```

```
        }
    }

    @Override
    protected void onStop() {
        // TODO Auto-generated method stub
        locationService.unregisterListener(mListener);   //注销监听
        locationService.stop();   //停止定位服务
        super.onStop();
    }

    @Override
    protected void onStart() {
        // TODO Auto-generated method stub
        super.onStart();
        locationService = ((LocationApplication) getApplication()).locationService;
        locationService.registerListener(mListener);
        //注册监听
        int type = getIntent().getIntExtra("from", 0);
        if (type == 0) {
            locationService.setLocationOption(locationService.getDefaultLocationClientOption());
        } else if (type == 1) {
            locationService.setLocationOption(locationService.getOption());
        }
        startLocation.setOnClickListener(new View.OnClickListener() {

            @Override
            public void onClick(View v) {
                if (startLocation.getText().toString().equals(" 开始定位 ")) {
                    locationService.start();   // 定位 SDK
                    //开始定位之后会默认发起一次定位请求
                } else {
                    locationService.stop();
                    startLocation.setText(" 开始定位 ");
                }
            }
        });
    }

    /*
     定位结果回调，重写 onReceiveLocation 方法，可以直接复制如下代码到自己的工程中
     进行修改
     */
    private BDAbstractLocationListener mListener = new BDAbstractLocationListener() {

        ...
}
```

运行程序，结果如图 10-26 所示（图中隐藏了一些不便显示的信息）。

图 10-26 运行结果

可以看到，相比 GPS 的 Android API，百度地图确实提供了很多便利的功能。百度封装的 BDLocation 类里面把经纬度直接转化成我们能够直观分辨的地理位置，非常方便开发者使用。至此，我们的联网定位学习就完成了，这里只是使用了默认的配置，大家不妨更改 LocationService 下的配置，看看不同配置下的定位情况，加深对定位的理解。

10.1.6 使用百度地图

在日常生活中，手机地图的应用比比皆是，如，叫外卖、购物、健身、社交、旅游等，和 PC 端相比，移动端的优势是能够随时查看，并且可轻松构建路径，使用起来非常方便。其实我们也能把地图功能加入到我们的应用中，在上一小节中我们已经使程序成功地获取到了地址信息，现在我们就把获取到的地址信息变成地图显示出来。

首先，修改 activity_main.xml 布局，加入百度地图，修改的代码如下：

```
<?xml version="1.0" encoding="utf-8"?>
<LinearLayout xmlns:android="http://schemas.android.com/apk/res/android"
    android:layout_width="match_parent"
    android:layout_height="match_parent"
    android:background="#000"
    android:orientation="vertical" >

    <LinearLayout
        android:orientation="horizontal"
        android:layout_width="match_parent"
        android:layout_height="wrap_content">

        ...
    </LinearLayout>
```

```
<RelativeLayout
    android:layout_width="match_parent"
    android:layout_height="match_parent">

    <com.baidu.mapapi.map.MapView
        android:id="@+id/bdMap"
        android:layout_margin="18dp"
        android:layout_width="match_parent"
        android:layout_height="match_parent"/>
    <TextView
        android:id="@+id/textView1"
        android:layout_margin="18dp"
        android:layout_width="match_parent"
        android:layout_height="match_parent"
        android:layout_weight="2.89"
        android:scrollbars="vertical"
        android:textColor="#ff0000"
        android:text=" "/>
</RelativeLayout>
</LinearLayout>
```

上述代码在布局文件中新放置了一个 MapView 控件，并让它填充整个屏幕。这个 MapView 是由百度提供的自定义控件，所以在使用它的时候需要将完整的包名加上。为避免显示冲突，我们将地图放在屏幕底部，文字放在屏幕顶部。

接下来修改 MainActivity 中的代码。为了方便理解，这里将与百度地图的使用有关的代码部分抽取出来，使其成为一个新的 BdMapMainActivity，并使其继承自 MainActivity，这样方便大家理解代码。BdMapMainActivity 代码如下：

```
public class BdMapMainActivity extends MainActivity{

    private BaiduMap baiduMap;
    private Overlay overlay;   // 当前只有一个覆盖物
    private LinkedList<LocationEntity> locationList = new LinkedList<LocationEntity>();
    // 存放历史定位结果的链表，最多存放当前结果的前 5 次定位结果

    @Override
    protected void onStart() {
        super.onStart();
        initMap();
        addMap.setOnClickListener(new View.OnClickListener() {
            @Override
            public void onClick(View v) {
                if (addMap.getText().toString().equals(" 地图定位 ")) {
                    locationService.start();   // 定位 SDK
                    addMap.setText(" 停止定位 ");
                    isMapUpdate = true;
                } else {
                    locationService.stop();
```

```
            addMap.setText(" 地图定位 ");
            isMapUpdate = false;
        }
      }
    });
  }

  @Override
  boolean isMapUpdate(BDLocation location) {
    if (!isMapUpdate) return false;
    if (location != null && (location.getLocType() == 161 || location.getLocType() == 66)) {
      Message locMsg = locHandler.obtainMessage();
      Bundle locData;
      locData = Algorithm(location);
      if (locData != null) {
        locData.putParcelable("loc", location);
        locMsg.setData(locData);
        locHandler.sendMessage(locMsg);
      }
    }
    return true;
  }

  protected void initMap() {
    // 普通地图，mBaiduMap 是地图控制器对象
    baiduMap = bdMap.getMap();
    // 当不需要定位图层时关闭定位图层
    baiduMap.setMapType(BaiduMap.MAP_TYPE_NORMAL);
    // 改变地图状态
    baiduMap.setMapStatus(MapStatusUpdateFactory.zoomTo(15));
    baiduMap.setMyLocationEnabled(true);
  }

  @SuppressLint("HandlerLeak")
  private Handler locHandler = new Handler() {

    @Override
    public void handleMessage(Message msg) {
      // TODO Auto-generated method stub
      super.handleMessage(msg);
      BDLocation location = msg.getData().getParcelable("loc");
      if (location != null) {
        Log.e("TAG", " 精度 : " + location.getRadius()
                + " 方向 : " + location.getDirection()
                + " 维度 : " + location.getLatitude()
                + " 经度 : " + location.getLongitude());
        drawMarker(location.getLatitude(), location.getLongitude(),
                R.drawable.icon_openmap_mark);
      }
    }
```

```
    };

    // 平滑策略代码可直接复制至目录下
    private Bundle Algorithm(BDLocation location) {
        ...
    }

    double getDistance(LatLng var0, LatLng var1) {
        if (var0 != null && var1 != null) {
            Point var2 = CoordUtil.ll2point(var0);
            Point var3 = CoordUtil.ll2point(var1);
            return var2 != null && var3 != null ? CoordUtil.getDistance(var2, var3) : -1.0D;
        } else {
            return -1.0D;
        }
    }

    // 绘制图标
    private void drawMarker(double latitude, double longitude,int drawable) {
        // 构建 Marker 图标
        BitmapDescriptor bitmap = BitmapDescriptorFactory.fromResource(drawable);

        LatLng point = new LatLng(latitude, longitude);
        // 构建 MarkerOption，用于在地图上添加 Marker
        OverlayOptions option = new MarkerOptions().position(point).icon(bitmap);
        // 连续定位时启用（清除上一帧覆盖物）
        if (overlay != null)
            overlay.remove();
        // 在地图上添加 Marker 并显示
        overlay = baiduMap.addOverlay(option);
        baiduMap.setMapStatus(MapStatusUpdateFactory.newLatLng(point));
    }

    class LocationEntity {
        BDLocation location;
        long time;
    }

}
```

关于功能的具体方法实现大家可以看代码（代码里有很详细的注释），这里只说明大致的思路。首先是实例化地图，然后调用 initMap() 初始化地图，到这一步地图就能显示了。接着，我们使用上一节的 mListener 进行监听，在按键触发启动监听后获得 BDLocation 对象，然后通过 isMapUpdate() 更新地图位置以及标记我们当前位置。因为 BDLocation 在移动更新位置时可能会出现偏差，所以这里采用 Algorithm() 平滑策略方法使位置减少偏移度（这不是一项必须的操作）。

运行上述程序，结果如图 10-27 所示。

图 10-27　运行结果

10.2 传感器应用开发

传感器技术也是移动端不可或缺的技术之一，特别是随着物联网概念的流行，人们更加认识到了传感器的重要性。其实在日常生活中是经常用到传感器的，例如楼内的声控楼梯灯、街边的路灯及商场的自动门等。虽然本书的主要内容是关于 Android 系统，但相信读者学完本书内容后，对物联网设备应该会有一个更深入的理解。

10.2.1　Android 传感器系统基础

Android 系统中涉及的传感器主要有加速度传感器、磁场传感器、方向传感器、陀螺仪传感器、光线传感器、压力传感器、温度传感器和临近传感器等。Android 传感器系统会主动向上层报告传感器监测的数据的精度和数值的变化，并且提供设置传感器精度的接口，这些接口可以在 Java 应用和 Java 框架中使用。Android 传感器系统架构如图 10-28 所示。

根据图 10-28 所示的结构，Android 传感器系统从上到下分别是 Java 应用程序、Java 框架对传感器的应用（Java Framework）、传感器类（JNI）、硬件抽象层、传感器设备驱动程序、传感器设备。而我们要讲述的是针对 Java 框架对各个传感器的应用，其他结构功能这里不进行详细说明，想深入学习传感器的读者可以去查阅、解析 Android 传感器源码的相关资料。

表 10-3 列出了 Android 传感器系统所包含的所有传感器类型，供大家了解、学习。

用户空间	Java 应用程序	
	Java Framework	SensorManager.java SensorService.java
	JNI	android_hardware_SensorManager.cpp Com android server SensorService.cpp
	硬件抽象层	sensors.cpp
内核空间	传感器设备驱动程序	bma220 driver.c
硬件	传感器设备	

图 10-28　Android 传感器系统架构

表 10-3　Android 传感器类型

序号	传感器类型	Sensor 类中定义的 TYPE 常量
1	加速度传感器	TYPE_ACCELEROMETER
2	温度传感器	TYPE_AMBIENT_TEMPERATURE
3	陀螺仪传感器	TYPE_GYROSCOPE
4	光线传感器	TYPE_LIGHT
5	磁场传感器	TYPE_MAGNETIC_FIELD
6	压力传感器	TYPE_PRESSURE
7	临近传感器	TYPE_PROXIMITY
8	湿度传感器	TYPE_RELATIVE_HUMIDITY
9	方向传感器	TYPE_ORIENTATION
10	重力传感器	TYPE_GRAVITY
11	线性加速传感器	TYPE_LINEAR_ACCELERATION
12	旋转向量传感器	TYPE_ROTATION_VECTOR

在 Android 8.0 中也提供了表 10-3 中所列的 12 种传感器类型，具体说明如下。

（1）加速度传感器：测量在三个物理轴（x、y、z）上应用于设备的加速力 m/s^2，包括重力，常见的就是抖动检测及判断是否倾斜。

（2）温度传感器：以摄氏度（℃）测量环境温度，常用于检测空气温度，但在 API 14 后的系统中也能用于检测设备的温度。

（3）陀螺仪传感器：测量设备在三个物理轴（x、y、z）上的转速，单位为 rad/s，常用于需要转动屏幕的游戏（俗称重力感应游戏）。

（4）光线传感器：以 lx 为单位测量环境光水平（照度），这个很容易理解，灯光的亮度调节就是通过此传感器实现的。

（5）磁场传感器：以 μT 为单位，测量三个物理轴（x、y、z）的环境地磁场，常用于指南针或者室内定位（我们前述的定位功能就可以利用磁场传感器的技术完成，但磁场干扰性很强，一般作为室内定位的辅助项协同定位）。

（6）压力传感器：以 hPa 或 mbar 为单位测量环境空气压力。注意，不是测量屏幕的压力。它是用于辅助定位的（由于受到技术和其他方面原因的限制，GPS 计算海拔高度一般都会有十米左右的误差，而如果在树林里或者是在悬崖下面，有时候甚至接收不到 GPS 卫星信号。所以在智能手机原有 GPS 的基础上再增加压力传感器功能，可以让三维定位更加精准）。

（7）临近传感器：测量相对于设备视图屏幕的对象的接近度（cm）。该传感器通常用于确定手机是否贴近人的耳朵。

（8）湿度传感器：以百分比（%）测量环境相对湿度。例如，移动端的天气预报功能就需要该传感器。

（9）方向传感器：通过提供设备旋转矢量的三个元素来测量设备的方向。近几年很流行的 AR 和 VR 所显示的 3D 模型，就是通过将该传感器所获得的数据进行合成而实现的（部分 3D 照相机也装有该传感器）。

（10）重力传感器：测量在三个物理轴（x、y、z）上应用于设备的重力 m/s^2。在手机出厂检测中的一个屏幕检测项目就是通过该传感器实施的；也有部分指南针应用会使用该传感器数据。

（11）线性加速传感器：测量在三个物理轴（x、y、z）上应用于设备的加速力 m/s^2，不包括重力，常用于手机“摇一摇”等互动功能。

（12）旋转向量传感器：通过提供设备旋转矢量的三个元素来测量设备的方向。目前没发现该传感器的应用（预测其是辅助其他传感器进行测量）。

注意：（1）~（8）是硬件传感器；（9）是软件传感器，方向传感器测得的数据来自重力传感器和磁场传感器；（10）~（12）是硬件或软件传感器。

了解了这么多种类型的传感器，读者或许会感觉无从下手，其实我们可以把上述 12 种传感器归纳成下述三大类传感器：

- Motion sensors（运动传感器）。这类传感器测量加速力，并测量沿三个轴的旋转力。此类别的应用包括加速度计、重力感应器、陀螺仪和旋转矢量传感器等。
- Environmental sensors（环境传感器）。这类传感器测量各种环境参数，例如环境空气的温度、湿度和压力，环境的照明情况等。此类别的应用包括气压计、光度计和温度计等。
- Position sensors（位置传感器）。这类传感器测量设备的物理位置。这个类别的应用包括方向传感器和磁力计。

在学习了一些理论知识后，下面我们就尝试获取自己手机的传感器参数。

首先，创建一个 SensorList 项目，并向其添加一个 TextView 控件用于显示信息。修改 MainActivity 代码，如下所示：

```
public class MainActivity extends AppCompatActivity {

    @Override
    protected void onCreate(Bundle savedInstanceState) {
        super.onCreate(savedInstanceState);
        setContentView(R.layout.activity_main);
```

```
TextView tvSensors = (TextView) findViewById(R.id.tv_sensors);
// 获取传感器 SensorManager 对象
SensorManager sensorManager = (SensorManager) getSystemService(SENSOR_SERVICE);
List<Sensor> sensors = sensorManager.getSensorList(Sensor.TYPE_ALL);
tvSensors.append(" 经检测该手机有 " + sensors.size() + " 个传感器，它们分别是：\n");
for (Sensor s: sensors) {

    String tempString = "\n 设备名称：" + s.getName() + "\n 设备版本：" + s.getVersion()
        + "\n 设备厂商：" +s.getVendor() + "\n\n";
    switch (s.getType()) {
      case Sensor.TYPE_ACCELEROMETER:
        tvSensors.append(s.getType() + " 加速度传感器 accelerometer" + tempString);
        break;
      case Sensor.TYPE_AMBIENT_TEMPERATURE:
      ...
      case Sensor.TYPE_GYROSCOPE:
      ...
      case Sensor.TYPE_LIGHT:
      ...
      case Sensor.TYPE_MAGNETIC_FIELD:
      ...
      case Sensor.TYPE_PRESSURE:
      ...
      case Sensor.TYPE_PROXIMITY:
      ...
      case Sensor.TYPE_RELATIVE_HUMIDITY:
      ...
      case Sensor.TYPE_ORIENTATION:
      ...
      case Sensor.TYPE_GRAVITY:
      ...
      case Sensor.TYPE_LINEAR_ACCELERATION:
      ...
      case Sensor.TYPE_ROTATION_VECTOR:
      ...
      default:
        tvSensors.append(s.getType() + " 未知传感器 " + tempString);
        break;
    }
  }
}
}
```

在上述代码里，我们通过系统服务得到 SensorManager 传感器管理对象，手机上所有的传感器数据都包含在 SensorManager 里。然后我们再从 SensorManager 获取所有传感器的信息。这里只列举了 12 种典型的传感器类型并显示其信息。

同一种类型的传感器还可以继续细分，并且除了官方提供的传感器类型，手机制造商也有可能在生产的手机中自主添加传感器。另外，在编写代码时我们会发现，方向传感器的类型会被系统提示已经过时（图 10-29），其实这不是因为没有方向传感器或者与其他传感器合并了，而是系统不建议直接从方向传感器获取数据。所以我们也建议，在开发中不要直接去获取方向传感器的数据。关于如何获取方向数据，我们会在后面的位置传感器内容中详细讲解。

```
case Sensor.TYPE_ORIENTATION:
    tvSensors.append(s.getType() + " 方向传感器 orientation" + tempString);
    break;
```

图 10-29 示例代码

运行程序，得到如图 10-30 所示的是华为荣耀 9 的传感器列表。

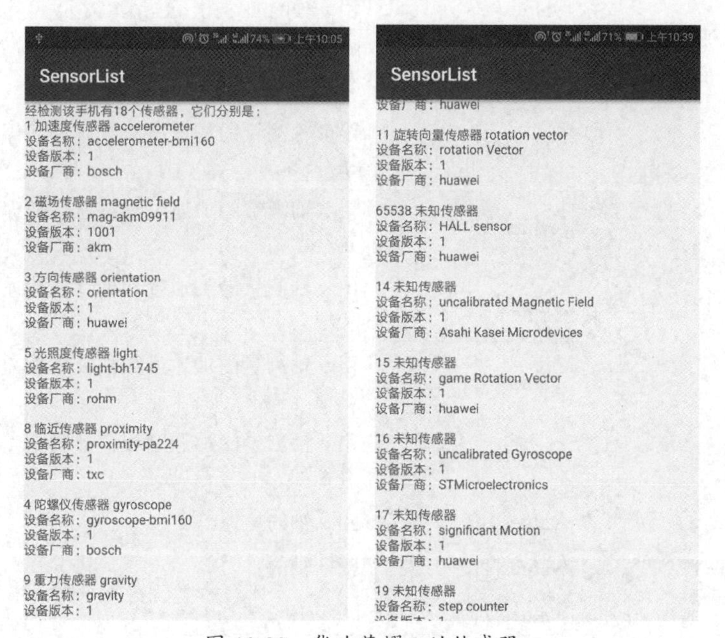

图 10-30 华为荣耀 9 的传感器

由运行结果可以发现，有些传感器是华为公司自主研发的。例如，标号为 65538 的霍尔传感器（HALL sensor），设备厂商显示是 huawei。并且你可以发现这类传感器的编号在 Android 系统的文档中是没有任何定义的。

10.2.2 运动传感器

运动传感器

Android 提供了多个传感器用于检测我们设备的运动，例如重力、线性加速度、旋转矢量、重要运动、步进检测、步进计数等传感器。这些传感器可以是基于硬件的也可以是硬件设备经特定算法转化后得到的（软件的）。但我们设备里的加速度传感器和陀螺仪传感器必须是基于硬件的。

运动传感器可以用来帮助用户更好地了解身体周围的情况，例如，能够分辨出你是在上山还是在下山、是否摔倒等。此外，运动传感器还能直接反馈用户的直接输入进而打造沉浸式体验，例如操作赛车、控制小球、VR/AR 相机、相机防抖等。但要注意的是，使用运动传感器只能以当前设备或应用程序为参考系，如果我们想要以整个外部空间为参考系，例如监控设备的当前位置，就需要和位置传感器搭配使用，以确定设备当前的位置。如果不能明确参考系，在实际开发中我们就会遇到选择的传感器不合适的问题。

所有的运动传感器都通过传感器事件（SensorEvent）返回用多维数组表示的传感器数据。表 10-4 列出了 Android 可用的运动传感器及其返回数据的描述。

表 10-4　运动传感器返回的数据描述

传感器	传感器返回的数据	描述	计量单位
TYPE_ACCELEROMETER	values[0]	沿 x 轴的加速力（包括重力）	m/s^2
	values[1]	沿 y 轴的加速力（包括重力）	
	values[2]	沿 z 轴的加速力（包括重力）	
TYPE_ACCELEROMETER_UNCALIBRATED	values[0]	沿 x 轴测量的加速度，没有任何偏置补偿	m/s^2
	values[1]	沿 y 轴测量的加速度，没有任何偏置补偿	
	values[2]	沿 z 轴测量的加速度，没有任何偏置补偿	
	values[3]	沿 x 轴测量的加速度和估计的偏差补偿	
	values[4]	沿 y 轴测量的加速度和估计的偏差补偿	
	values[5]	沿 z 轴测量的加速度和估计的偏差补偿	
TYPE_GRAVITY	values[0]	沿 x 轴的重力	m/s^2
	values[1]	沿 y 轴的重力	
	values[2]	沿 z 轴的重力	
TYPE_GYROSCOPE	values[0]	围绕 x 轴的旋转速度	rad/s
	values[1]	围绕 y 轴的旋转速度	
	values[2]	围绕 z 轴的旋转速度	
TYPE_GYROSCOPE_UNCALIBRATED	values[0]	围绕 x 轴的旋转速度（无漂移补偿）	rad/s
	values[1]	绕 y 轴的旋转速度（无漂移补偿）	
	values[2]	绕 z 轴的旋转速度（无漂移补偿）	
	values[3]	估计围绕 x 轴的漂移	
	values[4]	估计围绕 y 轴的漂移	
	values[5]	估计围绕 z 轴的漂移	
TYPE_LINEAR_ACCELERATION	values[0]	沿 x 轴的加速力（不包括重力）	m/s^2
	values[1]	沿 y 轴的加速力（不包括重力）	
	values[2]	沿 z 轴的加速力（不包括重力）	
TYPE_ROTATION_VECTOR	values[0]	沿 x 轴的旋转矢量分量（$x*\sin(\theta^{-2})$）	无
	values[1]	沿 y 轴的旋转矢量分量（$y*\sin(\theta^{-2})$）	
	values[2]	沿 z 轴的旋转矢量分量（$z*\sin(\theta^{-2})$）	
	values[3]	旋转矢量的标量分量（$(\cos(\theta^{-2}))$）（可选）	

续表

传感器	传感器返回的数据	描述	计量单位
TYPE_SIGNIFICANT_MOTION	N/A	N/A	N/A
TYPE_STEP_COUNTER	values[0]	激活传感器时自上次重启以来用户采取的步骤数	步（Steps）
TYPE_STEP_DETECTOR	N/A	N/A	N/A

传感器涉及的参数很多，所以我们在选取传感器时一定要将传感器应用场景和实际业务相结合，多去查阅相关资料和咨询相关人员。

在表10-4中，我们发现重要动作传感器（TYPE_SIGNIFICANT_MOTION）和步进检测传感器（TYPE_STEP_DETECTOR）的相关内容都是空值，这是因为这两个传感器不是SensorEvent的分支。Android定义了一个TriggerEvent专门用于表示触发事件的类，上述两个没有任何数据的传感器只能产生TriggerEvent触发事件。

10.2.3 运动传感器案例——仿微信“摇一摇”功能

在了解了运动传感器的用途之后，下面我们借助一个综合案例学习如何在日常开发中使用运动传感器。

我们要做的是一个仿照微信“摇一摇”功能的综合案例。该案例将用到第3章的UI和第9章的“动画”内容，是综合程度比较高的案例。

学完了传感器，相信有的读者会想到微信的“摇一摇”功能。这里我们就对其进行分析。“摇一摇”功能利用加速度传感器来启动声音、振动以及动画效果，所以首先我们在新建项目的AndroidManifest.xml中加入振动权限，代码如下：

```
<uses-permission android:name="android.permission.VIBRATE"/>
```

接下来我们对这个案例进行分析。当用户摇晃手机时，会触发加速度传感器，此时加速度传感器会通过相应的接口提供我们需要的参数，我们就可以通过分析这些参数决定是否给出声音、振动和动画效果。该功能的具体描述如下：

1）摇晃手机将两张图片分开，显示后面的图片。

2）摇晃时伴随振动效果和声音效果。

经过上述的简单分析，读者应该明白如何实施了。下面我们先把布局搭建完成。修改activity_main.xml代码，如下所示：

```
<?xml version="1.0" encoding="utf-8"?>
<LinearLayout
    xmlns:android="http://schemas.android.com/apk/res/android"
    xmlns:tools="http://schemas.android.com/tools"
    android:id="@+id/activity_main"
    android:layout_width="match_parent"
    android:layout_height="match_parent"
    android:background="#ff232323"
    android:orientation="vertical"
```

```
tools:context="com.brkc.weichatshake.MainActivity">
<RelativeLayout
    android:layout_width="match_parent"
    android:layout_height="match_parent">
    <!-- “摇一摇”中心图片 -->
    <ImageView
        android:layout_width="wrap_content"
        android:layout_height="wrap_content"
        android:layout_centerInParent="true"
        android:src="@mipmap/bkrckj_logo"/>
    <LinearLayout
        android:gravity="center"
        android:orientation="vertical"
        android:layout_width="match_parent"
        android:layout_height="match_parent"
        android:layout_alignParentTop="true"
        android:layout_alignParentLeft="true"
        android:layout_alignParentStart="true">
        <!-- 顶部的横线和图片 -->
        <LinearLayout
            android:gravity="center_horizontal|bottom"
            android:id="@+id/main_linear_top"
            android:layout_width="match_parent"
            android:layout_height="wrap_content"
            android:orientation="vertical">
            <ImageView
                android:src="@mipmap/shake_top"
                android:id="@+id/main_shake_top"
                android:layout_width="wrap_content"
                android:layout_height="100dp"/>
            <ImageView
                android:background="@mipmap/shake_top_line"
                android:id="@+id/main_shake_top_line"
                android:layout_width="match_parent"
                android:layout_height="5dp"/>
        </LinearLayout>

        <!-- 底部的横线和图片 -->
        <LinearLayout
            android:gravity="center_horizontal|bottom"
            android:id="@+id/main_linear_bottom"
            android:layout_width="match_parent"
            android:layout_height="wrap_content"
            android:orientation="vertical">

            <ImageView
                android:background="@mipmap/shake_bottom_line"
                android:id="@+id/main_shake_bottom_line"
                android:layout_width="match_parent"
                android:layout_height="5dp"/>
```

```
        <ImageView
            android:src="@mipmap/shake_bottom"
            android:id="@+id/main_shake_bottom"
            android:layout_width="wrap_content"
            android:layout_height="100dp"/>
        </LinearLayout>
    </LinearLayout>
</RelativeLayout>
</LinearLayout>
```

界面显示相对简单，读者可以参考微信“摇一摇”功能的界面元素布局。下面我们修改 MainActivity，代码如下：

```
public class MainActivity extends AppCompatActivity implements SensorEventListener {

    private static final String TAG = "MainActivity";
    private static final int START_SHAKE = 0x1;
    private static final int AGAIN_SHAKE = 0x2;
    private static final int END_SHAKE = 0x3;

    private SensorManager mSensorManager;
    private Sensor mAccelerometerSensor;
    private Vibrator mVibrator;              // 手机振动
    private SoundPool mSoundPool;            //“摇一摇”音效

    // 记录摇动状态
    private boolean isShake = false;


    private LinearLayout mTopLayout;
    private LinearLayout mBottomLayout;
    private ImageView mTopLine;
    private ImageView mBottomLine;

    private MyHandler mHandler;
    private int mWeiChatAudio;

    @Override
    protected void onCreate(Bundle savedInstanceState) {
        super.onCreate(savedInstanceState);
        // 设置只竖屏
        setRequestedOrientation(ActivityInfo.SCREEN_ORIENTATION_PORTRAIT);
        setContentView(R.layout.activity_main);
        // 初始化 View
        initView();
        mHandler = new MyHandler(this);

        // 初始化 SoundPool
        mSoundPool = new SoundPool(1, AudioManager.STREAM_SYSTEM, 5);
        mWeiChatAudio = mSoundPool.load(this, R.raw.weichat_audio, 1);
```

```
    // 获取 Vibrator 振动服务
    mVibrator = (Vibrator) getSystemService(VIBRATOR_SERVICE);

}

private void initView() {

    mTopLayout = (LinearLayout) findViewById(R.id.main_linear_top);
    mBottomLayout = ((LinearLayout) findViewById(R.id.main_linear_bottom));
    mTopLine = (ImageView) findViewById(R.id.main_shake_top_line);
    mBottomLine = (ImageView) findViewById(R.id.main_shake_bottom_line);

    // 默认设置
    mTopLine.setVisibility(View.GONE);
    mBottomLine.setVisibility(View.GONE);


}

@Override
protected void onStart() {
    super.onStart();
    // 获取 SensorManager，由它负责管理传感器
    mSensorManager = ((SensorManager) getSystemService(SENSOR_SERVICE));
    if (mSensorManager != null) {
        // 获取加速度传感器
        mAccelerometerSensor = mSensorManager.getDefaultSensor(Sensor.TYPE_
                ACCELEROMETER);
        if (mAccelerometerSensor != null) {
            mSensorManager.registerListener(this, mAccelerometerSensor, SensorManager.SENSOR_
                DELAY_UI);
        }
    }
}

@Override
protected void onPause() {
    // 务必要在 pause 中注销 mSensorManager
    // 否则会造成界面退出后，“摇一摇”功能依旧生效的问题
    if (mSensorManager != null) {
        mSensorManager.unregisterListener(this);
    }
    super.onPause();
}

// SensorEventListener 回调方法
@Override
public void onSensorChanged(SensorEvent event) {
    int type = event.sensor.getType();
```

```
    if (type == Sensor.TYPE_ACCELEROMETER) {
        // 获取三个方向值
        float[] values = event.values;
        float x = values[0];
        float y = values[1];
        float z = values[2];

        if ((Math.abs(x) > 17 || Math.abs(y) > 17 || Math.abs(z) > 17) && !isShake) {
            isShake = true;
            // 实现摇动逻辑，摇动后进行振动
            Thread thread = new Thread() {
                @Override
                public void run() {

                    super.run();
                    try {
                        Log.d(TAG, "onSensorChanged: 摇动 ");

                        // 开始振动，发出提示音，展示动画效果
                        mHandler.obtainMessage(START_SHAKE).sendToTarget();
                        Thread.sleep(500);
                        // 再来一次振动提示
                        mHandler.obtainMessage(AGAIN_SHAKE).sendToTarget();
                        Thread.sleep(500);
                        mHandler.obtainMessage(END_SHAKE).sendToTarget();


                    } catch (InterruptedException e) {
                        e.printStackTrace();
                    }
                }
            };
            thread.start();
        }
    }
}

@Override
public void onAccuracyChanged(Sensor sensor, int accuracy) {
}


private static class MyHandler extends Handler {
    private WeakReference<MainActivity> mReference;
    private MainActivity mActivity;
    public MyHandler(MainActivity activity) {
        mReference = new WeakReference<MainActivity>(activity);
        if (mReference != null) {
            mActivity = mReference.get();
        }
```

```
    }
    @Override
    public void handleMessage(Message msg) {
        super.handleMessage(msg);
        switch (msg.what) {
            case START_SHAKE:
                //This method requires the caller to hold the permission VIBRATE.
                mActivity.mVibrator.vibrate(300);
                // 发出提示音
                mActivity.mSoundPool.play(mActivity.mWeiChatAudio, 1, 1, 0, 0, 1);
                mActivity.mTopLine.setVisibility(View.VISIBLE);
                mActivity.mBottomLine.setVisibility(View.VISIBLE);
                mActivity.startAnimation(false);
               // 参数含义：两张图片分散开的动画
                break;
            case AGAIN_SHAKE:
                mActivity.mVibrator.vibrate(300);
                break;
            case END_SHAKE:
                // 整体效果结束，将振动设置为 false
                mActivity.isShake = false;
                // 展示上下两张图片回来的效果
                mActivity.startAnimation(true);
                break;
        }
    }
}

/**
 * 开启"摇一摇"动画
 *
 * @param isBack 是否返回初始状态
 */
private void startAnimation(boolean isBack) {
    // 动画坐标移动的位置是相对自己的
    int type = Animation.RELATIVE_TO_SELF;

    float topFromY;
    float topToY;
    float bottomFromY;
    float bottomToY;
    if (isBack) {
        topFromY = -0.5f;
        topToY = 0;
        bottomFromY = 0.5f;
        bottomToY = 0;
    } else {
        topFromY = 0;
        topToY = -0.5f;
        bottomFromY = 0;
```

```
            bottomToY = 0.5f;
        }

        // 顶部图片的动画效果
        TranslateAnimation topAnim = new TranslateAnimation(
                type, 0, type, 0, type, topFromY, type, topToY
        );
        topAnim.setDuration(200);
        // 动画终止时停留在最后一帧，不然会回到没有执行之前的状态
        topAnim.setFillAfter(true);

        // 底部图片的动画效果
        TranslateAnimation bottomAnim = new TranslateAnimation(
                type, 0, type, 0, type, bottomFromY, type, bottomToY
        );
        bottomAnim.setDuration(200);
        bottomAnim.setFillAfter(true);

        // 大家一定不要忘记，动画结束时，中间的两根线需要去掉
        if (isBack) {
            bottomAnim.setAnimationListener(new Animation.AnimationListener() {
                @Override
                public void onAnimationStart(Animation animation) {}
                @Override
                public void onAnimationRepeat(Animation animation) {}
                @Override
                public void onAnimationEnd(Animation animation) {
                    // 当动画结束后，将中间两条线去掉，不让其占位
                    mTopLine.setVisibility(View.GONE);
                    mBottomLine.setVisibility(View.GONE);
                }
            });
        }
        // 设置动画
        mTopLayout.startAnimation(topAnim);
        mBottomLayout.startAnimation(bottomAnim);
    }
}
```

分析上述代码不难发现，我们获取加速度传感器数据的逻辑和获取GPS定位数据是一样的：先得到系统服务；之后得到传感器管理者对象；然后通过registerListener注册监听；最后的数据就在我们重写的监听方法里生成。但SensorManager比LocationManager管理着更多的传感器，故多了一步——甄选传感器类别，所以registerListener()有三个参数：第一个参数是注册监听；第二个参数是选择要获取数据的传感器；第三个参数代表系统采集传感器数据的频率。Android系统提供四种采集传感器数据的频率，频率从低到高的排列顺序为SENSOR_DELAY_NORMAL→SENSOR_DELAY_UI→SENSOR_DELAY_GAME→SENSOR_DELAY_FASTEST，读者

较容易从它们的名字来理解其含义。但这里要提醒一点，因为频率越高耗电越快，而且传感器越敏感越容易发生误采集数据的情况，所以我们一般默认不使用最高的频率。在本节案例中，我们采用 UI 级别的频率（SENSOR_DELAY_UI）进行采集。至此，我们的“摇一摇”功能就开发完成了（界面功能未详细设计），程序运行的效果如图 10-31 所示。

图 10-31　运行效果

10.2.4　位置传感器

位置传感器可用于确定设备在世界参照系中的物理位置。将地磁场传感器和加速度传感器结合使用，就能确定设备的当前位置。当然，位置传感器通常不用于监控设备的运动，例如摇晃或倾斜（这些是由运动传感器来监控的）。除此之外，Android 平台还提供了一个临近传感器，用于确定设备的屏幕与物体的距离，通常手机制造商会利用临近传感器的特性做一个电话呼叫期间息屏的功能。

同样，位置传感器返回的数据也是由传感器事件（SensorEvent）返回的多维数组。表 10-5 所列为位置传感器返回的数据描述。

表 10-5　位置传感器返回的数据描述

传感器	传感器返回的数据	描述	计量单位
TYPE_GAME_ROTATION_VECTOR	values[0]	沿 x 轴的旋转矢量分量（x*sin(θ^{-2})）	无单位
	values[1]	沿 y 轴的旋转矢量分量（y*sin(θ^{-2})）	
	values[2]	沿 z 轴的旋转矢量分量（z*sin(θ^{-2})）	
TYPE_GEOMAGNETIC_ROTATION_VECTOR	values[0]	沿 x 轴的旋转矢量分量（x*sin(θ^{-2})）	无单位
	values[1]	沿 y 轴的旋转矢量分量（y*sin(θ^{-2})）	
	values[2]	沿 z 轴的旋转矢量分量（z*sin(θ^{-2})）	

续表

传感器	传感器返回的数据	描述	计量单位
TYPE_MAGNETIC_FIELD	values[0]	沿 x 轴的地磁场强度	μT
	values[1]	沿 y 轴的地磁场强度	
	values[2]	沿 z 轴的地磁场强度	
TYPE_MAGNETIC_FIELD_UNCALIBRATED	values[0]	沿 x 轴的地磁场强度（无硬铁校准）	μT
	values[1]	沿 y 轴的地磁场强度（无硬铁校准）	
	values[2]	沿 z 轴的地磁场强度（无硬铁校准）	
	values[3]	沿 x 轴的铁偏差估计	
	values[4]	沿 y 轴的铁偏差估计	
	values[5]	沿 z 轴的铁偏差估计	
TYPE_ORIENTATION	values[0]	方位角（围绕 z 轴的角度）	rad
	values[1]	间距（围绕 x 轴的角度）	
	values[2]	滚动（围绕 y 轴的角度）	
TYPE_PROXIMITY	values[0]	与物体的距离	cm

注意：表中的方向传感器类型（TYPE_ORIENTATION）在 Android 2.2（API 级别 8）和 Android 4.4W（API 级别 20）中已被弃用。

位置传感器主要描述的是方向，我们需要注意的是，该方向的功能定义与运动传感器设备的方向功能定义是不一样的，图 10-32 为运动传感器坐标系。

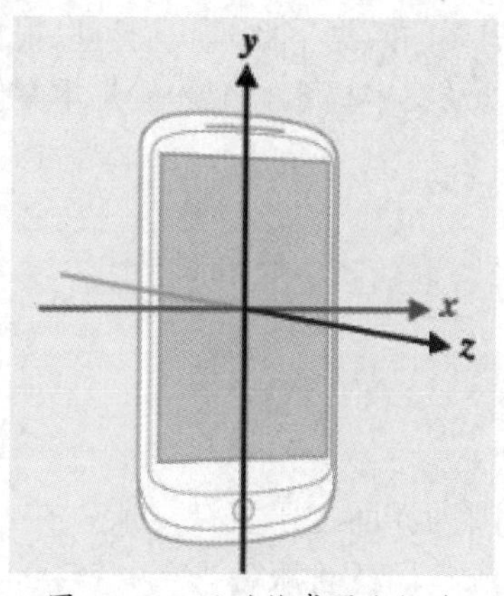

图 10-32　运动传感器坐标系

当设备保持其默认方向时，坐标系 x 轴是水平的并且指向右侧，y 轴是垂直的并且指向上方，z 轴指向屏幕的外侧，即坐标的反向端为坐标的负值。这里有一点非常重要，当设备屏幕发生改变（例如纵向屏幕切换成横向屏幕）时，运动传感器坐标系是不随着设备方向的改变而改变的，此时，我们就需要借助位置传感器来定位设备以地球为参照物而得到的方向，将设备的方向与屏幕显示匹配。显然这样处理会使应用复杂，所以，对于利用传感器的应用，我们一般建议不支持界面屏幕旋转。

10.2.5 位置传感器案例——仿小米“指南针”应用

位置传感器的典型应用是“指南针”。有些手机出厂时会带一个指南针 APP，图 10-33 为小米指南针应用截图。下面我们参考小米“指南针”应用进行一个实例开发。

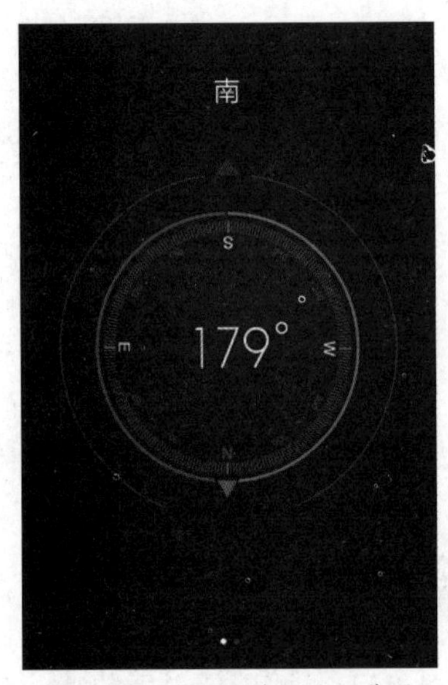

图 10-33 小米指南针应用截图

我们来分析一下这个案例：当用户晃动手机时，会触发方向传感器；方向传感器会调用相应接口提供我们所需要的数据；此时我们可以根据传感器传递过来的数据进行一些相应的动画效果展示以及文字提示。上述就是本案例的大致思路。其具体功能如下所述。

（1）显示方位文字。

（2）显示代表正北和当前方向的两个三角形图片。

（3）显示罗盘。

（4）显示刻度。

（5）显示方向数据。

同样，应该先画界面。因为界面过于复杂，所以在此就不给出完整代码了。完整源码可以在 GitHub（软件源代码托管服务平台）链接上下载（在 GitHub 上有对自定义 View 的步骤解释及注意事项）。下面，我们在 activity_main.xml 中引用该自定义 View，代码如下：

```
<?xml version="1.0" encoding="utf-8"?>
<RelativeLayout xmlns:android="http://schemas.android.com/apk/res/android"
    xmlns:app="http://schemas.android.com/apk/res-auto"
    xmlns:tools="http://schemas.android.com/tools"
    android:layout_width="match_parent"
```

```
    android:layout_height="match_parent"
    android:background="@color/black"
    tools:context="com.hhl.compass.MainActivity">

    <com.hhl.compass.CompassView
        android:id="@+id/ccv"
        android:layout_centerInParent="true"
        android:background="@color/black"
        android:layout_width="match_parent"
        android:layout_height="wrap_content" />
</RelativeLayout>
```

然后，我们在 MainActivity 里注册方向传感器，监听方向传感器提供的数据，并将该数据传递给 CompassView 进行处理。修改 MainActivity 代码，如下所示：

```
public class MainActivity extends AppCompatActivity {

    private SensorManager mSensorManager;
    private SensorEventListener mSensorEventListener;
    private CompassView compassView;
    private float val;

    @Override
    protected void onCreate(Bundle savedInstanceState) {
        super.onCreate(savedInstanceState);
        setContentView(R.layout.activity_main);
        // 给人全屏的感觉
        BarUtils.setColor(this,getResources().getColor(R.color.black),0);
        compassView = (CompassView) findViewById(R.id.ccv);
        mSensorManager = (SensorManager) getSystemService(SENSOR_SERVICE);

        mSensorEventListener = new SensorEventListener() {
            @Override
            public void onSensorChanged(SensorEvent event) {
                val = event.values[0];
                compassView.setVal(val);
            }

            @Override
            public void onAccuracyChanged(Sensor sensor, int accuracy) {

            }
        };
        Sensor orientationSensor = mSensorManager.getDefaultSensor(Sensor.TYPE_ORIENTATION);

        mSensorManager.registerListener(mSensorEventListener,orientationSensor,
                SensorManager.SENSOR_DELAY_GAME);
    }

    @Override
    protected void onDestroy() {
```

```
        super.onDestroy();
        mSensorManager.unregisterListener(mSensorEventListener);
    }
}
```

运行程序，效果如图 10-34 所示。

图 10-34　运行效果

由上述运行结果可以看到，我们的案例正确地获取到方位数据并进行了正确的展示。但是，我们采用的是 Android 已经弃用的传感器，在使用 TYPE_ORIENTATION 时系统就提示我们该方法已经被删除。打开源码，其中的解释信息如图 10-35 所示。

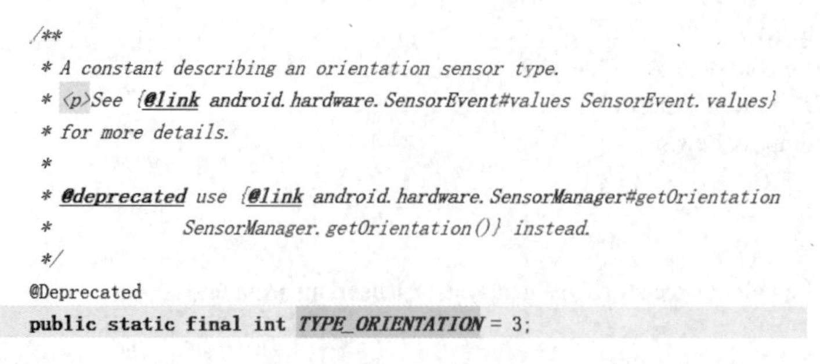

```
/**
 * A constant describing an orientation sensor type.
 * <p>See {@link android.hardware.SensorEvent#values SensorEvent.values}
 * for more details.
 *
 * @deprecated use {@link android.hardware.SensorManager#getOrientation
 *             SensorManager.getOrientation()} instead.
 */
@Deprecated
public static final int TYPE_ORIENTATION = 3;
```

图 10-35　源码解释

由源码解释可以发现，系统提示我们要以 SensorManager.getOrientation() 的方式来获取数据。下面我们来了解 getOrientation() 的参数定义。

```
public static float[] getOrientation (float[] R, float[] values):
```

- 第一个参数 R 是一个旋转矩阵，它是这个函数的传入值，用来保存磁场和加速度的数据，通过这个参数，函数为我们求出方位角。
- 第二个参数 values 是这个函数的输出，它就是我们想要的值，函数自动为我们填充。values 包含 3 个数据：values[0] 是方向角（Azimuth）；values[1] 是倾斜角（Pitch）；values[2] 是旋转角（Roll）。使用磁场和加速度得到的方向角的数据范围是 –180 ～ 180，其中：0 表示正北；90 表示正东；180/–180 表示正南；–90 表示正西。而直接通过方向传感器获得的数据范围是 0 ～ 359，其中：360/0 表示正北；90 表示正东；180 表示正南；270 表示正西。

那么参数 R 是怎么获取的呢？其实它是通过函数 getRotationMatrix() 得到的。getRotationMatrix() 的定义如下：

```
public static boolean getRotationMatrix (float[] R, float[] I, float[] gravity, float[] geomagnetic):
```

上述函数中的参数说明如下。

- 第一个参数 R 是需要我们填充的大小为 9 的数组。
- 第二个参数 I 是一个地磁仰角，也就是地球表面任一点的地磁场总强度的矢量方向与水平面的夹角，默认情况下设置为 null。
- 第三个参数 gravity 是一个大小为 3 的数组，表示从加速度感应器获取的数据。
- 第四个参数 geomagnetic 是一个大小为 3 的数组，表示从磁场感应器获取的数据。

不难发现，方位数据就是通过 getRotationMatrix() 和 gctOricntation() 二次转化加速度和磁场数据后所得到的。其实我们在 10.2.4 节介绍位置传感器时提到过，可以使用设备的加速度传感器和地磁传感器提供的数据确定设备的方向。最后，修改 MainActivity 的代码，如下所示：

```
public class MainActivity extends AppCompatActivity {

  ...
  @Override
  protected void onCreate(Bundle savedInstanceState) {
    ...
    mSensorEventListener = new SensorEventListener() {
      @Override
      public void onSensorChanged(SensorEvent event) {

        if (event.sensor.getType() == Sensor.TYPE_ACCELEROMETER) {
          accelerometerValues = event.values;
        }
        else if (event.sensor.getType() == Sensor.TYPE_MAGNETIC_FIELD) {
          magneticFieldValues = event.values;
        }
        float[] values = new float[3];
        float[] R = new float[9];
        SensorManager.getRotationMatrix(R, null, accelerometerValues,
            magneticFieldValues);
        SensorManager.getOrientation(R, values);
        values[0] = (float) Math.toDegrees(values[0]);
        compassView.setVal(values[0]);
      }

      @Override
      public void onAccuracyChanged(Sensor sensor, int accuracy) {}
```

```
        };

        // 初始化加速度传感器
        Sensor accelerometer = mSensorManager
                .getDefaultSensor(Sensor.TYPE_ACCELEROMETER);
        // 初始化地磁场传感器
        Sensor magnetic = mSensorManager.getDefaultSensor(Sensor.TYPE_MAGNETIC_FIELD);

        mSensorManager.registerListener(mSensorEventListener,accelerometer,
                SensorManager.SENSOR_DELAY_GAME);
        mSensorManager.registerListener(mSensorEventListener,magnetic,
                SensorManager.SENSOR_DELAY_GAME);
    }
}
```

因为上述代码中的 values[0] 是以弧度表示的方位值，所以我们把方位值转化为角度值，具体换算算法就不再描述了。至此，我们就学会了如何运用最新的方法获取方向值。至于哪个方法更好，那就是仁者见仁，智者见智了。

10.2.6 环境传感器

环境传感器

Android 平台提供四个传感器用于环境的监测。可以使用这些传感器监控 Android 设备附近的环境相对湿度、环境照度、环境压力和环境温度。这四个环境传感器都是基于硬件的，只有在设备制造商将其构建到设备中时才可用。除了大多数设备制造商用来控制屏幕亮度的光传感器外，设备上并不是总有环境传感器可用。因此，在尝试从环境传感器中获取数据之前，应验证相应的环境传感器是否存在。

与利用 SensorEvent 返回多维数组数据的运动传感器和位置传感器不同，环境传感器为每个传感器事件返回单个的返回值。例如，返回以℃为单位的温度或以 hPa 为单位的压力。而且，与通常需要高通或低通滤波的运动传感器和位置传感器不同，环境传感器通常不需要任何数据过滤或数据处理。

表 10-6 为 Android 平台支持的环境传感器通过传感器事件返回的数据描述。

表 10-6 环境传感器返回的数据描述

传感器	传感器返回的数据	描述	计量单位
TYPE_AMBIENT_TEMPERATURE	values[0]	环境温度	℃
TYPE_LIGHT	values[0]	光照度	lx
TYPE_PRESSURE	values[0]	环境气压	hPa 或 mbar
TYPE_RELATIVE_HUMIDITY	values[0]	环境相对湿度	%
TYPE_TEMPERATURE	values[0]	设备温度	℃

注意：检测设备温度的温度传感器（TYPE_TEMPERATURE）已经在 Android 4.0（API 级别 14）中被弃用。

除了表 10-6 列出的传感器，为了提升用户体验，手机制造商可能还会单独添加其他环境传感器。例如，部分带皮套模式的手机会添加霍尔传感器用来感应皮套上磁铁的磁力，实现翻盖自动解锁和合盖自动锁屏的功能。

10.2.7　环境传感器案例——智能家居光控系统

作为物联网的实际应用，我们这里将完成一个智能家居光控系统。图 10-36 是我们项目的应用截图。

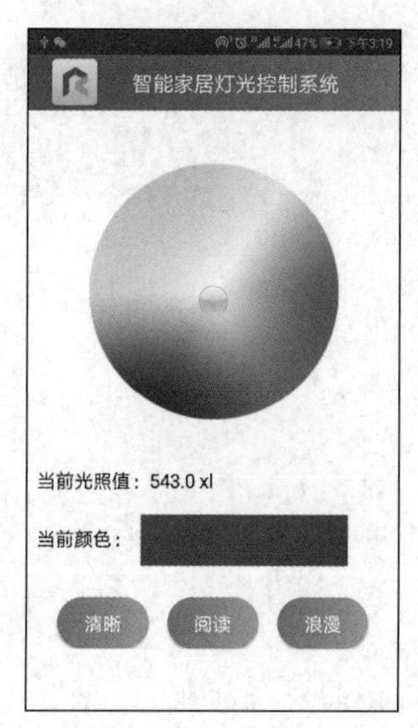

图 10-36　应用截图

本项目的界面比较简单，主要功能是利用光照传感器采集的数据进行光亮度的自动调节。具体功能分析如下所述。

（1）能选择颜色的轮盘。

（2）根据当前的环境亮度调节灯的光照度，环境越暗灯越亮，反之灯越暗。

同样，我们也是先实现界面。新建 SmartHomeLightControl 项目，修改 activity_main.xml 的代码，如下所示：

```
<?xml version="1.0" encoding="utf-8"?>
<LinearLayout xmlns:android="http://schemas.android.com/apk/res/android"
  android:layout_width="match_parent"
  android:layout_height="match_parent"
  android:orientation="vertical"
  android:background="@android:color/white">

  <include layout="@layout/layout_title" />

  <LinearLayout
    android:id="@+id/relativeLayout1"
    android:layout_width="match_parent"
    android:layout_height="wrap_content"
```

```
android:layout_marginTop="35sp"
android:gravity="center"
android:orientation="vertical">

<com.bkrc.smarthomelightcon.ColorPickerView
    android:id="@+id/cpv"
    android:padding="15dp"
    android:layout_width="wrap_content"
    android:layout_height="wrap_content"
    android:layout_centerInParent="true"
    android:scaleType="center"
    android:src="@drawable/rgb" />

<LinearLayout
    android:layout_width="match_parent"
    android:layout_height="match_parent"
    android:layout_marginTop="30dp"
    android:orientation="vertical">

    <TextView
        android:id="@+id/llutv"
        android:layout_width="wrap_content"
        android:layout_height="match_parent"
        android:layout_marginLeft="10dp"
        android:gravity="center_vertical"
        android:text=" 当前光照值："
        android:textColor="@android:color/black"
        android:textSize="18dp" />

    <LinearLayout
        android:layout_width="wrap_content"
        android:layout_height="wrap_content"
        android:layout_marginLeft="10dp"
        android:layout_marginTop="20dp"
        android:orientation="horizontal">

        <TextView
            android:layout_width="wrap_content"
            android:layout_height="wrap_content"
            android:gravity="center_vertical"
            android:text=" 当前颜色："
            android:textColor="@android:color/black"
            android:textSize="18dp" />

        <Button
            android:id="@+id/progress"
            android:layout_width="200dp"
            android:layout_height="wrap_content"
            android:layout_marginLeft="10dp"
            android:background="@drawable/progress_blue" />
```

```
        </LinearLayout>
      </LinearLayout>
    </LinearLayout>
</LinearLayout>
```

上述代码里选择颜色的轮盘 ColorPickerView 是我们封装好的一个类，这里就不再给出该类的代码了。其他布局比较简单：一是要显示光照值；二是要模拟当前灯光颜色。修改 MainActivity 代码，如下所示：

```
public class MainActivity extends AppCompatActivity implements SensorEventListener,
        View.OnClickListener {
    ...

    private void findViews() {
        ...
        cpv.setOnColorChangedListenner(new ColorPickerView.OnColorChangedListener() {
            // 手指抬起，选定颜色时
            @Override
            public void onColorChanged(int r, int g, int b) {
                if(r==0 && g==0 && b==0) return;
            }
            // 颜色移动时
            @Override
            public void onMoveColor(int r, int g, int b) {
                if(r==0 && g==0 && b==0) return;
                Color.RGBToHSV(r,g,b,hsv);
                progress.setBackgroundColor(Color.HSVToColor(hsv));
            }
        });
    }

    @Override
    protected void onCreate(Bundle savedInstanceState) {
        super.onCreate(savedInstanceState);
        setContentView(R.layout.activity_main);
        findViews();

        // 获取传感器管理器
        mSensorManager = (SensorManager) getSystemService(SENSOR_SERVICE);

        // 初始化光照度传感器
        Sensor orientationSensor = mSensorManager.getDefaultSensor(Sensor.TYPE_LIGHT);
        mSensorManager.registerListener(this,orientationSensor,
                SensorManager.SENSOR_DELAY_UI);
    }

    @Override
    public void onSensorChanged(SensorEvent event) {
        v = event.values[0];
        hsv[2] = 1-event.values[0]/1000;
```

```
        progress.setBackgroundColor(Color.HSVToColor(hsv));
        llutv.setText(" 当前光照值：" + v + " xl");
    }

    @Override
    public void onAccuracyChanged(Sensor sensor, int accuracy) {

    }
}
```

上述代码大部分是用来实例化控件的。光照传感器的用法与前两个案例类似，就不多解释了。这里有一点大家要注意，因为我们在颜色轮盘上选出来的是 RGB 颜色，而我们需要的是 HSV 颜色（H 代表色调，S 代表饱和度，V 代表亮度），所以取出来的 RBG 颜色需要转化为 HSV 颜色。

第 11 章
必备技能——网络编程

如果大家在使用手机的时候不能上网，相信一定会感到特别不方便。现在无论是计算机、手机、平板电脑或者是电视机，几乎都具备上网的功能。21 世纪是互联网的时代，在可预见的未来，手表、眼镜、汽车等设备也都会具备网络功能。

当然，现在 Android 手机几乎都是可以上网的。作为应用的开发者，我们更需要考虑如何利用网络技术编写出更加出色的应用程序，如 QQ、微博、微信等常见的应用都会大量使用网络技术。本章主要讲述如何在手机端使用 HTTP 协议与服务器端进行网络通信，并对服务器返回的数据进行解析，这也是 Android 系统中最常用到的网络技术。下面我们就一起来学习。

HTTP 数据通信

11.1 HTTP 数据通信

如果要深入分析 HTTP 协议，可能需要花费很大的篇幅。但本书的重点是 Android 开发，而不是网站开发，所以对于 HTTP 协议，我们只进行简单的讲解。

11.1.1 HTTP 介绍

超文本传输协议（HyperText Transfer Protocol，HTTP）是互联网上应用最为广泛的一种网络协议。所有的 WWW 文件都必须遵守这个标准。最初设计 HTTP 的目的是提供一种发布和接收 HTML 页面的方法。URL 是一个网络地址，是我们访问 Web 页面的地址。HTTP 协议与 Android 开发之间的工作原理如图 11-1 所示。

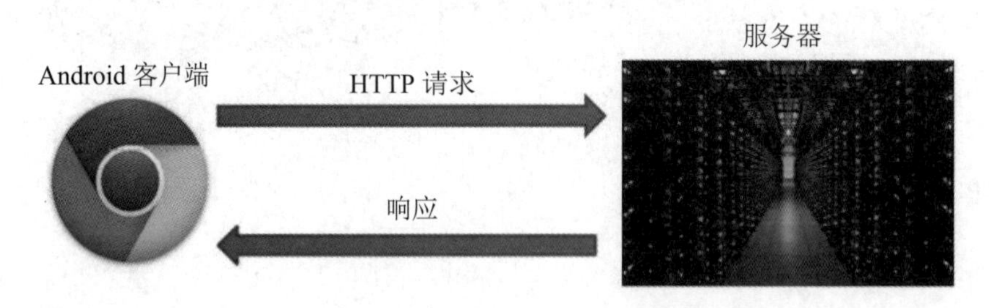

图 11-1　HTTP 协议与 Android 开发

如图 11-1 所示，客户端向服务器发出一条 HTTP 请求，服务器收到请求之后会返回一些数据给客户端，然后客户端对这些数据进行解析和处理。这看似简单的过程就是浏览器的基本工作原理。比如我们用手机上的浏览器访问百度，其实也就是我们向百度的服务器发起了一条 HTTP 请求（访问百度网页），百度服务器分析出我们想要访问的是百度的网页，于是就会把百度网页的 HTML 代码返回手机，然后手机端通过手机浏览器的内核对返回的 HTML 代码进行解析，最终将页面展示出来。

Android 中的 WebView 控件可以在后台帮我们处理发送 HTTP 请求、接收服务响应、解析返回数据，以及最终的页面展示这几项工作。不过由于 WebView 被封装得实在是“太好了”，我们无法直观地看出 HTTP 协议到底是如何工作的。下面，我们通过手动发送 HTTP 请求的方式来更加深入地理解一下这个过程。

11.1.2　URL 和 URLConnection

在 Android 上发送 HTTP 请求的方式一般有两种：HttpURLConnection 和 HttpClient。前者是标准的 Java 库；后者是 Android 继承自 Apache 的 HttpClient 库，它是 Android 特有的。不过由于 HttpClient 存在 API 数量过多、扩展困难等缺点，Android 官方已不建议使用这种方式。在 Android 6.0 系统中，HttpClient 的功能被完全移除了，这标志着此功能被正式弃用了。本小节我们就只学习现在 Android 官方建议使用的 HttpURLConnection 的用法。

首先我们需要实例化一个 URL 对象，一般都是用 new() 方法生成一个对象，代码如下：

```
URL url = new URL("https://www.baidu.com/");
```

得到 URL 对象后，通过 openConnection() 方法得到 HttpURLConnection 实例化对象，代码如下：

```
HttpURLConnection conn = (HttpURLConnection) url.openConnection();
```

接下来是设置请求连接属性和传递参数等。请求连接常用的属性有两个：GET 和 POST。GET 表示希望从服务器那里获取数据；POST 表示希望提交数据给服务器。示例代码如下：

```
conn.setRequestMethod("GET");
```

此外我们还可以对连接指定一些配置，比如设置连接超时、读取超时的毫秒数，以及服务器希望得到的一些消息头等。这部分内容可根据自己的实际情况进行编写，示例代码如下：

```
conn.setConnectTimeout(5000);
conn.setReadTimeout(5000);
```

然后我们需要获取返回码并通过它判断是否连接成功，示例代码如下：

```
if (conn.getResponseCode() == HttpURLConnection.HTTP_OK) {
    ...
}
```

在判断连接成功后，调用 getInputstream() 方法就可以获取服务器返回的输入流了，余下的任务就是对输入流进行读取，代码如下：

```
InputStream in = conn.getInputStream();
```

最后可以调用 disconnect() 方法断开这个 HTTP 连接，代码如下：

```
conn.disconnect();
```

以上就是完成整个 HTTP 通信的流程。下面我们通过一个示例进行更具体的讲解。首先创建一个 HttpURL 项目，在 activity_main.xml 中修改代码，如下所示：

```
<?xml version="1.0" encoding="utf-8"?>
<LinearLayout xmlns:android="http://schemas.android.com/apk/res/android"
    xmlns:app="http://schemas.android.com/apk/res-auto"
    xmlns:tools="http://schemas.android.com/tools"
    android:padding="18dp"
```

```
    android:layout_width="match_parent"
    android:layout_height="match_parent"
    android:orientation="vertical"
    tools:context=".MainActivity">

    <Button
        android:onClick="httpGet"
        android:text=" 发送 Get 请求 "
        android:layout_width="match_parent"
        android:layout_height="wrap_content" />

    <TextView
        android:id="@+id/tv"
        android:layout_width="match_parent"
        android:layout_height="wrap_content"/>
</LinearLayout>
```

由上述代码可知，我们在布局中放置了一个 Button 控件和一个 TextView 控件。Button 控件用于发送 HTTP 请求；TextView 控件用于将服务器返回的数据显示出来。

然后修改 MainActivity，代码如下：

```
public class MainActivity extends AppCompatActivity {

    TextView tv;

    @Override
    protected void onCreate(Bundle savedInstanceState) {
        super.onCreate(savedInstanceState);
        setContentView(R.layout.activity_main);
        tv = (TextView) findViewById(R.id.tv);
    }

    public void httpGet(View view) {
        new Thread(new Runnable() {
            @Override
            public void run() {
                HttpURLConnection conn = null;
                BufferedReader reader = null;
                try {
                    // 第一步：实例化 URL 对象
                    URL url = new URL("https://www.baidu.com/");
                    // 第二步：实例化 HttpUrlConnection 对象
                    conn = (HttpURLConnection) url.openConnection();
                    // 第三步：设置请求连接属性和传递参数等
                    conn.setRequestMethod("GET");
                    conn.setConnectTimeout(5000);
                    conn.setReadTimeout(5000);
                    // 第四步：获取返回码判断是否连接成功
                    if (conn.getResponseCode() == HttpURLConnection.HTTP_OK) {
                        // 第五步：读取输入流
```

```
                Log.e("GET", "get 请求成功 ");
                InputStream in = conn.getInputStream();
                reader = new BufferedReader(new InputStreamReader(in));
                final StringBuilder builder = new StringBuilder();
                String line;
                while ((line = reader.readLine()) != null){
                    builder.append(line);
                }
                runOnUiThread(new Runnable() {
                    @Override
                    public void run() {
                        tv.setText(builder);
                    }
                });
            } else {
                Log.e("GET", "get 请求失败 ");
            }
        } catch (Exception e) {
            Log.e("GET", "get 请求失败 ");
            e.printStackTrace();
        }finally{
            // 第六步：关闭连接
            if (reader != null){
                try {
                    reader.close();
                } catch (IOException e) {
                    e.printStackTrace();
                }
            }
            if (conn != null){
                conn.disconnect();
            }
        }
    }
}).start();
}
}
```

以上就是一套完整的 GET 请求流程。这里要注意，因为主线程不允许联网请求，所以我们在子线程中完成此项操作，然后通过 runOnUiThread() 在主线程中更新 UI。

另外，在运行前还要加上联网权限声明。在 AndroidManifest.xml 中修改代码，如下所示：

```
<?xml version="1.0" encoding="utf-8"?>
<manifest xmlns:android="http://schemas.android.com/apk/res/android"
    package="com.brkc.httpurl">

    <uses-permission android:name="android.permission.INTERNET"/>
    ...
</manifest>
```

运行程序后单击“发送 GET 请求”按钮，效果如图 11-2 所示。

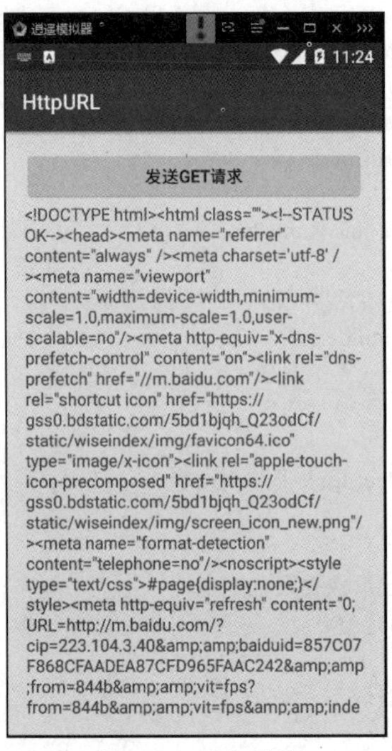

图 11-2　运行效果

是不是看得头晕眼花？没错，服务器返回给我们的就是这种 HTML 代码，通常情况下，浏览器会将这些代码解析成我们熟悉的网页形式，然后呈现给我们。

如果想要提交数据给服务器应该怎么办呢？其实也不复杂，只需要将上述代码中 HTTP 请求的方法改成 POST，并在获取输入流之前把要提交的数据写出即可。注意每条数据都要以键值对的形式存在，数据与数据之间用“&”符号隔开。例如我们向服务器提交用户名和密码，就可以这样写：

```
conn.setRequestProperty("Content-Type", "application/json;charset=UTF-8");   // 设置消息的类型
conn.connect();
OutputStream out = conn.getOutputStream();
BufferedOutputStream bos = new BufferedOutputStream(out);
bos.write("name=admin&password=123456".getBytes());
bos.flush();
out.close();
```

11.2　数据交换格式

数据交换格式

11.2.1　搭建本地服务器

通常情况下，每个需要访问网络的应用程序都会有一个自己的服务器，我们可以向服务器提交数据，也可以从服务器上获取数据。不过这时就出现了一个问题，这些

数据要以什么样的格式在网络上传输呢？随便传递一段文本肯定是不行的，因为另一方根本就不会知道这段文本的用途是什么。因此，一般我们会在网络上传输一些格式化后的数据，这种数据会有一定的结构规格和语义，当另一方收到数据之后就可以按照相同的结构规格进行解析，从而取出想要的那部分内容。

在网络上传输数据最常用的格式有两种：XML 和 JSON。后续我们将学习如何解析这两种数据格式。

我们先来解决一个关键性的问题：数据从哪里获取呢？

我们需要在 Windows 系统下搭建一个最简单的本地服务器，这个服务器提供一个 XML 文件（以 XML 文件为例），然后我们通过模拟器访问该本地服务器，得到 XML 文件后再进行数据解析。

搭建服务器比较简单，Windows 系统提供了 IIS 服务功能，我们只需要启动相关功能即可。首先打开“控制面板”进入“程序”界面，然后在“程序和功能”标题栏下选择“启用或关闭 Windows 功能”命令，Windows 11 系统下的操作界面如图 11-3 所示。

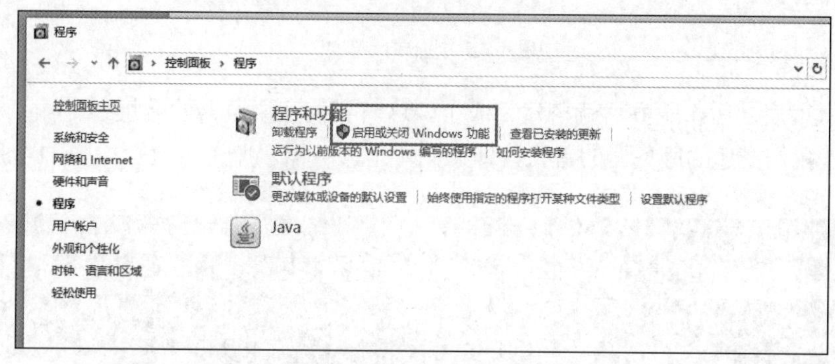

图 11-3　Windows 系统窗口

执行上述操作后，系统会弹出一个“Windows 功能”窗口，在该窗口中找到 Internet Information Services（IIS）项，把 IIS 文件夹下的所有文件夹全部勾选上。勾选后的界面如图 11-4 所示。

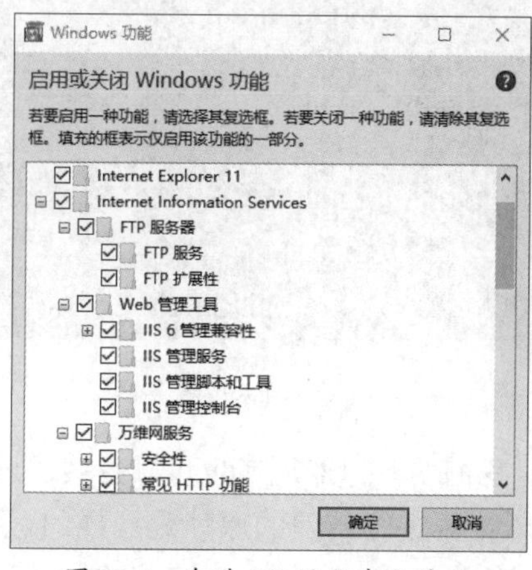

图 11-4　勾选 IIS 的所有文件夹

在图 11-4 中，单击“确定”按钮，待系统完成更改后单击“立即重新启动”按钮，操作界面如图 11-5 所示。

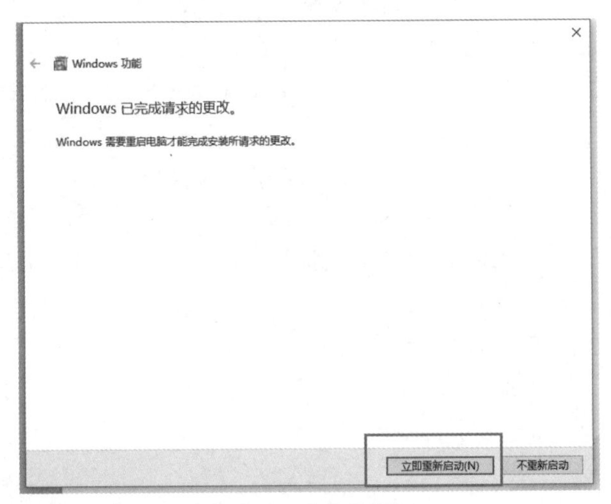

图 11-5　重启计算机

计算机重启之后，服务器就搭建完成了。这时我们在浏览器的网址栏中输入 127.0.0.1 就可以进入我们搭建的服务器的首页，即访问本地服务器。服务器首页如图 11-6 所示。

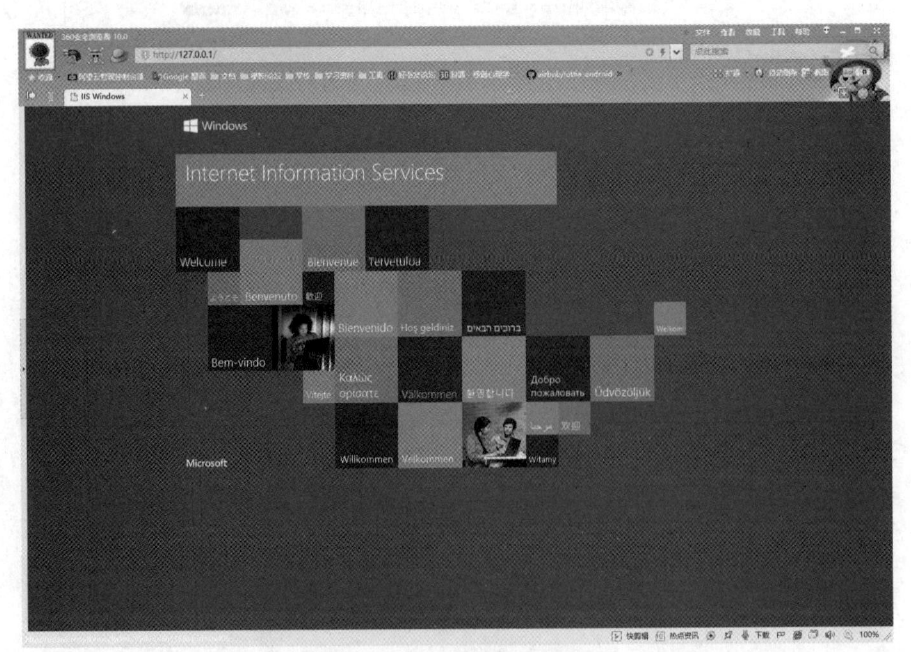

图 11-6　访问本地服务器

服务器已经搭建完成，我们的模拟器现在也可以直接通过 URL 对服务器进行访问了，这种访问方式与通过浏览器进行访问的原理是一样的。接下来我们要把 XML 文件放进本地服务器，让外界能通过 URL 访问 XML 文件。那么如何找到创建后的服务器路径呢？依次进入“控制面板”和“所有控制面板项”界面，找到“管理工具”项，界面如图 11-7 所示。

图 11-7 创建后的服务器路径

在图 11-7 所示的界面中单击“管理工具”项，进入“管理工具”窗口。在“管理工具”窗口中找到 IIS 管理工具，这里有两个 IIS 管理工具，我们选择第二个［Internet Information Services (IIS) 管理器］，如图 11-8 所示。

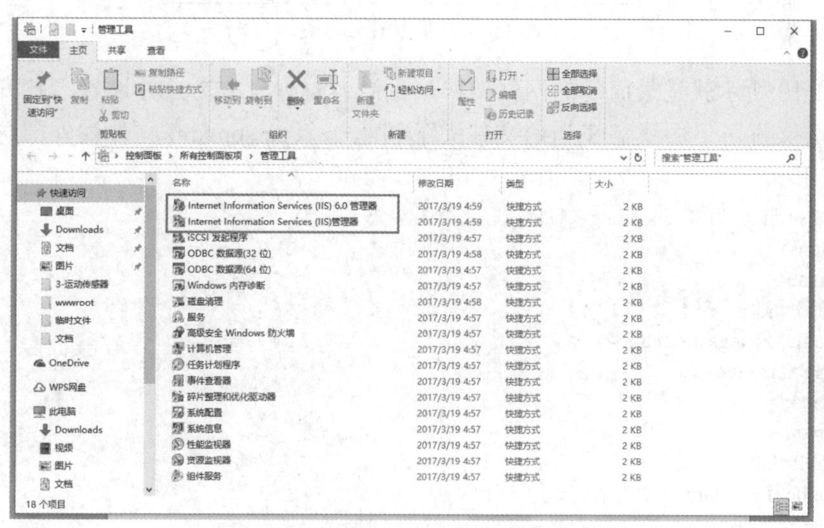

图 11-8 选择 IIS 管理工具窗口

单击图 11-8 中的“Internet Information Services (IIS) 管理器”项之后，系统进入图 11-9 所示的界面。如果是第一次创建服务器，系统会自己创建一个默认网站（Default Web Site），其首页就是我们刚刚输入网址（127.0.0.1）后看到的界面。选择默认网站后，图 11-9 右侧的工具栏内的内容会发生变化，我们选择“操作”中的“浏览”命令，操作界面如图 11-9 所示。这样就能找到本地服务器的物理路径了，服务器文件夹界面如图 11-10 所示。

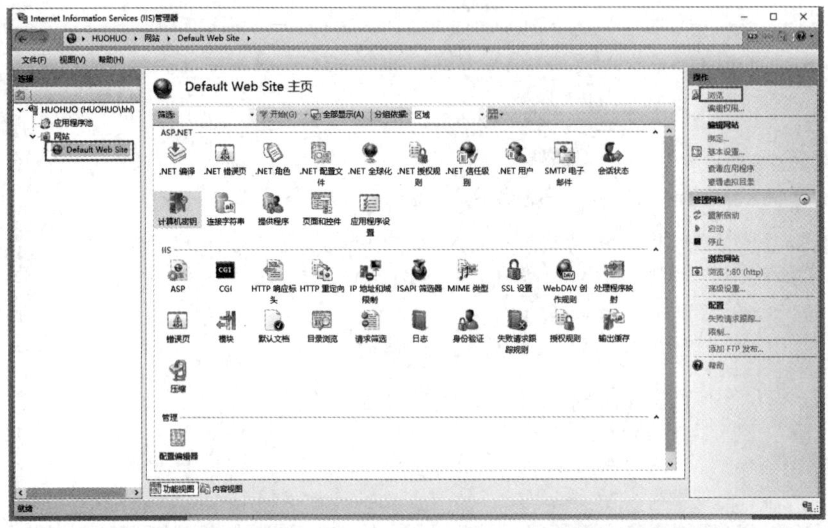

图 11-9 “Internet Information Services (IIS) 管理器”界面

名称	修改日期
aspnet_client	2018/11/3 14:38
iisstart.htm	2018/11/3 14:36
iisstart.png	2018/11/3 14:36

图 11-10 服务器文件夹

图 11-10 所示就是最简易的网站架构，我们之前访问 127.0.0.1 路径后打开的就是 iisstart.htm 文件。下面我们在当前文件夹下创建一个 person.xml 文件供外部访问，文件内容如下：

```
<?xml version="1.0" encoding="UTF-8"?>
<persons>
  <person>
    <id>1</id>
    <name>zhangsan</name>
    <age>21</age>
  </person>
  <person>
    <id>2</id>
    <name>lisi</name>
    <age>22</age>
  </person>
  <person>
    <id>3</id>
    <name>wangwu</name>
    <age>222</age>
  </person>
</persons>
```

XML 文件的内容规范我们这里就不再进行详细讲解了。浏览器访问 XML 文件的界面如图 11-11 所示，下一小节我们将在 Android 程序里获取并解析这段 XML 数据。

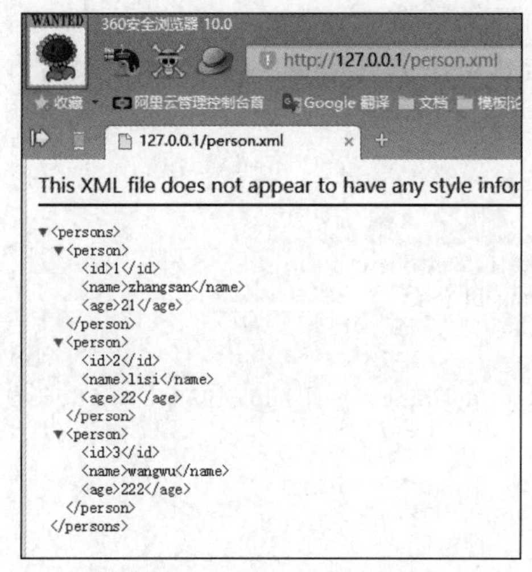

图 11-11　浏览器访问 XML 文件

11.2.2　解析 XML 格式数据

为了简单起见，我们把前述的网络连接代码封装成一个工具类（HttpUtils），这样就可把学习重点放在如何解析 XML 格式数据上了。工具类 HttpUtils 代码如下：

```
public class HttpUtils {

    static HttpURLConnection conn = null;
    static InputStream in = null;

    public static InputStream getData(final String u) {
        in = null;
        conn = null;
        try {
            // 第一步：实例化 URL 对象
            URL url = new URL(u);
            conn = (HttpURLConnection) url.openConnection();
            conn.setRequestMethod("GET");
            if (conn.getResponseCode() == HttpURLConnection.HTTP_OK) {
                in = conn.getInputStream();
            } else {
                Log.e("GET", "get 请求失败 ");
            }
        } catch (Exception e) {
            Log.e("GET", "get 请求失败 ");
            e.printStackTrace();
        } finally {

        }
```

```
        return in;
    }
}
```

上述代码封装了一个网络连接，这样输入 URL 网址后就能得到 I/O 流用于读取数据，然后我们在 ParseXMLActivity 中获取并解析 XML 文件。ParseXMLActivity 的代码如下：

```
public class ParseXMLActivity extends AppCompatActivity {

    ...
    public void pullParseXML(View view) {
        new Thread(new Runnable() {
            @Override
            public void run() {
                InputStream in = HttpUtils.getData("http://192.168.43.51/person.xml");
                parse(in);
            }
        }).start();
    }

    public void parse(final InputStream in) {
        try {
            XmlPullParser parser = Xml.newPullParser();
            parser.setFeature(XmlPullParser.FEATURE_PROCESS_NAMESPACES, false);
            parser.setInput(in, null);
            parser.nextTag();
            int eventType = parser.getEventType();
            String id = "";
            String name = "";
            String age = "";
            while (eventType != XmlPullParser.END_DOCUMENT) {
                String node = parser.getName();
                switch (eventType) {
                    case XmlPullParser.START_TAG:
                        if (node.equals("id")) {
                            id = parser.nextText();
                        } else if (node.equals("name")) {
                            name = parser.nextText();
                        } else if (node.equals("age")) {
                            age = parser.nextText();
                        }
                        break;
                    case XmlPullParser.END_TAG:
                        if (node.equals("person")) {
                            person.append("id:" + id + "\n" + "name :" + name + "\n" + "age :" + age + "\n\n");
                        }
                        break;
                    default:
                        break;
                }
                runOnUiThread(new Runnable() {
                    @Override
                    public void run() {
```

```
                tv.setText(person);
            }
        });
        eventType = parser.next();
    }
} catch (Exception e) {
    e.printStackTrace();
} finally {
    try {
        in.close();
    } catch (IOException e) {
        e.printStackTrace();
    }
}
}
}
```

由上述代码可以看到，我们将 HTTP 的请求地址改成了 http://192.168.43.51/person.xml，这里不能再使用本地测试接口 127.0.0.1 了，而要改用远程访问的 IP 地址，对于模拟器来说就是访问本机的 IP 地址 192.168.43.51。得到了服务器返回的数据后，我们不再直接将其展示，而是调用了 parse() 方法来解析服务器返回的数据。

下面我们来仔细分析 parse() 方法中的代码。

- 首先要获取一个 XmlPullParser 的实例。Android 提供了 XmlPullParserFactory.newPullParser() 和 Xml.newPullParser() 两种方法获取 XmlPullParser 实例，选择哪种方法都可以。本实例中使用的是 Xml.newPullParser() 方法。
- 得到 XmlPullParser 对象后，调用 XmlPullParser 的 setInput() 方法，即将服务器返回的 XML 数据以参数形式传进 setInput() 方法就可以进行解析了。
- 解析的过程较简单，通过 getEventType() 方法得到当前的解析事件，然后在一个 while 循环中不断地进行解析，如果当前的解析事件不等于 XmlPullParser.END_DOCUMENT，说明解析工作还没完成。
- 在 while 循环中，我们通过 getName() 方法得到当前节点的名字，如果发现节点名等于 id、name 或 age，就调用 nextText() 方法来获取节点内的具体内容，解析完一个 person 节点后将结果在界面进行显示。

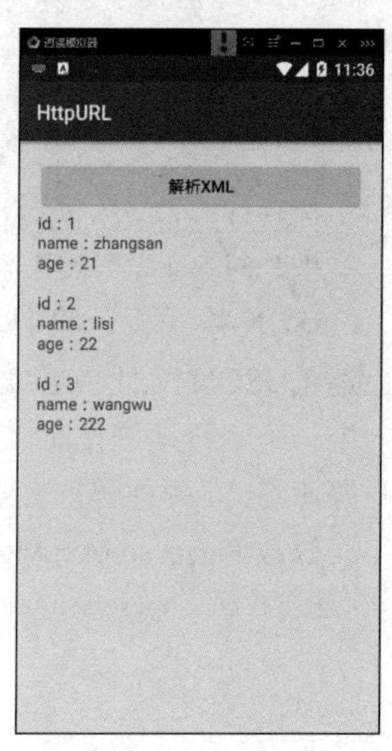

图 11-12 界面效果

至此，parse() 方法的代码分析过程就完成了。下面我们来进行测试。运行 HttpURL 项目，单击“解析 XML”按钮，界面效果如图 11-12 所示。可以看到，我们已经将 XML 数据中的指定内容成功解析出来了。

除了我们上述的解析 XML 数据的方法（PULL 方法），还可以使用其他的解析方法，比如 DOM 和 SAX。

- DOM 解析会把我们要解析的整个 XML 数据加载

到内存中，在内存中建立一个树形结构，这样我们就可以动态地进行增、删、改、查操作，使得数据与页面的交互性大大提升。但该方法的缺点也同样明显，就是解析所占用的内存非常大。

- SAX 方法采用的是一个“推”模型的数据加载驱动，它占用的内存更少，更适合在移动终端使用，以及处理一些大型的 XML 文件时使用。但该方法对程序员非常不友好，因为它不会记录相关标签，所以应用程序只能等文件全部解析完成后再自行处理数据，这样就大大增加了程序的负担。
- 我们本小节介绍的 PULL 方法为 Android 内置的方法，原理与 SAX 方法类似，应用场景也类似，但它能识别标签，所以我们能在程序中只解析自己想要的部分。

对 DOM 和 SAX 两个方法感兴趣的读者可以自己去进一步了解，这里就不再多做介绍了。

11.2.3 解析 JSON

在学习了 XML 数据格式的解析方式后，我们学习解析另外一种数据交换格式 JSON。相较于 XML，JSON 传输数据的有效性更高，但 JSON 的缺点是语义性较差，没有 XML 直观。

在开始具体讲解之前，我们仍需要在服务器中新建一个 JSON 的文件。新建的 province.json 文件内容如下：

```
[{"id":1,"name":" 北京 "},{"id":2,"name":" 上海 "},{"id":3,"name":" 天津 "},
{"id":4,"name":" 重庆 "},{"id":5,"name":" 香港 "},{"id":6,"name":" 澳门 "},
{"id":7,"name":" 台湾 "},{"id":8,"name":" 黑龙江 "},{"id":9,"name":" 吉林 "},
{"id":11,"name":" 辽宁 "},{"id":11,"name":" 内蒙古 "},{"id":12,"name":" 河北 "},
{"id":13,"name":" 河南 "},{"id":14,"name":" 山西 "},{"id":15,"name":" 山东 "},
{"id":16,"name":" 江苏 "},{"id":17,"name":" 浙江 "},{"id":18,"name":" 福建 "},
{"id":19,"name":" 江西 "},{"id":20,"name":" 安徽 "},{"id":21,"name":" 湖北 "},
{"id":22,"name":" 湖南 "},{"id":23,"name":" 广东 "},{"id":24,"name":" 广西 "},
{"id":25,"name":" 海南 "},{"id":26,"name":" 贵州 "},{"id":27,"name":" 云南 "},
{"id":28,"name":" 四川 "},{"id":29,"name":" 西藏 "},{"id":30,"name":" 陕西 "},
{"id":31,"name":" 宁夏 "},{"id":32,"name":" 甘肃 "},{"id":33,"name":" 青海 "},
{"id":34,"name":" 新疆 "}]
```

JSON 格式规范我们这里不做具体讨论。如果读者对集合熟悉的话，就可以发现上述的 JSON 文件内容是 Map 集合使用 toString() 方法后的结果。对于一段字符串，一个一个字符地进行对比是不现实的，所以 Android 官方提供了 JSONObject 和谷歌的开源库 Gson 两种解析方法。本小节中，我们学习第一种解析方法。

修改 ParseJsonActivity 代码，代码如下：

```
public class ParseJsonActivity extends AppCompatActivity {

...

    public void jsonObParseJson(View view) {
```

```
        new Thread(new Runnable() {
            @Override
            public void run() {
                InputStream in = HttpUtils.getData("http://192.168.43.51/province.json");
                String json = getJsonString(in);
                parse(json);
            }
        }).start();
    }

    // 获取 JSON 数据
    private String getJsonString(InputStream in) {
        StringBuilder builder = new StringBuilder();
        try {
            // 用 GB2312 或 UTF-8 编码解决读取文件的中文乱码问题
            InputStreamReader reader = new InputStreamReader(in,"GB2312");
            BufferedReader bf = new BufferedReader(reader);
            String line;
            while ((line = bf.readLine()) != null) {
                builder.append(line);
            }
        } catch (Exception e) {
            e.printStackTrace();
        }
        return builder.toString();
    }

    // 解析 JSON 数据
    private void parse(String jsonData) {
        final StringBuilder builder = new StringBuilder();
        try {
            JSONArray json = new JSONArray(jsonData);
            for (int i = 0; i < json.length(); i++) {
                JSONObject jb = json.getJSONObject(i);
                builder.append(jb.getInt("id") + " : " + jb.getString("name") + "\n");
            }
        } catch (JSONException e) {
            e.printStackTrace();
        }
        runOnUiThread(new Runnable() {
            @Override
            public void run() {
                tv.setText(builder.toString());
            }
        });
    }
}
```

与 XML 数据不同的是，JSON 数据就是一串字符串，所以我们在得到 I/O 流时，一定要先将其转化成 String 类型再进行解析。因为我们的数据中含有中文，所以需要对数据流按照中文编码格式进行转化，在数据交换中的中文编码格式一般分两种：“UTF-8”和“GB2312”。

在上述代码中，通过 getJsonString() 方法获取 JSON 数据之后，调用 parse() 方法解析数据。可以看到，解析 JSON 的代码非常简单，由于我们在服务器中定义的是一个 JSON 数组，因此这里首先是将服务器返回的数据传入到了一个 JSONArray 对象中；然后循环遍历这个 JSONArray，从中取出的每一个元素都是一个 JSONObject 对象，每个 JSONObject 对象中又会包含 id 和 name 的数据；接下来只需调用 get×××() 方法将数据取出，然后显示至界面。

运行程序，单击“解析 JSON”按钮，运行结果如图 11-13 所示。

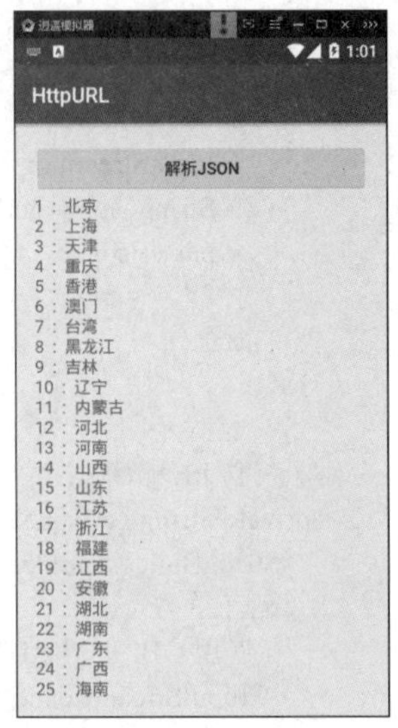

图 11-13　运行结果

Web 应用程序开发

11.3 Web 应用程序开发

如今我们已经进入了全球互联的时代。全球互联意味着我们时时刻刻都在接收大量的信息，如何对信息作出选择则显得尤为重要。从前端角度理解，一名移动前端开发者，如果注重原生态开发必然逃不开安卓系统和苹果系统两为其难的局面。对苹果系统开发有了解的读者都应该清楚，苹果系统的开发风格和安卓系统是不同的，而且每项技术后面都有一个庞大的开源社区在支撑着其快速的迭代，我们现在学的框架，在实际工作时完全有可能会有更好的取代方案。就算你熟练地掌握了两门技术并且参与了研发的前沿工作，面对一个要使用两套风格完全不用的代码去实现的应用时，也会大大增加开发成本。

为了加快应用的前端开发，Android 系统引入了 Web 应用（Web APP）本地化开发。Web APP 的前端 UI 由 Java Script 编写，可以动态更新 UI，解决跨平台问题，大大加快了迭代 APP 的速度。原生态 APP 开发模式和 Web APP 开发模式的区别如下所述。

原生态 APP 开发模式：针对 IOS、Android 等不同的手机操作系统，该开发模式要采用不同的语言和框架进行开发；该模式通常是由“云服务器数据 +APP 应用客户端”两部分构成，APP 应用的所有 UI 元素、数据内容、逻辑框架均安装在手机终端上。

Web APP 开发模式：该开发模式具有跨平台的优势，通常由“HTML5 云网站 +APP 应用客户端”两部分构成；APP 应用客户端只需安装应用的框架部分，而应用的数据则是每次打开 APP 的时候去云端获取，然后将其呈现给手机用户。

可以看出，Web APP 优势非常大，它能够提高应用的开发速度而又保证所需功能的实现。本节将介绍如何在 Android 系统上开发 Web 应用程序（Web APP）。

Web APP 的概念其实并不新鲜，它的历史甚至可以追溯到 Android 系统诞生之初。

但是在最开始时因为业务体量不大，所以Web应用技术没有得到很好的发展。随着近几年移动端应用的快速发展，越来越多的人使用上了智能手机，为了吸引客户群体，互联网公司必须大幅提高APP的迭代速度。为了节约移动端开发的成本，Web应用技术也逐渐被广泛地接受，并且各大公司也相继开发出各种跨平台的开发框架。但无论是“h5”理论还是反“h5”理论的跨平台开发，都是在Web应用技术上的发展，例如，脸书的ReactNative、阿里的weex、腾讯的微信小程序、谷歌的PWA框架以及谷歌的Flutter插件等（这类方案理论上避免了本地化开发，做到了真正的跨平台开发）。但目前没有一家跨平台技术是完美无缺的，还需要时间去发展和完善。以谷歌公司目前推出的PWA方案为例，PWA借助浏览器用纯Web的方式统一三端，这是一个很好的理念，并且现在国内大部分知名的浏览器已经陆续加大对PWA的支持力度。图11-14所示为支持PWA的浏览器。

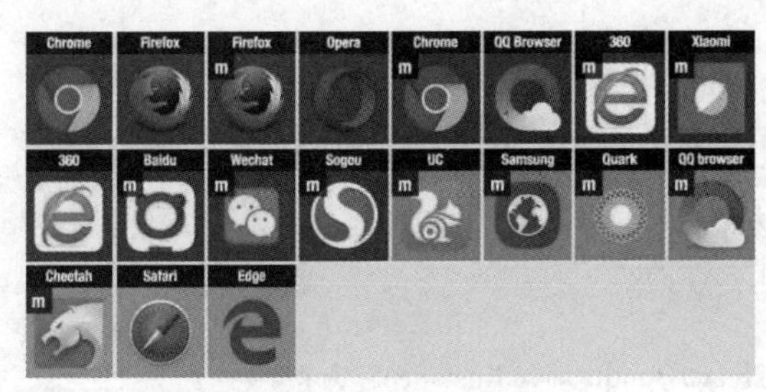

图11-14　支持PWA的浏览器

但PWA的问题也十分明显，如控件难用、UI控制薄弱、难以本地化等。读者对此也要了解。

11.3.1　显示第三方Web内容

显示Web内容的知识我们在第4章介绍Intent时就已经提到过，即可以通过Intent隐式启动浏览器访问网址，其实这已经实现了显示第三方Web内容了。但是，实际应用中总会有更加复杂的需求，如要求在程序里展示一些不能用浏览器打开的网页。

针对上述问题，Android提供了一个WebView的控件模型，借助它就相当于在应用程序里嵌入了一个浏览器，从而可以轻松地展示各种各样的网页。

下面是显示第三方Web内容的实例。首先修改activity_web.xml布局，代码如下：

```
<?xml version="1.0" encoding="utf-8"?>
<LinearLayout xmlns:android="http://schemas.android.com/apk/res/android"
    xmlns:app="http://schemas.android.com/apk/res-auto"
    xmlns:tools="http://schemas.android.com/tools"
    android:layout_width="match_parent"
    android:layout_height="match_parent"
    android:layout_margin="18dp"
    android:orientation="vertical"
    tools:context=".WebActivity">
```

```
    <Button
        android:text=" 启动网页 "
        android:onClick="openWeb"
        android:layout_width="match_parent"
        android:layout_height="wrap_content" />

    <WebView
        android:id="@+id/webView"
        android:layout_margin="5dp"
        android:layout_width="match_parent"
        android:layout_height="match_parent"></WebView>
</LinearLayout>
```

由上述代码可以看到，我们在布局文件中用到了一个新的控件——WebView。这个控件就是用来显示网页的。这里的写法比较简单，给 WebView 设置了一个 ID，并让它充满整个屏幕。

然后修改 WebActivity 代码，如下所示：

```
public class WebActivity extends AppCompatActivity {

    private WebView webView;

    @Override
    protected void onCreate(Bundle savedInstanceState) {
        super.onCreate(savedInstanceState);
        setContentView(R.layout.activity_web);
        webView = (WebView) findViewById(R.id.webView);
    }

    public void openWeb(View view) {
        WebSettings webSettings = webView.getSettings();
        webSettings.setJavaScriptEnabled(true);
        webView.setWebViewClient(new WebViewClient());
        webView.loadUrl("http://www.baidu.com");
    }
}
```

在上述代码中，我们首先通过获取的 WebView 的 getSettings() 方法去设置一些浏览器的属性。浏览器能设置的属性有很多，例如，webSettings.setUseWideViewPort() 支持双击，webSettings.setBuiltInZoomControls() 支持缩放等。这些功能都需要我们自己添加，这里只加入了一个必须配置的 JavaScript 脚本支持设置。接下来是较重要的一部分，即如果不想在浏览器中打开网站就需要实例化一个客户端 WebViewClient。最后我们加载百度网站就可访问该网站了。

注意，不要忘记在权限文件中声明我们的联网权限。在 AndroidManifest.xml 中添加权限声明，代码如下：

```
<manifest xmlns:android="http://schemas.android.com/apk/res/android"
    package="com.brkc.webapp">
```

```
<uses-permission android:name="android.permission.INTERNET"/>

...

</manifest>
```

在开始运行程序之前，首先需要保证你的手机或模拟器是联网的。如果你使用的是模拟器，只需保证计算机能正常上网即可。运行程序，效果如图 11-15 所示。

图 11-15 运行效果

到这里，一个具备简易功能的浏览器应用已经完成。WebView 是 Web APP 开发的核心类，接下来我们将学习 WebView 类的更多基础知识。

11.3.2 嵌入 Web 应用

既然能够部署第三方内容，自然就应该能够部署我们自己的 Web 应用。下面我们就把自己的 Web 应用部署到服务器上，并通过访问 URI 的方式获取内容。

首先，创建一个 JavaAndJavaScriptCall.html 界面，代码如下：

```
<html>
<head>
  <meta http-equiv="Content-Type" content="text/html;charset=UTF-8">
  <script type="text/javascript">

  function javaCallJs(arg){
    document.getElementById("content").innerHTML =
        (" 各位 : "+arg );
  }

  function jsCallJava(){
    window.Android.showToast();
  }

  function showDialog(){
    alert(" 欢迎萌新，我是你的引导员——来自微胖界的码农，号称健身无效达人 ");
  }
  </script>
</head>

<body>

<div align="left" id="content"> 你好，萌新 </div>
<div align="right"> 欢迎来到快乐神仙境 </div>

<p><img src="123.png"></p>
```

```
<input type="button" value=" 调用对话框 " onclick="showDialog()" />
<input type="button" value=" 单击 Android 被调用 " onclick="jsCallJava()" />
</body>

</html>
```

html 里面的代码比较简单。整个 html 中有两个文本控件，一个图片控件，两个 Button 控件。第一个 Button 控件是直接调用对话框，第二个 Button 控件能够使用 Android 本地的吐司功能。

我们不能直接控制 html 中显示内容的这部分代码，而是通过调用 html 中的 JavaScript（JS）代码达到与网站交互的目的。网页中有关 JavaScript 的代码也比较简单，整个 JS 代码里包含两个方法，一个是 javaCallJs()，一个是 jsCallJava()，分别实现 Android 调用 JS 和 JS 调用 Android（从方法名也可理解）。

我们这里先不讲解 javaCallJs() 和 jsCallJava() 的具体功能（在 11.3.3 中进行讲解）。下面我们把这个做好的 Web 界面显示出来。修改 WebActivity，代码如下：

```
public class WebActivity extends AppCompatActivity {

    ...

    public void openWeb(View view) {
        WebSettings webSettings = webView.getSettings();
        webSettings.setJavaScriptEnabled(true);
        webView.setWebViewClient(new WebViewClient());
        webView.loadUrl("http://192.168.43.51/JavaAndJavaScriptCall.html");
    }
}
```

由上述代码可以看出，与 11.3.1 中显示网页的代码部分相比，我们只将 URI 地址做了改变，其他未变。运行程序，界面效果如图 11-16 所示。

图 11-16　界面效果

虽然界面已经成功显示了内容，但是当我们单击“调用对话框”按钮时，会发现 WebView（界面）没有任何反应，这是怎么回事呢？这跟我们只使用了 WebViewClient() 客户端有关。

其实除了 WebViewClient() 客户端，还有 WebChromeClient() 客户端也可以使用。如果只需要显示一些界面内容那么使用 WebViewClient() 就可以了。但是，如果需要有对话框、进度条、网站 title 等各种与 JS 相关的丰富的显示效果，则必须要同时使用 WebChromeClient()。简而言之，WebChromeClient() 就是辅助 WebViewClient() 处理 JavaScript 渲染的。读者可以查阅 Android 下的 WebKit 引擎实现原理来了解两者的具体关系，在此就不再展开描述。所以，我们还需要加上 WebChromeClient() 来实现对话框的弹出功能，代码如下：

```
public class WebActivity extends AppCompatActivity {

    ...
```

```
    public void openWeb(View view) {
        WebSettings webSettings = webView.getSettings();
        webSettings.setJavaScriptEnabled(true);
        webView.setWebViewClient(new WebViewClient());
        webView.setWebChromeClient(new WebChromeClient());
        webView.loadUrl("http://192.168.43.51/JavaAndJavaScriptCall.html");
    }
}
```

运行程序，结果如图 11-17 所示，可见界面和功能都展示出来了。

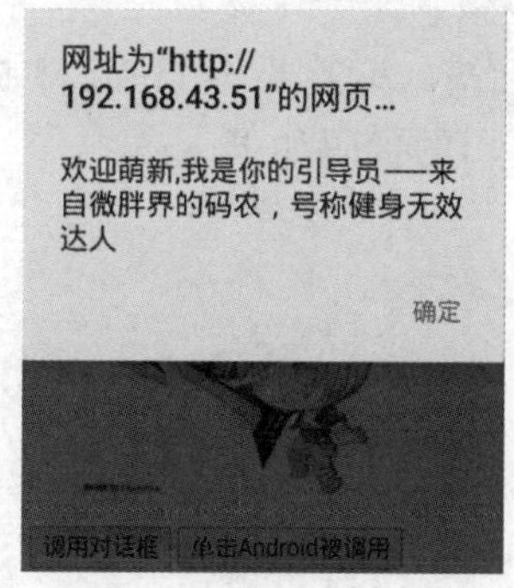

图 11-17 运行结果

11.3.3 与 Web 应用交互

只在应用中查看网站没有太大的实际意义，我们应该针对嵌入的 Web 应用提供针对该环境的专门设计。下面，我们对在 11.3.2 节中写好的两个互调方法 javaCallJs() 和 jsCallJava() 进行说明，代码如下：

```
function javaCallJs(arg){
  document.getElementById("content").innerHTML =
      (" 各位 : "+arg );
}

function jsCallJava(){
  window.Android.showToast();
}
```

第一个方法 javaCallJs() 通过 Android 调用，对 Web 应用上的文本显示进行修改；第二个方法 jsCallJava() 能够调用 Android 下的吐司，然后被 JS 界面上的控件调用。这是 JavaScript 提供给 Android 的控制和被控制的接口，我们就是通过这两个接口实现 Android 和 JavaScript 互调。

首先，我们从 Android 控制讲起。在 activity_web.xml 下添加一个 javaCallJs() 的控件 Button 用于控制 JavaScript 方法，然后关联 WebActivity，关键代码如下：

```
public void javaCallJs(View view) {
  webView.loadUrl("javascript:javaCallJs()");
}
```

可以看到，控制 JS 很简单，通过 loadUrl() 方法发送固定的格式（"javascript:×××"）就可以调用 JS 的方法。重新运行程序，然后单击 Button，界面效果如图 11-18 所示。

图 11-18　界面效果

由图 11-18 可以看到，第一行文本已经被改变了。接下来我们讲解如何使 Java 被 JS 控制。

JS 调用 Java 比 Java 调用 JS 要复杂一些。addJavascriptInterface() 方法能够在 JS 中调用 Java。addJavascriptInterface() 有两个参数，第一个参数是一个自定义接口，第二个参数是标签，标签要与 11.3.2 中提供的 JS 代码中的 Android 实现接口对应，该 Android 实现接口的代码如下：

```
function jsCallJava(){
   window.Android.showToast();
}
```

在上述代码中，“window”是 JS 窗口；“Android”是在 addJavascriptInterface() 中填入的第二个参数。参数一定要对应起来，比如，如果将“Android”改成“AndroidNative”，那么在 addJavascriptInterface() 方法中的第二个参数也必须同样改成“AndroidNative”。showToast() 是需要在本地实现的方法，并且本地方法名必须与 showToast() 相同。自定义接口 NativeInterface() 的代码如下：

```
public class NativeInterface {

   private Context mContext;

   NativeInterface(Context mContext){
      this.mContext = mContext;
   }

   @JavascriptInterface
   public void showToast() {
      Toast.makeText(mContext, "getAndroid", Toast.LENGTH_SHORT).show();
   }
}
```

注意：我们在方法上加入了 @JavascriptInterface 注解。这个注解是在 API 级别 16 之后加入的，目的是加强 Web APP 安全方面的性能。如果希望 Android 4.1 以下的系统也能运行 Web APP 则不能使用该注解。

我们在 WebActivity 中引用 NativeInterface()，修改后的代码如下：

```
public class WebActivity extends AppCompatActivity {

   private WebView webView;

   @Override
   protected void onCreate(Bundle savedInstanceState) {
      super.onCreate(savedInstanceState);
```

```
        setContentView(R.layout.activity_web);
        webView = (WebView) findViewById(R.id.webView);
    }

    public void openWeb(View view) {
        WebSettings webSettings = webView.getSettings();

        // 设置支持 JavaScript 脚本语言
        webSettings.setJavaScriptEnabled(true);

        // 设置客户端（不跳转到默认浏览器中）
        webView.setWebViewClient(new WebViewClient());
        // 设置浏览器的渲染机制
        webView.setWebChromeClient(new WebChromeClient());
        webView.loadUrl("http://www.baidu.com");
        webView.loadUrl("http://192.168.43.51/JavaAndJavaScriptCall.html");
        // 设置支持 JS 调用 Java
        webView.addJavascriptInterface(new NativeInterface(this),"Android");
    }
}
```

重新运行程序，单击 Web 界面下的控件，运行效果如图 11-19 所示。

图 11-19　运行效果

Android 与 WebView 交互的 API 还有很多，涉及 UI 渲染、内存优化等，这里就不再多做介绍了，读者可在实际开发中去查阅相关文档。上述案例只是较简单的调用，实际开发中的应用要复杂很多，比如调用 JS 方法时需要开子线程去调用等。

参考文献

[1] 明日学院．Android 开发从入门到精通（项目案例版）[M]．北京：中国水利水电出版社，2017．

[2] 李宁．Android 开发完全讲义 [M]．3 版．北京：中国水利水电出版社，2015．